中国腐蚀状况及控制战略研究丛书

"十三五"国家重点出版物出版规划项目

防腐材料之星——炭与石墨

（下册）

仇晓丰　赵桂花　主编

科 学 出 版 社

北 京

内 容 简 介

本书比较全面地叙述了防腐蚀材料炭和石墨的性能及其应用概况，并介绍了国内外炭和石墨制品的新产品、新技术，着重介绍了不透性石墨制品的种类、设计及其在化工及相关行业中的应用。全书共分为 10 章，上册第 1 章和第 2 章主要介绍炭和石墨材料的物理、化学性质；第 3 章主要介绍了炭及石墨制品的应用；第 4 章讲述了石墨烯的制备与应用；第 5 章介绍了多孔炭及碳纤维；第 6 章和第 7 章分别介绍了不透性石墨材料和不透性石墨设备设计计算。下册第 8 章主要介绍了耐腐蚀不透性石墨设备与制品；第 9 章主要介绍了不透性石墨设备的制造；第 10 章讲述了石墨设备的应用。

本书可供冶金、化工、电子、航天和核工业等部门从事石墨设备设计、制造、安装、使用、维修及研究单位从事腐蚀与防护工作的同志和有关院校的师生参考。

图书在版编目（CIP）数据

防腐材料之星——炭与石墨. 下册/仇晓丰，赵桂花主编. —北京：科学出版社，2017.5

（中国腐蚀状况及控制战略研究丛书）

"十三五"国家重点出版物出版规划项目

ISBN 978-7-03-052659-5

Ⅰ. ①防… Ⅱ. ①仇… ②赵… Ⅲ. ①炭素材料–介绍 ②石墨–介绍 Ⅳ. ①TM242 ②O613.71

中国版本图书馆 CIP 数据核字（2017）第 094315 号

责任编辑：李明楠 李丽娇 / 责任校对：杜子昂
责任印制：徐晓晨 / 封面设计：铭轩堂

科 学 出 版 社 出版
北京东黄城根北街 16 号
邮政编码：100717
http://www.sciencep.com

北京中石油彩色印刷有限责任公司 印刷
科学出版社发行 各地新华书店经销

*

2017 年 5 月第 一 版 开本：720×1000 1/16
2019 年 2 月第二次印刷 印张：17
字数：340 000

定价：98.00 元
（如有印装质量问题，我社负责调换）

丛 书 序

腐蚀是材料表面或界面之间发生化学、电化学或其他反应造成材料本身损坏或恶化的现象,从而导致材料的破坏和设施功能的失效,会引起工程设施的结构损伤,缩短使用寿命,还可能导致油气等危险品泄漏,引发灾难性事故,污染环境,对人民生命财产安全造成重大威胁。

由于材料,特别是金属材料的广泛应用,腐蚀问题几乎涉及各行各业。因而腐蚀防护关系到一个国家或地区的众多行业和部门,如基础设施工程、传统及新兴能源设备、交通运输工具、工业装备和给排水系统等。各类设施的腐蚀安全问题直接关系到国家经济的发展,是共性问题,是公益性问题。有学者提出,腐蚀像地震、火灾、污染一样危害严重。腐蚀防护的安全责任重于泰山!

我国在腐蚀防护领域的发展水平总体上仍落后于发达国家,它不仅表现在防腐蚀技术方面,更表现在防腐蚀意识和有关的法律法规方面。例如,对于很多国外的房屋,政府主管部门依法要求业主定期维护,最简单的方法就是在房屋表面进行刷漆防蚀处理。既可以由房屋拥有者,也可以由业主出资委托专业维护人员来进行防护工作。由于防护得当,许多使用上百年的房屋依然完好、美观。反观我国的现状,首先是人们的腐蚀防护意识淡薄,对腐蚀的危害认识不清,从设计到维护都缺乏对腐蚀安全问题的考虑;其次是国家和各地区缺乏与维护相关的法律与机制,缺少腐蚀防护方面的监督与投资。这些原因就导致了我国在腐蚀防护领域的发展总体上相对落后的局面。

中国工程院"我国腐蚀状况及控制战略研究"重大咨询项目工作的开展是当务之急,在我国经济快速发展的阶段显得尤为重要。借此机会,可以摸清我国腐蚀问题究竟造成了多少损失,我国的设计师、工程师和非专业人士对腐蚀防护了解多少,如何通过技术规程和相关法规来加强腐蚀防护意识。

项目组将提交完整的调查报告并公布科学的调查结果,提出切实可行的防腐蚀方案和措施。这将有效地促进我国在腐蚀防护领域的发展,不仅有利于提高人们的腐蚀防护意识,也有利于防腐技术的进步,并从国家层面上把腐蚀防护工作的地位提升到一个新的高度。另外,中国工程院是我国最高的工程咨询机构,没有直属的科研单位,因此可以比较超脱和客观地对我国的工程技术问题进行评估。把这样一个项目交给中国工程院,是值得国家和民众信任的。

这套丛书的出版发行,是该重大咨询项目的一个重点。据我所知,国内很多领域的知名专家学者都参与到丛书的写作与出版工作中,因此这套丛书可以说涉及了我国生产制造领域的各个方面,应该是针对我国腐蚀防护工作的一套非常全面的丛书。我相信它能够为各领域的防腐蚀工作者提供参考,用理论和实例指导我国的腐蚀防护工作,同时我也希望腐蚀防护专业的研究生甚至本科生都可以阅读这套丛书,这是开阔视野的好机会,因为丛书中提供的案例是在教科书上难以学到的。因此,这套丛书的出版是利国利民、利于我国可持续发展的大事情,我衷心希望它能得到业内人士的认可,并为我国的腐蚀防护工作取得长足发展贡献力量。

徐匡迪

2015 年 9 月

丛 书 前 言

众所周知,腐蚀问题是世界各国共同面临的问题,凡是使用材料的地方,都不同程度地存在腐蚀问题。腐蚀过程主要是金属的氧化溶解,一旦发生便不可逆转。据统计估算,全世界每 90 秒钟就有一吨钢铁变成铁锈。腐蚀悄无声息地进行着破坏,不仅会缩短构筑物的使用寿命,还会增加维修和维护的成本,造成停工损失,甚至会引起建筑物结构坍塌、有毒介质泄漏或火灾、爆炸等重大事故。

腐蚀引起的损失是巨大的,对人力、物力和自然资源都会造成不必要的浪费,不利于经济的可持续发展。震惊世界的“11·22”黄岛中石化输油管道爆炸事故造成损失 7.5 亿元人民币,但是把防腐蚀工作做好可能只需要 100 万元,同时避免灾难的发生。针对腐蚀问题的危害性和普遍性,世界上很多国家都对各自的腐蚀问题做过调查,结果显示,腐蚀问题所造成的经济损失是触目惊心的,腐蚀每年造成损失远远大于自然灾害和其他各类事故造成损失的总和。我国腐蚀防护技术的发展起步较晚,目前迫切需要进行全面的腐蚀调查研究,摸清我国的腐蚀状况,掌握材料的腐蚀数据和有关规律,提出有效的腐蚀防护策略和建议。随着我国经济社会的快速发展和“一带一路”倡议的实施,国家将加大对基础设施、交通运输、能源、生产制造及水资源利用等领域的投入,这更需要我们充分及时地了解材料的腐蚀状况,保证重大设施的耐久性和安全性,避免事故的发生。

为此,中国工程院设立“我国腐蚀状况及控制战略研究”重大咨询项目,这是一件利国利民的大事。该项目的开展,有助于提高人们的腐蚀防护意识,为中央、地方政府及企业提供可行的意见和建议,为国家制定相关的政策、法规,为行业制定相关标准及规范提供科学依据,为我国腐蚀防护技术和产业发展提供技术支持和理论指导。

这套丛书包括了公路桥梁、港口码头、水利工程、建筑、能源、火电、船舶、轨道交通、汽车、海上平台及装备、海底管道等多个行业腐蚀防护领域专家学者的研究工作经验、成果以及实地考察的经典案例,是全面总结与记录目前我国各领域腐蚀防护技术水平和发展现状的宝贵资料。这套丛书的出版是该项目的一个重点,也是向腐蚀防护领域的从业者推广项目成果的最佳方式。我相信,这套丛书能够积极地影响和指导我国的腐蚀防护工作和未来的人才培养,促进腐蚀与防护科研成果的产业化,通过腐蚀防护技术的进步,推动我国在能源、交通、制造业等支柱产业上的长足发展。我也希望广大读者能够通过这套丛书,进一步关注我国腐蚀防护技术的发展,更好地了解和认识我国各个行业存在的腐蚀问题和防腐策略。

　　在此，非常感谢中国工程院的立项支持以及中国科学院海洋研究所等各课题承担单位在各个方面的协作，也衷心地感谢这套丛书的所有作者的辛勤工作以及科学出版社领导和相关工作人员的共同努力，这套丛书的顺利出版离不开每一位参与者的贡献与支持。

侯保荣

2015 年 9 月

序

    仇晓丰同志是中国工业防腐蚀技术协会全国防腐蚀标准化技术委员会（SAC/TC381）委员，全国非金属化工设备标准化技术委员会（SAC/TC162）委员，曾任中国工业防腐蚀技术协会专家委员会副主任委员、现任委员，是 GB/T 21432—2008《石墨制压力容器》、TSG 21—2015《TSG 特种设备安全技术规范》非金属压力容器部分的主要起草者之一，拥有 20 多项国家发明专利。他从事石墨设备制造与石墨防腐研究三十多年，累积了大量丰富的实用技术与经验，并一直注重学习国内外先进技术。

    仇晓丰同志带领他的技术团队整理了多年学习心得、收集资料并编写了《防腐材料之星——炭与石墨》一书，观其目录，对传统理论编写得通俗易懂，深入浅出，对石墨设备产品从设计、制造、应用等方面进行系列介绍。该书具有极强的实用价值，特别在具体应用方面详细介绍了近二十年来此行业的技术进步，能够看出我国与国际先进技术逐渐缩小了距离，有的达到或超越了国际先进水平，为行业发展指引了方向。

    该书具有很强的专业性，对工程技术人员来说是一部实用的工具书，对科研单位在该领域的发展有指引作用，对在校学生是很好的、实用性很强的教科书，以序为荐!

侯保荣

2017 年 3 月

前　言

炭与石墨优越的耐酸碱腐蚀性能和卓越的热传导性能使其在化工、医药、冶金等领域的使用越来越广泛。

副产蒸汽石墨合成炉无论在其单台大型化，还是热回收效率上都越来越接近国际先进水平，在某些方面已处于国际领先水平，并且在规模上已稳居世界第一。

高性能石墨换热器，其耐压、耐温、耐腐蚀性能基本与国际先进水平相当。盐酸循环利用核心工艺装置、盐酸合成装置、盐酸深解吸装置等已实现普及化使用。

石墨设备在磷、氟化工上的大量应用推动了该行业的迅猛发展。

石墨设备在"三废"处理、多效蒸发系统、MVR工艺系统上得以广泛应用。

"我国腐蚀状况及控制战略研究"是中国工程院重大咨询项目，"中国腐蚀状况及控制战略研究"丛书出版就是其重要成果之一。在编写《防腐材料之星——炭与石墨》的过程中，得到了侯保荣院士的大力支持，并邀请许志远先生、姚建先生等多位老前辈参与其中，得到了他们的大力支持与肯定。

本书的编写思路，经与姚建先生、许志远先生商讨，对基础理论部分基本沿用原有前辈的成果，在此基础上扩充了新型石墨设备结构及其应用的相关内容，增加了石墨烯及碳纤维等章节，对近十年来的新工艺、新应用做了详细的介绍。在编写工作中注重理论与实践相结合，列举了一些实例及有关设计参数，供从事石墨设备设计、制造、安装、维修等各方面工作的同志参考。

在编写过程中还得到李贺军教授、潘小洁教授级高工、马秀敏博士等的支持和帮助，在此表示感谢。

本书由仇晓丰、赵桂花（南通理工学院讲师）、姚松年（南通山剑石墨设备有限公司总经理）、田蒙奎（贵州大学教授）等编写。参加本书编写的成员还有许志远、徐志锋。其中，第4章和第5章由田蒙奎编写，第6章部分小节和第8章主要由赵桂花、徐志锋编写，第7章由许志远编写，第9章主要由姚松年编写，其余各章由仇晓丰、赵桂花统筹编写。

由于时间紧迫，编者水平所限，不妥之处在所难免，敬请读者批评指正。

编　者

2017年3月

目　　录

第8章 耐腐蚀不透性石墨制设备与制品[1]

8.1 不透性石墨制设备的分类及典型结构

目前应用的石墨设备,绝大多数是由不透性石墨制造的。但也有某些设备所用的石墨材料可以是微渗透的,如氯化氢合成炉;有的则必须是渗透性的,如转鼓式石墨真空过滤机、石墨过滤器、炭质动力形成膜。因后者出现的较晚,尤其是透性石墨设备直到20世纪70年代才问世,应用又较少,因而习惯上将石墨设备称为"不透性石墨设备"。

由于石墨设备优异的防腐蚀与导热性能,至今它已发展成能适应不同类型工艺条件、各种不同结构型式及不同规格的独立体系。

8.1.1 不透性石墨制设备的分类

根据不同的分类方式,不透性石墨制设备可以划分为不同的型式。按工作压力不同可以分为压力容器和常压容器。下面重点介绍压力容器的相关规定。

石墨制压力容器及其零部件的设计、制造、检验、安装、使用、维修及改造必须遵守国家及有关部门颁布的相关法令、规章和标准,如GB/T 21432—2008《石墨制压力容器》及TSG 21—2016《固定式压力容器安全技术监察规程》等。一般规定如下。

(1)石墨制压力容器适用范围,需要同时具备以下条件:①工作压力大于或等于0.1MPa、小于或等于2.4MPa;②压力与容积的乘积大于或等于2.5MPa·L;③介质是气体、液化气体和最高工作温度高于或等于其标准沸点的液体,适用温度为-60~400℃。

(2)对于有不同工况要求的容器,应按最苛刻的工况来设计,并在图样或相应技术文件中注明各种工况的压力和温度。

(3)材料。国内外生产厂商一般把不透性石墨材料分为A类和B类两种。

A类材料是颗粒度为微颗粒和超微颗粒的石墨材料,其粒径为0.3~0.001mm。此类材料,由于颗粒度微小、孔隙率小、机械性能高,适用于制作承受较高压力的化工容器设备。

B类材料是颗粒度为普通颗粒度的石墨材料,一般来说,其颗粒度较大,在4mm左右,因此孔隙率大,在20%左右,机械强度低,只能用于承受较低压力的化工容器,国内制作石墨设备的石墨材料,一般用B类石墨材料。

表 8-1 所介绍的是法国罗兰集团用于化工设备的两类石墨材料 S 类和 X 类的有关数据，从中可以看出，国外所用的石墨材料颗粒度小、孔隙率小、机械强度高，相应的石墨设备所承受的压力也高。

表 8-1　罗兰集团用于化工设备的两类石墨材料

石墨材料	S			X	
尺寸/mm	$\phi \leqslant 450$	$450 < \phi < 900$	$900 \leqslant \phi$	$\phi \leqslant 900$	石墨管尺寸
颗粒平均尺寸/μm	220	360	360	20	100
密度/（kg/m³）	>1700	>1650	>1600	>1750	>1750
孔隙率/%	14~18	15~20	20~25	12~15	8~10
孔平均直径/μm	5	8	9	1.7	1.5
随颗粒抗弯强度/MPa	15~20	12~18	10~12	>20	>30

注：（1）S——标准型；X——极微粒型。

（2）适用范围：A 类：设计压力≤1.0MPa，使用温度≥180℃；B 类：设计压力≤0.3MPa，使用温度≤170℃。

（4）许用应力值。该材料的许用应力值为在相应的设计温度下各项强度数值除以安全系数所得或根据所用材料给出的数据选用。

《石墨制压力容器》标准中对浸渍石墨材料强度及安全系数做了规定，如表 8-2 所示。

表 8-2　浸渍石墨材料强度分级

级别	抗拉强度*/MPa	抗压强度*/MPa	抗弯强度*/MPa	安全系数*
A	21	63	31.5	≥7
B	14	60	27.0	≥9

*可根据最新标准更新。

（5）载荷。设计时应考虑以下载荷：①内压、外压或最大压差；②液体静压力。

需要时，还应考虑以下载荷：①容器的自重，以及正常工作条件下或压力实验状态下内装物料的重力载荷；②附属设备及隔热材料、管道、扶梯、平台等的重力载荷；③风载荷、地震力、雪载荷；④支座、底座圈、支耳及其他型式支撑件的反作用力；⑤连接管道和其他部件的作用力；⑥温度梯度或热膨胀量不同引起的作用力；⑦包括压力急剧波动的冲击载荷；⑧冲击反力，如流体冲击引起的反力等；⑨运输或吊装时的作用力。

（6）石墨制材料零部件间的连接推荐采用非金属软垫片。

按安装型式可以分为立式设备和卧式设备；按石墨原材料的形态可以分为列管式、块孔式、板式、衬里式设备等；按作用原理结合结构型式可以分为换热器、降膜吸收器等，详见表 8-3。

表 8-3　石墨设备分类

设备分类	作用
石墨换热器	两种介质间的间壁式换热。结构型式多样
石墨降膜吸收器	传质传热。对可溶性气体做降膜式吸收，并同时传走吸收热
合成炉	可燃物的燃烧或合成。也可以在一台设备内同时完成合成、冷却、吸收
石墨硫酸稀释冷却器	稀释（混合）硫酸等介质，并可以在一台设备内同时传走稀释热（冷却）
石墨塔类设备	气-液相或液-液相传质设备。包括板式塔及填料塔等
石墨泵类设备	配用动力装置，用于对液体的输送或产生负压抽吸其他介质
石墨机类设备	配用动力装置，用于对物料的混合、反应、浓缩、蒸发等
透型石墨设备	具有微孔的炭（或石墨）元件，允许一种或部分粒子透过而阻挡住另一部分。用以进行气或液相介质的分离、过滤
石墨衬里设备	用石墨砖板作为防腐蚀衬里的设备
石墨管道管件	输送介质、连接设备用
石墨密封材料	用于端面密封、填料密封、法兰密封等
阴极保护系统中的石墨保护阳极	在阴极保护系统中用作外加电流的保护阳极

8.1.2　不透性石墨制设备的设计特点

根据石墨材料的性能特点，在进行不透性石墨制化工设备（以下简称石墨设备）设计时，应注意以下几方面的特点。

（1）应尽量发挥石墨材料抗压强度高的特点，使石墨制元件处于承受压应力状态而避免或减小承受拉应力和弯曲应力。

（2）换热器的通道走向必须符合石墨各向异性所带来的最佳导热方向。因为石墨制品垂直于挤压轴线方向的导热系数比平行于轴线方向的小 25%，所以设计传热元件时，应尽量使传热热流的方向沿石墨挤压的轴线方向。

（3）作为加热设备，在采用树脂浸渍石墨、压型石墨及其胶结剂等与金属材料或其他材料相组合制造加热设备时，由于热膨胀系数的差异，引起过大的温度应力，应尽量减少用黏接结构。在进行列管式换热器的设计时，尤其要合理地选择材料和结构型式。

（4）设备的主要石墨零件，同样应尽量避免用带黏接缝的结构。因胶结剂与石墨材料的热膨胀系数不同，黏接缝在较高的操作温度下，将产生温度应力，而且它在介质温度及时效的作用下，可能引起脆化，使零件断裂。目前，我国用于制造设备的人造石墨毛坯的最大尺寸：方形截面为 500mm×500mm，圆形截面一般为 $\phi300\sim1600$mm，最大达到 $\phi1800$mm，而所需要的石墨零件往往超过石墨毛坯的最大尺寸。这时，不可避免地需采用黏接结构。此时，石墨零件的胶合缝应严密均匀，缝宽度一般不大于 1mm。

（5）金属材料的连接件，如螺栓、双头螺栓，不宜直接拧在石墨元件上。

（6）零件的几何形状和设备结构不宜过于复杂。

（7）石墨接管伸出设备外壁不宜太长，以免运输或使用中碰坏。

（8）应考虑设备吊装部位，一般不宜直接在不透性石墨构件上吊装。

（9）由于石墨材料的不均质性，强度计算时采用较大的安全系数，过去一般取 7～9，现在由于石墨材料质量水平的提高，TSG 21—2016 中将安全系数降低了。

8.1.3　不透性石墨制设备的典型结构

1. 黏接结构

常见的黏接结构有下列几种（详细内容见第 9 章）：①单层平板黏接；②多层平板黏接；③板与板的垂直黏接；④筒体的黏接（环向黏接与轴向黏接）；⑤接管与筒体的黏接；⑥接管与封头或平盖板的黏接；⑦管子与管件的黏接。

2. 法兰连接结构

石墨材料的抗弯强度较低，故石墨设备的部件之间，设备接管与管件及管件与管件之间的连接较多采用钢或铸铁制的活套法兰。根据使用要求不同并考虑维修装拆方便，金属法兰有整体法兰、对开式法兰和带对开环整体法兰三种结构型式。整体法兰多用于管道连接和与设备的金属盖板连为一体的接管法兰。对开式法兰常用于设备接管与外部管道的连接。带对开环的整体法兰一般用于较大尺寸的活套法兰连接，如设备筒体之间、设备筒体或浮头管板与封头之间的连接。

1）活套法兰连接

活套法兰连接主要用于管道连接（图 8-1）、管口连接（图 8-2）和浮头管式换热器中浮动管板与封头的连接（图 8-3）。

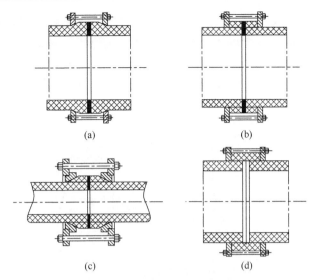

图 8-1　管道法兰连接结构

（a）带凸缘法兰连接；（b）黏接环法兰连接；（c）附卡环法兰连接；（d）可伸缩管道法兰连接

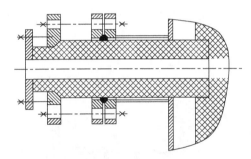

图 8-2　管口法兰连接结构

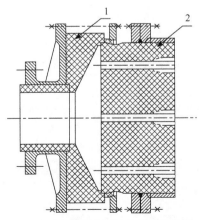

图 8-3　浮动管板与封头的连接结构

1. 封头；2. 浮头管板

采用活套法兰的石墨件上应留有凸缘，凸缘可以由石墨件整体加工制成[图 8-1（a）]。也可采用黏接结构[图8-1（b）和（c）]，前者加工方便，没有黏接缝，连接和密封可靠性优于后者，但较费石墨材料。采用这种连接的石墨凸缘角度 α 不宜太大，以免凸缘受剪切应力过大而断裂，一般取 α =10°～30°（图8-4）。

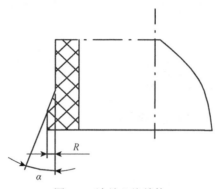

图 8-4　法兰凸缘结构

α 取 10°～30°，R=10～30mm

图 8-1（d）为管道本身可伸缩的活套法兰连接，它常用于温度较高的管道中，作为管道热补偿器或用在操作中沿管道轴线产生位移而需要补偿的场合。

2）设备接管法兰的连接结构

石墨设备的接管法兰对外连接结构，除上述对开式活套法兰连接外，图8-5 所示

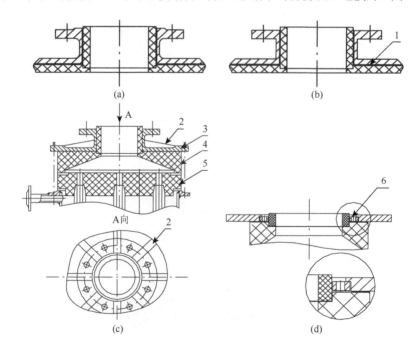

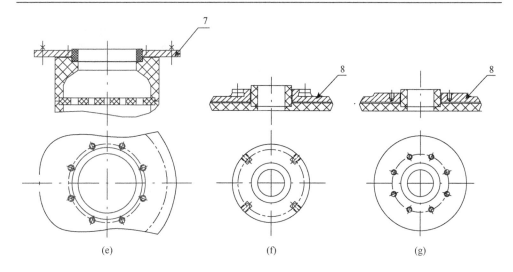

图 8-5　设备封头上接管法兰对外连接结构

1. 垫片；2. 筋板；3. 带筋法兰；4. 封头；5. 管板；6. 活套法兰；7. 平板法兰；8. 铸铁盖板

的结构是其他几种较典型的接管连接结构。

图 8-5（a）～（c）所示的三种结构中，石墨接管均伸出设备外一定长度，外有金属接管保护。它采用螺栓对外连接，该结构安装、维修时装拆方便。但金属盖板尤其是铸铁件铸造加工稍微麻烦，宜用于需要保温的设备。考虑检修时装拆方便，采用此种结构时，石墨接管不得与金属管黏接在一起。

图 8-5（d）是将法兰埋于设备的金属盖板下，使之与外部管道连接。其结构简单、紧凑，石墨接管较短，在设备维修装拆时，不易受机械损坏。但在有腐蚀性气体存在的化工生产现场，内嵌法兰易被腐蚀锈死，难于拆卸。采用此结构安装时，应在盖板结合部位涂上防锈油脂，尽可能防止连接处生锈咬死。

图 8-5 结构紧凑，装拆方便，石墨接管较短，不易损坏，是一种较受欢迎的结构。三种形式都是将螺栓孔直接加工在盖板上，制造加工方便。

图 8-5 中石墨接管均与石墨封头互相黏接，在使用中黏接缝较易发生渗漏现象。如果在组装和拆卸时，稍微不慎，石墨管便容易损坏。更换石墨接管较为麻烦。但是，结构（a）、（b）的石墨接管也可以采用可拆卸的连接，其端面与石墨封头接合面上加衬垫，借助于设备与外部管道连接的压紧力将其压紧密封，结构略复杂，但更换石墨接管方便，避免了易在接管黏接缝泄漏的现象。采用此结构必须注意正确选择衬垫材料。

3）螺纹连接结构

螺纹连接只宜用于不承受拉应力的石墨部件之间的连接。螺纹连接便于安装时的调整和检修时易损零件的更换，如石墨泡罩塔中泡罩与塔板的固定连接，膜式吸收器分液头的固定均采用这种连接型式。螺纹连接件的螺纹采用粗牙螺纹为宜。图 8-6 是膜式吸收器分液头的连接方式。

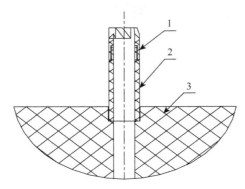

图 8-6　膜式吸收器分液头的连接方式

1. 分液头；2. 接管；3. 管板

8.2　石墨换热器

为了方便叙述，本书按表 8-3 的分类逐一对石墨制设备进行详细介绍。

不透性石墨制换热设备具有优良的耐腐蚀性和传热性能，用于腐蚀性介质的传热过程，更能发挥石墨设备的优越性。它是石墨设备中使用量最多、比较典型的化工单元设备，有着很大的发展前途。

为了节约不锈钢和贵重的有色金属材料，石墨换热器广泛地用于处理盐酸、硫酸、乙酸和磷酸等腐蚀性介质。除了主要用于酸碱农药等工业外，还广泛地应用于化肥、染料、石油、化工、有机合成、金属精炼、金属表面加工、无机药品、制药、食品和原子能等工业部门，用于加热、冷却、冷凝、蒸发和吸收等化工单元操作。

石墨换热器按其结构型式可分为列管式（管壳式）、块孔式（圆块孔式及矩形块孔式）、喷淋式、浸没式、套管式、板式和螺旋板式等多种结构型式。列管式、块孔式、板式都有系列设计，列管式换热器已得到大量的应用，块孔式换热器的生产，已制定了石墨设备技术标准。

8.2.1　列管式石墨换热器

列管式石墨换热器是由不透性石墨加热管和管板用黏接剂黏接组成管束，放置于钢制圆筒壳体内，两端设置不透性石墨材料或其他防腐蚀材料制的封头，分别用螺栓紧固（图 8-7）。其优缺点如下。

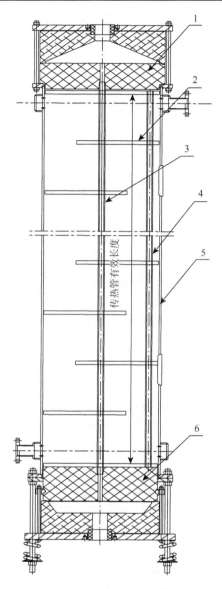

图 8-7　浮头列管式石墨换热器

1. 固定管板；2. 折流板；3. 换热管；4. 定距管；5. 壳体；6. 浮动管板

（1）结构简单，制造方便，价格较低。

（2）石墨材料利用率高，单位换热面积造价低于其他结构型式。

（3）可以很方便地制造大型设备，管内径有大有小，可适应各种性质流体。当采用翅片管时可获得更好的传热效果。

（4）可适用于冷却、冷凝、加热、蒸发等各种工艺过程。可适用于升、降膜式蒸发，在此工艺下可获得很高的传热效率，是某些热敏性物料设备的最佳选择，是其他型式换热器不可比拟的。

（5）流体阻力小，维护检修方便。

（6）热效率不如块孔式及板式的，压型管材的导热系数 λ 值约为浸渍石墨管的 1/3。

（7）允许使用压力较低，一般均不高于 1MPa。石墨元件承受拉应力和弯曲应力的能力差，不宜在有强烈冲击、振动及易产生水锤的场合下使用，若使许用压力提高，需采用强化措施，如采用碳纤维增强管。

（8）抗热震性及水锤冲击性能较差。

（9）允许使用的温度较低，由于管子、管板和黏接剂的热膨胀系数不一致，使用中在温度应力作用下，黏接缝易损坏。此问题有待于新型黏接剂的研制而逐步提高其使用温度。

按其安装型式可分为立式和卧式两种；按流程程数可分为单程和多程，换热面积较大时或壳体直径较大时，可采用多程；按结构型式可分为：①固定管板列管式石墨换热器；②浮头列管式石墨换热器；③单管填料密封列管式石墨换热器；④焊接列管式石墨塑料换热器（石墨聚氯乙烯换热器及石墨聚丙烯换热器）。

其中，固定管板列管式石墨换热器的石墨管与两管板均采用胶黏结构型式，结构简单，但只适用于使用温度较低且两种介质温差较小的场合，目前已经不再使用。而单管填料密封管壳式石墨换热器，从外表看似是固定管板式，为使其与习惯中的固定管板相区别，并反映其主要特征，故称之为"单管填料密封式"。一般广泛使用的是立式单程浮头列管式石墨换热器，这种结构型式简单，适应性强，国内外均已标准化。

1. 浮头列管式石墨换热器

浮头列管式石墨换热器，是由石墨管束、管箱和壳体等部分构成（图 8-7）。管束与管板连接后，安装于外壳内。管子与管板采用黏接剂黏接，其中一个管板是浮动管板，以填料箱或 O 形密封圈与壳体密封。这样，由于管子和壳体材料的膨胀系数不同及两者存在温差，随着温度的变化，当管束与壳体的伸长和收缩量不一致时，可以通过管束的自由浮动而得到补偿，不致使管束承受温差应力而破坏。石墨封头借助于金属盖板分别与固定管板和浮头管板相连接，中间以衬垫密封，在壳程中设置折流挡板，以增大流速和改变流体的方向，用以提高传热效率。

现就各零部件的结构设计要点分述如下。

1）换热管

作为传热元件的石墨管，有浸渍石墨管和压型石墨管两种。浸渍石墨管的导热系数较高，一般为压型管的 2～3 倍，但机械强度较低，制造加工麻烦，线膨胀系数小且价格高。目前，国内普遍使用酚醛石墨压型管作为换热管，一般设计管程–20～120℃、壳程–20～130℃效果尚好，使用温度在 120℃以上的加热设备，建议采用经 300℃中温处理的压型管，其热稳定性及化学稳定性都有所提高，线膨胀系数大大减小，且随温度的变化其值波动不大，经中温处理后的机械强度虽略有下降，但可满足作换热管的要求，最适宜用作加热器的换热管。

换热管必须固化完全，表面光洁，无宏观裂纹、砂眼等缺陷。管子直径的选择取决于处理物料的特性，如黏度大小、是否含有固体颗粒、结垢情况及相态等具体工作条件，也需考虑工艺措施。一般情况下，液体介质的管径较小，取 20～50mm；气态或黏度大、易结垢、易堵塞的介质，管径较大，取 20～80mm。目前国内常用的管子规格为 $\phi 32/\phi 22$ 及 $\phi 50/\phi 36$ 两种。

对冶炼厂含尘 SO_2 气体的冷凝方面，例如，早在 20 世纪 50 年代初，日本因没有解决管壁结垢的问题时，选用 $\phi 37/\phi 25$ 石墨管，仅一年后，采用上封头喷洒稀酸除垢及定期用高压水枪喷冲管内壁的措施后，即将换热管径改小到 $\phi 32/\phi 22$，取得了良好的经济效益，至今日本的 SO_2 气体间冷器大多仍采用此规格的管子。

又如，对黏胶纤维纺丝液（含芒硝的稀硫酸溶液）的加热，采用 $\phi 50/\phi 36$ 石墨管，不仅不能解决堵塞问题，而且因结垢使传热迅速恶化，当采取定期以循环酸（或稀碱液）冲洗（甚至规定每三班直到每班冲洗一次）的措施后，采用 $\phi 37/\phi 25$ 石墨管反而取得了良好的效果。并对工艺条件作探索，使易结晶（或结垢）介质不在换热管内结晶（或结垢）而到蒸发罐中结晶，这些措施均比采用加粗石墨管径获得的经济效益更好。

换热管的长度，主要取决于工艺条件。如需在单向设备内使介质获得较大温差或对气体加热、冷却时，宜选用较长的管子。在不需较大温差、或热敏件介质加热、或对某些需加热且温差较大、或希望获得更高流速的场合，则采用较短的管子设计成多管程会获得更好的效果。

一般换热器采用 $\phi 32/\phi 22$ 的管子，为减少管程的流体阻力，对处理量大、面积较大的换热器，可采用 $\phi 50/\phi 36$ 的管子，管子的有效长度一般采用 1m、2m、3m、4m、5m 和 6m 六种，考虑到两端插入管板的长度，总长应加 100～120mm。

弯曲度的偏差对装配应力有较大影响，故其尺寸应符合以下要求：

长度偏差≤±0.5mm；

壁厚偏差≤±0.5mm；

弯曲度≤3mm/m；

总弯曲度≤15mm；

管子与锥部不同轴度≤0.5mm。

管子截面的形状通常采用圆形光管。当管子外介质对管壁的给热系数比管内的给热系数小得多时宜采用翅片管。

在某些特殊的场合，如对于无结晶、无结垢而黏度较大的介质，为提高其紊流程度而强化传热，则使管壁变得粗糙是有利的。如某公司将石墨管外壁刷上树脂，然后将其在石墨细颗粒上滚动，以达到管外壁均匀地粘上一层细颗粒的目的，以增加外壁的粗糙度，使管外流体流动处于湍流状态，从而达到增强传热的效果。

2）管板

（1）管板厚度的确定。固定管板的厚度按强度计算确定。浮动管板的厚度，除满足强度要求外，还要考虑浮头填料密封或 O 形密封圈及封头连接结构所需的尺寸。当管程为多程时，管板的厚度还应包括管板上隔板槽的深度。固定管板及浮动管板的结构见图 8-8。

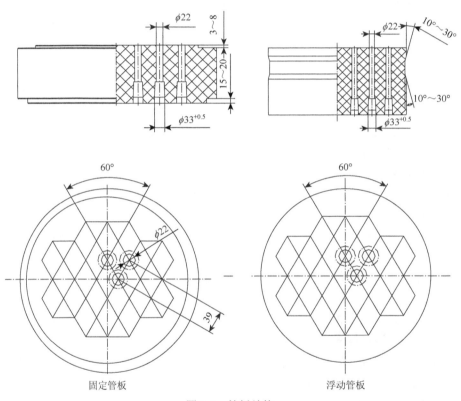

固定管板　　　　　　　　　　　　　浮动管板

图 8-8　管板结构

浮动管板上安装对开环处凸缘的锥面斜角 α，取 $10°\sim30°$，一般取 $15°\sim20°$。角度过大易损坏。对直径小于 800mm 的管板，尽可能采用整体材料。需要采用拼接结构时，应按拼接平板的黏接结构要求，不得有通缝，而应采用双层或多层错缝拼接。

（2）管板上管子的排列。管子的排列，应考虑设备结构的紧凑性，力求在一定的壳体内安排最多的管子，并使管间空间的截面积最小，以增高壳程流体流速，从而提高传热系数，同时要考虑管间清洗方便。

石墨列管的管间距应比钢制列管换热器的管间距稍大些。一般推荐管间距 $t = d_o + (7 \sim 9)$ mm，对于 $\phi 32mm / \phi 22mm$、$\phi 37mm / \phi 25mm$ 和 $\phi 50mm / \phi 36mm$ 管子间距分别为 39mm、45mm 和 59mm。如果壳程需要进行机械清洗，管间距还应相应加大。

管子在管板上的排列有以下三种方式：正三角形、正方形和同心圆（图 8-9）。虽然可以有正方形排列的方法，但本型中通常均按正三角形排列。当孔（管）数不少于 61（GHA400 以下）时，管板上最外圈换热管的排列呈正六边形。超过孔数时（GHA450 及以上）则应在外圈六边形外的弓形部分补加换热管。这不仅充分利用了管板及筒体内的空间，还避免了壳程流体的短路，提高传热效率。

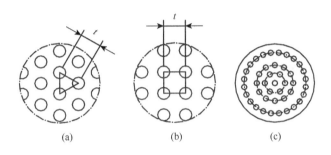

图 8-9　管板上管子的排列方式

（a）正三角形排列；（b）正方形排列；（c）同心圆排列

在一定的管板面积上按正三角形排列时可以获得最多的管子数，通常最多的管子均采用这种排列方式。

按正方形排列时，管间便于清洗。在相同的间距 t 下，正方形排列，管子间净距将比正三角形排列大 $0.134t$。

按正三角形排列时，每排管子间净距 $b = t - d_o$。为便于设计时参考，按正三角形和同心圆排列时的管子数量列于表 8-4。

表 8-4　管板上按正三角形和同心圆排列时的管子数量

六角形或同心圆的数量	按正三角形排列							按同心圆排列	
	对角线上的管子数量	管子总数（不包括扇形面积内的）	扇形面积内第一行的管子数量	扇形面积内第二行的管子数量	扇形面积内第三行的管子数量	所有扇形面积内的管子数量	管子总数	外圆上的管子数量	管子总数
1	3	7	—	—	—	—	7	6	7
2	5	19	—	—	—	—	19	12	19

续表

六角形或同心圆的数量	按正三角形排列							按同心圆排列	
	对角线上的管子数量	管子总数（不包括扇形面积内的）	扇形面积内第一行的管子数量	扇形面积内第二行的管子数量	扇形面积内第三行的管子数量	所有扇形面积内的管子数量	管子总数	外圆上的管子数量	管子总数
3	7	37	—	—	—	—	37	18	37
4	9	61	—	—	—	—	61	25	62
5	11	91	—	—	—	—	91	31	93
6	13	127	—	—	—	—	127	37	130
7	15	169	3	—	—	18	187	43	173
8	17	217	4	—	—	24	241	50	223
9	19	271	5	—	—	30	301	56	279
10	21	331	6	—	—	36	367	62	341
11	23	397	7	—	—	42	439	69	410
12	25	469	8	—	—	48	517	75	485
13	27	547	9	2	—	66	613	81	566
14	29	631	10	5	—	90	721	87	653
15	31	721	11	6	—	102	823	94	747
16	33	817	12	7	—	114	931	100	847
17	35	919	13	8	—	126	1045	106	953
18	37	1027	14	9	—	138	1165	113	1066
19	39	1141	15	12	—	162	1303	119	1185
20	41	1261	16	13	4	198	1459	125	1310
21	43	1387	17	14	7	228	1615	131	1441
22	45	1591	18	15	8	246	1765	138	1579
23	47	1657	19	16	9	264	1921	144	1723

　　但是实际列管换热器排管时考虑到浮动管板的强度，六角形数大于 4 之后的管子数量要比表 8-4 中的理论数量少，当管子采用 $\phi 32mm/\phi 22mm$，管间距为 39mm 时，不同壳体直径所排列的管子数量可参照标准 HG/T 3112—2011。

　　在设计多程换热器时，管子的排列可采用综合的方法，每一程中都采用三角形排列，而各程之间为了容易安装隔板则采用正方形排列，配置分程隔板的位置，根据结构决定。

　　布置在内径为 D_i 的壳体内的管子数量 n 可用式（8-1）估算。

按正三角形排列时：

$$n \approx K \frac{\pi D_i^2}{4 \times 0.866 t^2} = K \frac{\pi D_i^2}{3.47 t^2} \qquad (8\text{-}1)$$

按正方形排列时：

$$n \approx K \frac{\pi D_i^2}{4 t^2} \qquad (8\text{-}2)$$

式中，K 为装填系数，取 0.7～0.85。对于管子少的和多程的换热器取小值。正三角形排列时，也可按式（8-3）计算管子总数 n。

$$n = 1 + 3\alpha + 3\alpha^2 \qquad (8\text{-}3)$$

式中，α 为除中心管以外的六边形层数。

3）管板与管子的连接

管子与管板的连接结构，应具有足够的机械强度，气密性好，装配方便，使用可靠。在连接面上，必须承受由温度和操作压力及装配时所产生的轴向力。立式安装时还应考虑物料和设备质量所引起的轴向力。以上几部分轴向力之和对黏接缝产生的剪切应力，必须小于或等于黏接剂的许用剪切应力。连接质量直接影响到换热器的使用寿命。因此，除了正确地选择管子、管板和胶结剂外，还应采用合理的黏接结构。一般推荐采用埋入式锥面黏接结构，见图 8-10。

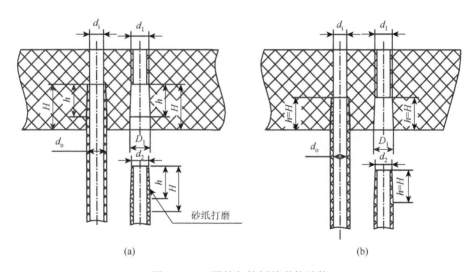

图 8-10　石墨管与管板的黏接结构

图 8-10（a）和（b）两种结构黏接质量无太大差别，均可满足使用要求。结构（a）黏接处有一圆柱面，装配方便，结构（b）加工方便。管子插入管板的深度和锥度尺寸，应保证有足够的黏接强度和气密性。从这一点出发，埋入深度长、

黏接面积大有一些好处。但如插入深度太长，在黏接处产生的温度应力大，反而有害。尤其是采用本身膨胀系数较大的热压石墨管时，更是如此。工程上通常采用表 8-5 中的几种尺寸，见图 8-10。黏接缝厚度为 0.25～0.5mm。广泛使用的黏接面为锥面加圆柱面[图 8-10（a）]，其效果较好。其次为圆锥面黏接，在管板厚度较小时采用[图 8-10（b）]。

表 8-5　埋入式黏接中管子与管板孔尺寸（mm）

管子规格 d_o/d_i	$\phi 32/\phi 22$ 管		$\phi 50/\phi 36$ 管	
d_1	$\phi 29^{+0.5}$		$\phi 45^{+0.5}$	
D_1	$\phi 33^{+0.5}$		$\phi 51^{+0.5}$	
d_2	$\phi 28^{+0.5}$		$\phi 44^{+0.5}$	
h	35	50	45	60
H	50		60	60

管端锥度大小，应考虑加工方便，保证管子端部加工部位有足够的强度，在加工过程中不易受损伤。一般锥部的小端壁厚不应小于 2mm。

管子与管板的黏接，除插入式锥面黏接结构外，尚有图 8-11 所示的几种连接型式。图 8-11（a）为贯穿式锥面黏接结构，仅用于薄管板的黏接。图 8-11（b）为管子与管板可拆卸连接结构。这种结构避免了黏接结构因材料线膨胀系数不同而带来的弊端，但结构较复杂，加工不方便，需选择耐温耐蚀垫片和密封材料，而且紧固螺母需占用一定的管板位置，管间距也要相应加大。这种连接，只在特殊情况下采用。

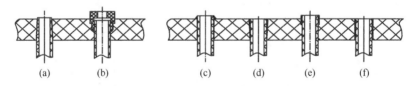

图 8-11　管子与管板的其他连接方式

图 8-11 中，（c）～（f）三种结构的管子不需要加工，直接将管子插入管板孔中，将黏接剂填充其缝间，捣实。这种结构虽省去管子的加工工作量，但装配时麻烦，特别是管子黏接部位四周的胶泥不易均匀，易产生气孔，管子不易与管板孔严密紧贴，当温度变化大时，石墨管根部会产生应力集中，造成管子断裂，其黏接强度和气密性均较差，只能用于管板厚度较小，使用温度低于 60℃，并且温度变化不大的场合。曾用 $\phi 32mm/\phi 22mm$ 的酚醛石墨压型管，对插入式锥面黏接和

圆柱面伸出黏接两种结构的拉脱力进行实验。实验数据列于表 8-6。可见黏接结构对拉脱力有较大的影响。

表 8-6　管子与管板不同黏接结构的拉脱力比较

接管型式	拉脱力/N	实验结果
锥面黏接	12300	未拉脱
圆柱面伸出黏接	8300	断裂
圆柱面伸出黏接	6300	断裂

在检修时，不得不把管板胶结部位扩大，从而管子与管板成了全长（管板厚度）胶结[图 8-11（c）～（f）]。曾见有如图 8-11（c）～（f）四种胶结方式。这些基于焊接原理的结构型式，在热固性树脂胶结剂（冷冻固化黏接而非熔融状态下黏接）的条件下一次组装时使用，是不适宜的。即使是在维修时不得不采用（d）的结构时，也应尽量使胶泥厚度减薄；在维修时不得不采用（c）的结构时，也需要在胶泥中加纤维性材料，以防止产生裂纹。

4）折流板、辅助管板

（1）折流板的作用。壳程折流板也称挡板，其作用是增大壳程流体流速，改变其流动方向，使之与管子成一倾斜角度，在管外造成湍流，并防止流体短路，以提高管外流体的给热系数，强化传热过程。在有相变化的蒸汽加热器中，冷凝给热系数虽然与壳程中蒸汽的流动状态无关，但对于立式换热器挡板可起拦液板的作用，减薄管壁上液膜的厚度，以提高传热效率。

对于较长的传热管，折流板还起着支撑的作用，限制其弯曲变形。蒸汽加热时，对于水锤冲击或其他因素引起的振动，它起着缓冲作用，防止折断。在管束装配时，还常利用折流板作定位用。

（2）折流板结构尺寸。折流板的形状虽然有盘环形（图 8-12）及其他形状，但在本型中普遍采用的是弓形折流板（图 8-13），组装时，缺口方向依次相间交替排列。

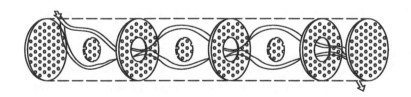

图 8-12　盘环形折流板

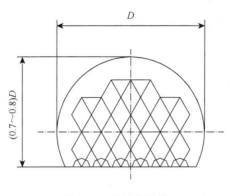

图 8-13　折流板结构

　　折流板的外径是由挡板与壳体之间的间隙大小的要求所决定的，此间隙应尽可能小，以减少流体由此短路而影响传热，因壳体本身有一定的椭圆度，间隙太小，会使管束组装困难。挡板的外径通常与浮动管板外径一致，其间隙因壳体的直径的差异而不同，一般取 3～5mm。此值过大，会造成壳程流体短路而降低传热率，故宜加大折流板直径。其尺寸及偏差要求见表 8-7。

表 8-7　浮动管板与折流板的名义外径与偏差要求（mm）

筒体名义内径 DN	250～400	500～550	600～800	850～1700
名义外径 DN	8	10	10	10
允许偏差	−0.5	−0.8	−1.0	−1.2

　　弓形折流板宽度一般等于（0.7～0.8）D_i（D_i 为壳体内径）。折流板孔的排列与管板一致，孔径一般取比管子外径大 1～2mm。孔径过大，易在此泄漏，造成流体短路，影响传热；孔径太小，在组装穿管时操作困难。在制造条件允许时应取较小值。尤其是立式安装的蒸汽加热器，挡板孔与管子的间隙必须很小，才能起到减薄冷凝液膜的作用。一般推荐其间隙尽可能不大于 0.5mm。

　　折流板的间距应根据相邻两折流板间流体横向流过管束时的有效流通面积和弓形缺口处的有效流通面积等原则来确定，间距越小，壳程流速越高。但间距太小，将使阻力过大；当间距太大时，流速提高不明显，且得不到错流形式，对给热系数的提高不利。设计时，应根据换热器的作用、壳程流体的流量和黏度、管径和壳体直径而定。一般挡板间距 L 的取用范围如下：

$$L=(0.2～1)D_i \text{ 或取 } L=300～600mm$$

　　折流板间流体最小通道的截面积和弓形板的切口与管束的相对位置有关，按三角形排列时，弓形板的切口（即底边），宜取与排列管孔的六角形的对角线平行，并恰好取一排孔的中心线部位，以利组装。其截面积 f 为

$$f = DL\left(1 - \frac{d_o}{t}\right) \tag{8-4}$$

式中，d_o 为管子外径，mm；t 为管间距，mm。

石墨折流板厚度，对于壳体直径小于 1000mm 时，取 20～30mm 左右，直径大于 1000mm 时，取 30～60mm。其他材料制折流板，可适当减薄。

（3）折流板的固定。折流板可固定于最外圈的若干换热管上，折流板上下由换热管黏接的瓦片或定位环夹住，如图 8-14 所示。固定折流板的定位环数目，可根据挡板的外径而定，均匀对称配置。小直径的一般为 4 根，大直径的应相应增加。换热管径为 $\phi 32mm / \phi 22mm$ 时，定位环可用 $\phi 50mm / \phi 36mm$ 的石墨管，长 40～50mm，切成 2～3 片。此时，固定方法比用定距管固定的方法更简便。用胶泥直接把折流板黏接到换热管上固定的办法是不可取的，因在热胀冷缩情况下这部分胶泥可能与石墨管脱离。

当采用金属折流板时，采用焊接法与拉杆连接定位。

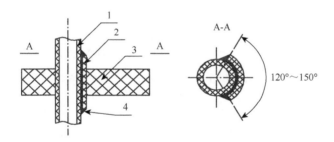

图 8-14　折流板固定方式

1. 换热管；2. 定位环；3. 折流板；4. 黏接剂

（4）折流板材料。一般采用酚醛浸渍石墨板，也有采用金属制作。作为冷却器使用温度较低时，还可采用硬聚氯乙烯板、聚丙烯或玻璃折流板等。采用非金属材料作折流板时，有利于减少因管子的振动而与挡板撞击产生的磨损。

为了组装方便，本型可附设辅助管板（俗称假花板）。它位于管板内侧，主要是为了使管子容易准确穿进管板孔而设置，其不利之处是实际上减小了管子的有效长度。

5）定距管

定距管用以固定和支撑折流板。当折流板用金属制时，定距管也用金属。折

流板用浸渍石墨制需用定距管支撑时，据管径及孔间距的不同，可有两种处理办法。一是用大一号的石墨管作定距管；二是在换热管直径较大且孔间距较小时，可缩小定距管部位换热管的尺寸，而用原规格石墨管作定距管（图 8-15）。为提高传热效率，定距管上应开槽或孔。

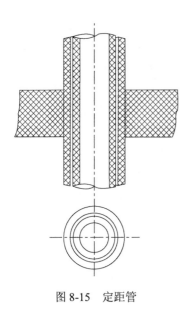

图 8-15　定距管

6）浮动管板与壳体的密封结构

浮动管板与壳体壁之间的密封结构有填料箱和 O 形密封圈两种。

（1）填料箱结构。填料箱结构除确保良好的密封性能外，还要考虑制造加工和安装管束及使用中更换填料比较方便，同时要保证操作时管束能自由伸缩。

目前，列管式石墨换热器使用压力较低。一般采用图 8-16 钢制焊接的填料箱结构，制造加工方便。

填料室的宽度，由所采用的填料规格决定，考虑组装、维修及填料的更换，根据管板直径的大小分别选用边长或直径为 10mm、13mm、16mm 等几种规格。填料层高度与操作压力、管板直径有关，使用压力在 1.0MPa 以下，可取填料宽度的 3～4 倍左右，太高则会使填料箱外形尺寸和浮动管板厚度相应增大。填料层宽度和高度的推荐尺寸参见表 8-8。

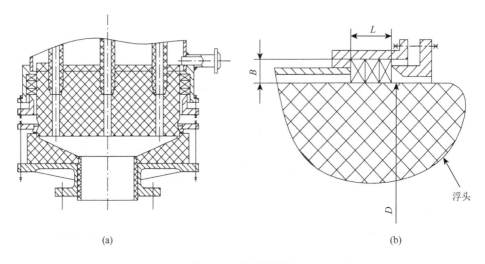

(a)　　　　　　　　　　　　　　　　(b)

图 8-16　填料箱结构

表 8-8 填料箱外形尺寸与浮动管板直径的关系（mm）

浮动管板直径 D	填料宽度 B	填料层高度 L
250～550	10	40
550～800	13	52
800～1000	13	52
1000～1700	16	64

填料采用的材料，在用作温度较低的冷却器、冷凝器时，可采用油棉盘根、浸白铅油的石棉绳；用于使用温度较高的加热器时，宜采用浸二硫化钼石棉绳或方形编织石墨石棉盘根。

（2）O 形圈密封结构。浮动管板与壳体间的密封还可以用 O 形圈密封，见图 8-17。

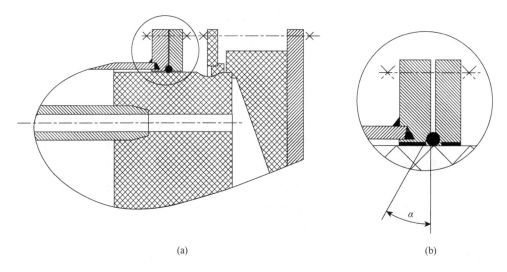

(a)   (b)

图 8-17 浮头管板与壳体间 O 形圈密封结构

O 形圈密封结构简单、紧凑，密封性能好，浮头伸缩灵活，是一种较为理想的密封结构。O 形圈的材料，根据使用条件，可采用乙丙橡胶、氟橡胶或其他耐温橡胶。O 形圈需用专用模具压制。近年来，O 形圈已经有大规格的尺寸，并因其安装方便，好多厂家已经使用此结构。O 形圈的大小根据设备的尺寸可以选择 ϕ10～28mm。法兰的倒角 α 在 15°～30°。

还有一种较新的结构，不是利用浮动管板的外圆，而是在浮动管板一端增加一个金属制滑环（相当于一个短节），利用此滑环的外圆与筒体之间用填料作密封，达到浮动的目的。这是美国联碳（UCAR）卡拜特（Karbate）换热器的一种型式（图 8-18）。

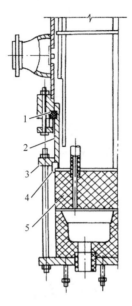

图 8-18　筒体填料密封与下封头连接

1. 填料；2. 滑环；3. 活套法兰；4. 对开环；5. 浮动管板

　　此滑环的外径与浮动管板外径相当，并利用滑环上的槽通过对开环与活套法兰与浮动管板相连接。为了减轻浮动管板上安装对开环处缩颈部分的应力（因下封头、液体重量及其他外加载荷引起的），在浮动端的有关法兰螺栓上还可以加装压缩弹簧。其他各种外填函密封结构见图 8-19。

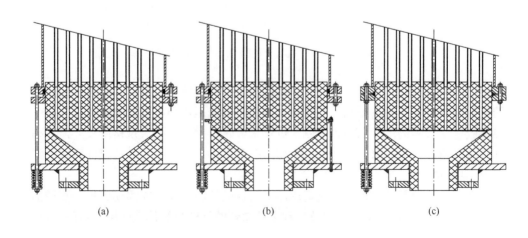

(a)　　　　　　　　　　　　(b)　　　　　　　　　　　　(c)

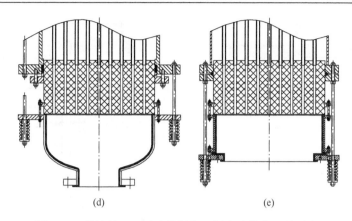

图 8-19　外填料函及浮动管板与下封头连接的几种型式

与钢制管壳式换热器相似，石墨列管换热器其管程可以有单、双、四、六、八等程数，壳程可以有单程及双程。其结构特点也基本相似。

7）封头及其金属盖板

封头材料一般可采用浸渍石墨加工而成，如图 8-20 所示。由于石墨封头承受拉应力和弯曲应力，故直边高度 h 不宜太高，R 不可太小。

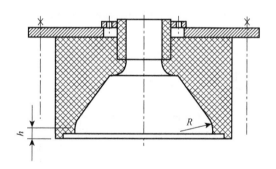

图 8-20　石墨封头结构

在气（汽）态介质冷却或冷凝时，化工工艺上则要求有足够的封头空间，以利于气体的分布或气液分离，但石墨制封头材料消耗较大。因此，封头材料尚可根据介质、压力和温度等条件，采用钢衬橡胶、钢衬聚四氟乙烯、钢衬石墨板或衬玻璃钢及整体硬聚氯乙烯、聚丙烯或整体玻璃钢等非金属防腐蚀材料。而石棉石墨酚醛塑料封头，不仅成本低，而且强度与寿命均优于浸渍石墨，是值得推广的。

石墨封头的几种主要结构型式：一般封头[图 8-21（a）]；气液分离器型式封头[图 8-21（b）和（c）]；稳压型式封头[图 8-21（d）]。

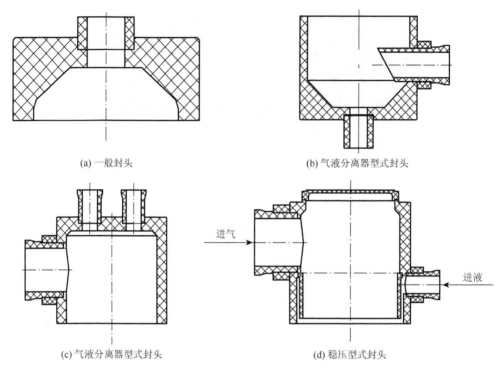

(a) 一般封头　　　　　　　　　　　　　　(b) 气液分离器型式封头

(c) 气液分离器型式封头　　　　　　　　　(d) 稳压型式封头

图 8-21　石墨封头的几种主要结构

当管程为多程时，封头中需设置隔板。为加工方便，可采用图 8-22 所示的结构型式，将隔板黏接于石墨封头内。

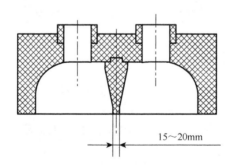

图 8-22　胶结结构双管程封头

石墨封头与管板和壳体之间的连接，是在石墨封头上设金属制盖板，通过法兰螺栓连接，盖板可用钢板焊制或铸铁制，铸铁件常用于成批生产。

8）壳体

壳体的直径应使换热器管束能顺利装入壳内，又使壳体的内径最小。壳体内壁与管束最外边管子的间隙应尽可能小，列管式石墨换热器通常为浮头式结构，应以使浮头管板或挡板能顺利穿过壳体为限。壳体内径 D_i 一般可按式（8-5）计算：

$$D_i = t(B-1) + 2e \qquad (8-5)$$

式中，B 为最外层六边形对角线上的管数或管板直径上的最大管数；e 为最外层管子的中心到壳壁的距离，mm。对浮头式石墨换热器，取 $e=（1.0\sim1.5）$ d_o 为宜。

　　列管式石墨换热器的壳体，一般由碳钢制成，壳体制作的公差要求应符合 GB/T 151—2014《热交换器》或 GB 150—2011《压力容器》的规定。

　　壳体上接管的防冲问题在列管式石墨设备中更为重要。在进行冷却时虽然也可以采用钢制管壳式惯用的防冲挡板（喇叭口形）解决，但还是以外导流水（汽）圈的型式更好，尤其是在壳程用蒸汽加热的情况下。如图 8-23 所示，这样蒸汽（水）可以较均匀缓慢地从壳体半圆周或四周的孔道中分散进入壳体内，以免高温蒸汽流冲刷石墨管，影响使用寿命。

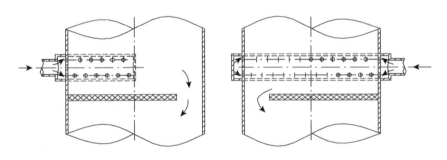

图 8-23　外导流水圈结构

　　采用半圆周水圈，与折流板同方位配置，可节省钢材，并与折流方向吻合。在加热时，为减小左右两半圆内换热管的温差，则以整圆水圈为好，此时，背向进汽口的半圆周上有数量少且孔径小的配气孔，可以有少量蒸汽进入壳内。上述结构在强度计算上也较钢制管壳式换热器外导流筒结构简单。

　　外壳结构中尚需附设放空口及排净口。顶部放空口用于排放壳体内不凝性气体（如在试车及开车时壳内原有的空气及冷却液中分离出的不凝性气体）。底部的排净口是为试压及冬季停车时排净壳内积水，以防冻结。其结构，我国习惯用接管及法兰[图 8-24]，国外有从壳体法兰中钻孔后攻丝，用丝堵放气或排液的（图 8-24 中之 m_1、m_2）。

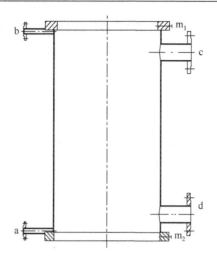

图 8-24　壳程放空口（b 或 m₁）及排净口（a 或 m₂）

　　在管程物料温度较高时，启用或运转中如不及时于顶部排除不凝性气体，致使冷却液不能接触上管板，常可导致管子与管板胶结部位因温度过高而损坏渗漏。

　　用海水作冷却介质时，应考虑到海水对碳钢的腐蚀，可在壳体内涂刷防腐蚀涂料，如过氯乙烯、双酚 A 型不饱和聚酯等。对于壳程防腐蚀要求较高的，且使用温度低于 70℃，可采用钢衬橡胶。能在 100℃酸性介质及负压下长期使用的衬里橡胶也已问世。再高温时可用三氟氯乙烯喷涂或内衬 PTFF。国外个别设备也有采用玻璃钢制作外壳的。

　　9）双壳程结构

　　随着工艺的改进，列管式石墨设备也可采用双壳程结构。其结构与钢制管壳式一样，只是纵向隔板不能与管板焊接，而只能固定在壳体内。双壳程的壳程介质折流情况参见图 8-25。纵向隔板回流端的改向通道面积应大于挡板的缺口面积。

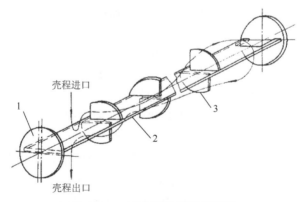

图 8-25　双壳程结构折流示意图

1. 管板；2. 纵向隔板；3. 折流板

双壳程的传热效率明显受防短路措施有效性的影响。隔板与外壳间可采用焊接或滑板-螺栓连接,而与管板间的防短路则只能采用压板加密封材料或凹槽插入式结构(图 8-26)。前者[图 8-26(a)]效果较好,但垫片材料如选用橡胶,则会老化,采用氟塑料薄片时,组装时还要采取一些相应的措施。图 8-26(b)实质为最简单的迷宫式液封结构,虽效果不如(a),但结构较为简单。双壳程是用纵向隔板将壳程分为双程。

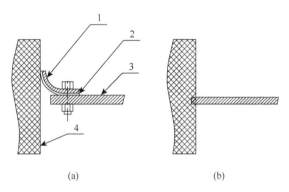

图 8-26　壳程纵向隔板与管板间的防短路结构
1. 压板; 2. 橡胶垫; 3. 纵向隔板; 4. 石墨管板

对于两种介质都是腐蚀性介质、壳程操作压力不太高的场合,也有采用石墨壳体的,但此种结构复杂,石墨材料消耗大、造价高,除特殊需要外,一般不推荐采用。当设备的操作温度低于-20℃时,承受压力的壳体应采用耐低温材料。

2. 单管填料密封列管式石墨换热器

上述列管换热器中换热管与管板间采用胶结剂连接成一体。这种结构简单,管孔孔间距可以减到最小,能在单位体积里获得最大的换热面积,因而被世界各国广泛采用。但也存在一些缺点,尤其是采用挤压石墨管,主要是在温度作用下管束里不同部位的换热管,会因遇热产生的伸长量不同而对胶结缝、石墨管、管板产生附加作用力。这种在温度作用下石墨管间的"差异伸长"主要由以下两种原因产生。

(1)换热管的线膨胀系数 a 较大及管与管间线膨胀系数的差异 Δa。这种情况对浸渍石墨管反映均较小,而对挤压石墨塑料管则都较为明显。

(2)加热介质(如水蒸气)进入壳体后对不同部位石墨管的给热量不可能一致,最接近进气口处的石墨管的温度必然最高,同理,进入管程的冷介质在不同部位石墨管内的流速及传热量也不会相同。

这两种内、外因素共同作用的结果,对膨胀伸长量相对较小的石墨管产生了拉应力,对该管与管板间胶结部位的胶泥产生了剪切力,而对石墨管板就会产生附加弯矩。当其中的任何一种应力超过了材料的强度限时，就会发生破坏。最易发生的是管子与管板胶结处胶泥产生裂纹，其次可以将管子拉断或使管板破裂。胶泥裂纹在损坏中占首位，反映了还有第三个，也是相对较次要的附加应力的存在。这就是人们常说的石墨管-黏结剂-石墨管板三者膨胀系数不同所产生的热应力。但该因素只是在前两个因素的基础上起了辅助作用，仅仅这个因素是不足以造成胶结结构损坏的。

石墨管的膨胀系数 a 及膨胀系数差异 Δa 造成的影响，可以通过制造工艺的改进来减小。例如，经过高温焙烧或石墨化的石墨管，其 a 及 Δa 都较小，但挤压酚醛石墨管，即使是同一批，其 Δa 也大于浸渍管，而其 a 值可以达到 $24\times10^{-6}℃^{-1}$，浸渍石墨化管为 $(3\sim5)\times10^{-6}℃^{-1}$。这正是浸渍石墨管制列管式换热器一般可用于 165~170℃ 下加热，而挤压石墨管制列管换热器用作加热器时，在 120℃ 以上即易损坏的主要原因之一。

第二个因素虽然可以通过进气口增设导流结构来减小影响程度，却是无法有效克服的。事实上可以说是无法实现不同部位石墨管温度的均匀分布。热源温度越高，产生的影响越大。

于是列管式石墨换热器中石墨管的差异伸长事实上是不可避免的。为了有效地减小这种差异伸长而造成的影响（尤其是在加热温度较高时），国内外都研制了单管填料密封型列管式石墨换热器。

1）结构

本型的特点是换热管与管板间的连接不用胶结剂连成整体，而是对每根换热管单独采用填料进行密封，使管内外介质不相通。并因此不再需要外浮头密封结构而自然成了固定管板式。由于每根管子均可各自独立地、互不干扰地伸缩，由上述前两种因素（a、Δa 及温度分布不均）所造成的、不可避免的"差异伸长"，就因管子各自的浮动而不再产生破坏力。

其具体结构有多种，本书仅介绍图 8-27 所示的两种结构。

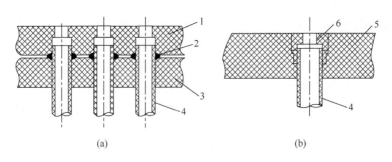

(a)　　　　　　　　　　　　　(b)

图 8-27　部分单管填料密封

1. 上石墨管板；2. 填料；3. 下石墨管板；4. 石墨管；5. 石墨管板；6. 石墨螺帽

图 8-27（a）是利用两块配对钻孔的浸渍石墨管板，同时压紧每根石墨管外圆的所有密封圈以实现密封的。该结构对管板孔、管外圆及密封元件的加工精度要求较高。

图 8-27（b）是应用较多的一种结构。石墨管外黏接一个石墨环，作为挡环。管板上车内螺纹，与石墨螺帽的外螺纹匹配。挡环和螺帽之间安装密封材料，通过螺帽压紧密封。

本型的单管填料密封可有两种方案。一是管子两端均采用填料密封，此时更换石墨管方便；二是管子一端与管板胶结，而另一端采用填料密封。后者目的是把填料放在低温区，以减缓其老化，延长使用寿命。

本型中填料一般采用特种橡胶，当然也可采用其他既耐腐蚀、耐高温，又有一定回弹性的材料。

单管密封形式的缺点是孔间距加大，相应增加了材料消耗、降低了壳程介质的流速。也有一些管板采用钢衬胶板制作，而钢衬橡胶管板的许用温度、介质范围则受胶种的限制，并需具有较高的衬胶水平和工装保证。

2）应用[2]

在我国采用石墨管板的单管填料密封结构，已在冷轧钢板酸洗液（含铁盐的稀硫酸或盐酸溶液）、纺丝液、磷酸、草酸、柠檬酸、古龙酸、谷氨酸、盐酸、某些盐类溶液等的加热、蒸发（及再沸）直至升、降膜式蒸发等领域中获得成功。其结构可以是上管板与石墨管胶结、下管板与石墨管间填料密封，也可以是石墨管两端均采用填料密封。最大规格已制作了 $420m^2$/台，设计压力 0.4MPa，设计温度 150℃，最高已在 164℃饱和水蒸气下考验数月而无损，即整个石墨部件包括石墨管、石墨管与上管板间的胶结部位均达 164℃。

3. 特殊结构列管式石墨换热器

这里介绍的是两种特殊设计的单管板石墨换热器结构，见图 8-28 和图 8-29。

图 8-28 是德国 Kuhle Kausch 公司生产的新型结构的换热器。管内通非腐蚀性介质，管间通腐蚀性介质。冷却水由管口 a 进入，分配到各塑料内管，流经整个管长，进入塑料管和石墨管的环形空间。石墨管悬臂端堵死，塑料管外表面还可带有螺旋状翅片。冷却水在此环形空间为湍流状态流过，经管口 b 流出设备，具有较高的给热系数。被冷却的腐蚀性物料，由管口 c 进入，经管间由管口 d 排出。设备壳体及封头为带防腐蚀衬里的钢制壳体。这种类型的石墨换热器，可以在压力低于 0.3MPa 时，作为含有酸性去垢剂的蒸气冷凝器或作为腐蚀性气体的冷却器，它可以竖式安装，也可以卧式安装。

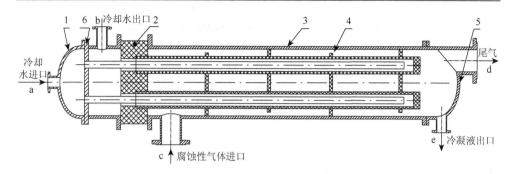

图 8-28 单管板列管式石墨换热器（一）

1. 封头；2. 石墨管板；3. 带有衬里的钢壳体；4. 折流板；5. 带有衬里的封头；6. 带有塑料管或橡胶管的管板

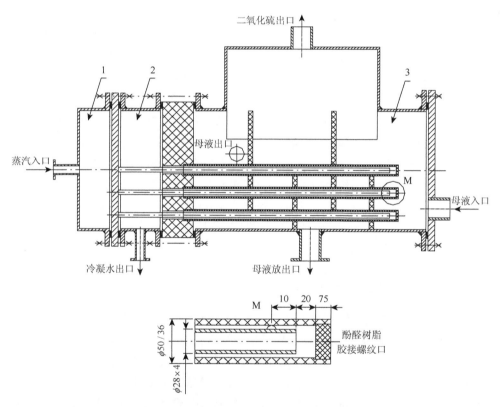

图 8-29 单管板列管式石墨换热器（二）

3-ϕ5×10 焊钉尖端圆滑并错开互为 120°；1. 蒸汽分配室；2. 冷凝液排出室；3. 加热室

图 8-29 所示结构是亚硫酸铵母液的加热器。壳程介质是 NH_4HSO_3、NH_4SO_4 和 H_2SO_4 的混合母液，温度为 85℃，管程是 0.1MPa 表压的饱和水蒸气。一般管内压力 <0.3MPa，且传热效率不如图 8-28 所示的型式，故国内外应用较少。这种换热器由

蒸汽分配室、加热室、冷凝液排除室等几部分组成。与母液接触的外壳是硬铅，传热管板为不透性石墨制，与蒸气接触部分为碳钢制。石墨管的一端与固定管板黏接，管子与管板为插入式锥面黏接结构，另一端为悬臂，可自由伸缩，不必设置热补偿装置。内管为钢管，它插入石墨管中，为保证两管之间的环隙均匀，在钢管末端焊上互成120°的销钉定位。这种结构可用于蒸发、热加和冷凝等过程，因壳程通腐蚀性介质，壳体材料需根据介质使用温度和压力而选用适宜的材质或防腐蚀衬里。

这两种结构的共同点是作为加热元件的石墨管，一端与固定管板黏接，另一端为悬臂结构，在操作温度下，可以自由伸缩，管端堵死，石墨管内有相对应的内管。

内管固定于与石墨管板相对应的另一管板上，流体进入端部的管箱，然后分配到各内管折流，经石墨管之间的环形空间，呈湍流状态通过，与壳程内介质进行热交换后，汇集到两管板之间的空间，然后流出设备。壳体内有挡板兼作管子支承。这种结构没有浮动管板，可节省石墨块材，制造加工容易，造价低，装拆方便，传热效果良好，是一种较好的结构型式。但这种结构换热管不宜太长。

4. 石墨聚氯乙烯管换热器

1）结构

石墨聚氯乙烯管换热器为全塑或半塑（管程的换热器、封头、接管等零部件为塑料制；壳程的筒体、折流板、接管、法兰等零部件为碳钢制）列管式换热器。全塑换热器的管程及壳程均耐腐蚀，可用于两种腐蚀性介质的热交换；半塑换热器只有管程耐蚀，腐蚀性介质只能通入管程。石墨改性聚氯乙烯管换热器的结构示意图如图 8-30 所示。其各部结构分别介绍如下。

（1）换热管。石墨改性聚氯乙烯管换热器的换热管采用石墨改性聚氯乙烯材料经挤制成型而得，常用规格为 $\phi 24mm/\phi 20mm$ 和 $\phi 32mm/\phi 26mm$。管数及管长据所需换热面积大小而定。

（2）管板。全塑换热器的管板用硬聚氯乙烯厚板经机加工而制成。半塑换热器的管板由三层不同材质的板材构成。接触管程介质的一面为硬聚氯乙烯板，接触壳程介质的一面为钢板，中间加一层薄的橡胶板，三者用埋头螺栓固定在一起，如图 8-31 所示。这种复合材料组成的管板既可保证管程耐蚀，又可保证壳程的强度与刚度。

（3）壳体。全塑换热器的壳体采用硬聚氯乙烯板热卷成型，然后再用塑料焊条焊接纵、横向焊缝，组成所需直径与长度的壳体。半塑换热器的壳体采用碳钢板卷焊成型。

（4）封头。无论全塑或半塑换热器，其封头均采用硬聚氯乙烯板热压成型。封头形状一般为椭圆形或碟形。

（5）换热管与管板的连接。换热管在管板上呈正三角形排列。考虑换热管与管板材料不完全相同，其焊接性能也不完全相同，所以在换热管两端各套上一段硬聚氯乙烯短管，然后再用聚氯乙烯焊条将短管与管板焊在一起，如图 8-32 所示。

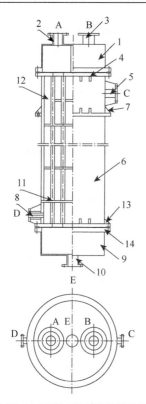

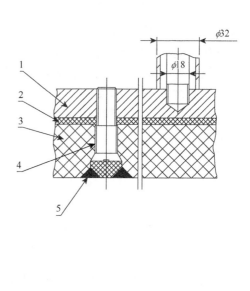

图 8-30　石墨改性聚氯乙烯管换热器的结构示意图

1. 上封头；2. 物料入口；3. 物料出口；4. 上花板；5. 冷媒出口；6. 筒体；7. 支撑板；8. 冷媒入口；9. 下封头；10. 凝液出板；11. 折流板；12. 换热管；13. 加强筋板；14. 下花板

图 8-31　半塑换热器管板的结构示意图（mm）

1. 钢板；2. 橡胶板；3. 硬聚氯乙烯板；4. 埋头螺栓；5. 硬聚氯乙烯塑料焊缝

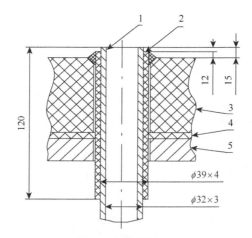

图 8-32　石墨改性聚氯乙烯管与管板的连接结构（mm）

1. 换热管；2. 套管；3. 硬聚氯乙烯管板；4. 橡胶板；5. 钢板

硬聚氯乙烯短管的内径稍小于石墨改性聚氯乙烯管的外径,将短管加热后套在换热管上,不仅可以保证二者间的气密性及一定的连接强度,而且在温差应力较大时,换热管可以伸缩,以补偿温差应力引起的变形。

(6)分程隔板及折流板。为了提高管程或壳程流体的流速,以改善传热性能,可在封头上设置分程隔板及在壳体内设置折流板。隔板与折流板的数量应根据所要求的流速决定,所用材料一般应与封头或壳体材料相同。

2)应用

石墨改性聚氯乙烯管制换热器适于作聚氯乙烯耐蚀介质的热交换设备。其最高使用温度一般应不超过 70℃;使用压力应据换热器壳体结构材料及直径大小而定。

石墨改性聚氯乙烯管制换热器主要是用作氯化氢冷却器及湿氯气冷却器。在这种使用场合下,这种换热器可以满足使用要求,价格也比钛制冷却器及石墨冷却器便宜得多。但由于其使用温度较低,因而不仅不能用作加热器,就是对温度较高介质的热交换也难以应用。所以其适用范围较窄,使推广应用工作受到一定限制。

5. 石墨改性聚丙烯管换热器[2]

1)结构

石墨改性聚丙烯管换热器为全塑列管式换热器。除换热管采用石墨改性聚丙烯加工成型以外,管板、封头、法兰、壳体、接管等零部件全用纯聚丙烯塑料加工而成。因此,这种换热器的壳程及管程均耐腐蚀,不仅可用作两种腐蚀性介质的热交换,而且可以根据工艺需要,任意选择介质通入空间,以利于提高换热效率。由于是全塑结构,壳体与换热器材料的线膨胀系数相差不大,管子又有一定挠度,所以换热器可不设热补偿装置,因而结构简单。这种换热器的结构示意图如图 8-33 所示,其具体结构分别介绍如下。

(1)换热管。换热管用石墨改性聚丙烯材料挤制,规格有 $\phi 24mm/\phi 20mm$、$\phi 18mm/\phi 14.4mm$、$\phi 16mm/\phi 13mm$、$\phi 10mm/\phi 8mm$ 四种,可据需要选择。管子在管板上呈正三角形排列,管间距为 1.5 倍管子外径。管长视需要而定,但一般不超过 4m。

(2)管板。用纯聚丙烯厚板加工而成。管板厚度视壳体直径大小而定,一般为 30~50mm。由于换热器是全塑结构,因为将壳体法兰与管板制成整体结构,这样可节省材料、减少加工量。

(3)壳体。壳体也用纯聚丙烯塑料加工而成。对于直径小于 400mm 的壳体,可以直接用聚丙烯管材截取相应长度,经加工而成。如壳体直径大于 400mm,则需用聚丙烯板材加热卷焊成型,因当前尚无直径大于 400mm 的管材,如果换热器

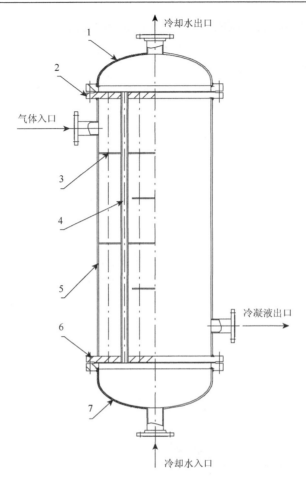

图 8-33　石墨改性聚丙烯管换热器的结构示意图

1. 上封头；2. 上管板；3. 折流板；4. 换热管；5. 壳体；6. 下管板；7. 下封头

壳程使用压力或真空度较高时，可对壳体采用玻璃钢增强或在壳体上设置加强圈，以提高其承载能力。

（4）封头。石墨改性聚丙烯管换热器的封头均用聚丙烯板材热压成型。其加工方法与硬聚氯乙烯封头相同，只是因聚丙烯熔点高，所以加工温度也要相应提高。而且由于聚丙烯适于热成型加工的温度范围较小，所以热成型工艺较难掌握。

（5）换热管与管板的连接。石墨改性聚丙烯管与纯聚丙烯管板之间的连接是采用专用热工具进行焊接的。管子外径与管板上管孔间要稍有间隙，以便于穿管，但此间隙不能过大，否则会影响焊接质量。焊接时，先将热工具插入管内，经一定时间后，管子端部及管板孔周围的材质被加热熔融成黏滞态，这时将热工具下压，稍加转动后即可拨出。由于热工具有锥度，而且端部有环形凹槽，所以焊完后不仅管子端部与管板孔上部被压紧黏在一起，而且管子最上端有一环形翻边被紧压在管板上。这种连接方法相当于金属换热器管与管板间用胀管-焊接的联合连接法，所以连接质量相当可靠。

（6）分程隔板及折流板。如需改变换热器管程或壳程流体的流速，可分别在封头及壳体内设置隔板及折流板。材料均用聚丙烯板材，数量由所要求的流体流速决定，但数量太多会增大流体的压力降。

2）性能及应用

石墨改性聚丙烯管换热器的使用温度范围为 10～120℃，壳程耐压 0.2MPa，管程耐压 0.3MPa，凡聚丙烯耐腐蚀的介质，均可使用此换热器。

此种换热器的传统系数视介质种类、状态、流速等参数的不同而异。在液-液热交换的情况下，其传热系数 K 值为 150W/(m²·K)左右；而在蒸汽-冷水热交换时，其 K 值为 300W/(m²·K)左右；在热风-冷水热交换时，其 K 值为 70W/(m²·K)左右。

石墨改性聚丙烯管换热器适于作冷却器、冷凝器、加热器等各种用途的换热设备。尤其在作蒸汽冷凝器时，其传热效果最好。其耐腐蚀性能比石墨改性聚氯乙烯管换热器好得多，尤其是耐溶剂性更好，耐高温性也较高，所以，可用于较高温度介质的热交换，还可做成用低压蒸汽作加热介质的加热器。这种换热器还具有重量轻、易安装维修、无毒性、不污染介质、不结垢等许多优点。已在化工、冶金、制药、食品等行业中得到广泛应用。

6. 浮头列管式石墨换热器

根据多年的使用经验，全国非金属化工设备标准化技术委员会于 2011 年组织编制修订了新的标准 HG/T 3112—2011《浮头列管式石墨换热器》。该标准适用于以压型酚醛石墨管、酚醛树脂浸渍石墨为材料，由石墨酚醛胶结剂黏接所制作的浮头列管式石墨换热器。

浮头列管式石墨换热器结构型式见图 8-34，详细信息可以参考 HG/T 3112—2011。

8.2.2　块孔式石墨换热器

1. 块孔式石墨换热器的特点及分类

1）特点

块孔式石墨换热器是由若干带有物料孔道的石墨换热块，上、下石墨封头及其金属盖板及圆筒钢壳体（圆块孔式）或两端侧盖（矩块孔式）等主要零件组成，零件之间用衬垫密封，并以长螺栓紧固。石墨换热块（圆块或矩形块）上加工有互不相通的两种流体通道，利用这两组通道间的残留石墨材料进行间壁式传热。这是石墨设备所特有的结构，是其他任何材料换热器所没有的。

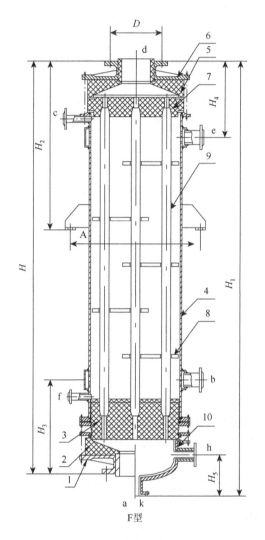

图 8-34 浮头列管式石墨换热器的结构示意图

1. 下盖板；2. 下封头；3. 浮动管板；4. 壳体；5. 上封头；6. 上盖板；7. 固定管板；8. 折流板；9. 换热管；10. F 型下封头

块孔式石墨换热器具有以下特点。

（1）结构坚固。石墨块体主要承受压应力，能充分利用石墨材料抗压强度高的特点。可提高操作压力,适用于有热冲击或振动的场合。

(2)结构紧凑,占地面积小。

(3)适应性强。可用于加热、冷却、冷凝、蒸发、再沸、吸收、解吸等许多化工过程。

(4)零件的互换性好。采用"积木式"的可拆卸组合结构,只需数量不多的标准元件,可组装成各种不同换热面积的设备,其拆卸、安装、清洗、检修和运输方便,这对制造和维修都具有很大的优越性。

(5)不需用黏接剂连接,避免了其他型式的石墨换热器因胶结剂本身材质的缺陷或黏接缝施工质量问题而引起的损坏。因此,可在较高温度下使用,寿命较长。

(6)可获得较高的传热系数:①石墨材料具有各向异性的特点,块孔式换热器的换热块孔道是钻制的,可以使热流方向和块体传热的最佳方向一致,从而获得较高的传热效率;②石墨块体孔道的长度与孔径之比(L/d)也低于其他型式的石墨换热器,从传热的基本理论可知,这将增大设备的传热系数;③各块体之间的空间相当于纵向流道中介质再分布的湍流室,可提高纵向的给热系数。

(7)流体阻力较大。

(8)其传热面积一般不宜太大,以免使封头或金属板做得很笨重,若处理量较大时,可采用多台串联或并联使用。

(9)物料的孔道极小,易堵塞,不宜用于处理有悬浮固体颗粒的物料。

2)分类

由于石墨换热块体的几何形状不同,其结构也有所区别,可以分为圆块式和矩形块式(包括立方块式)两种。

按照石墨块体上两种介质孔道的相对位置可分为平行交错型、垂直交错型和倾斜交错型,如图 8-35 所示。

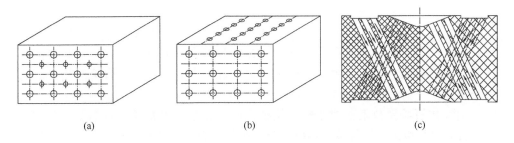

图 8-35 不透性石墨换热块通道型式

(a)平行交错型; (b)垂直交错型; (c)倾斜交错型

平行交错型是在石墨换热块上轴向平行地分布着两组介质通道，两组介质分别由上、下封头集流分配到不同孔道中。而块与块间两组介质则全靠打有一系列孔洞的密封垫片隔离，因而没有外壳，见图 8-35（a）。

倾斜交错型圆块式也没有外壳。其两种不同的流体通道孔都由圆柱形换热块的一个平面倾斜地钻到另一平行平面，图 8-35（c），两组流体倾斜交叉地沿轴向流动。它们之间的密封可采用 O 形圈而不是上述平垫片，折流方式见图 8-36。

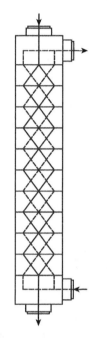

图 8-36　倾斜交错式换热器介质的流动方向

上述两种型式的优点是可适用于两种介质都具腐蚀性的场合，但加工制造较复杂，规格也较小，密封性能差，材料的体积利用率也较下面介绍的垂直交错型（本书以下称为圆块孔式）低，因而平行交错式和倾斜交错式已经不再延用。本书对这两种型式不做详细介绍，主要讲述垂直交错型块孔式换热器。

2. 圆块孔式石墨换热器

1）结构及特点

圆块孔式石墨换热器是装配式石墨换热器，其介质流动方向及典型结构如图 8-37 和图 8-38 所示，它是由若干圆块式浸渍石墨换热块组成，换热块之间用 O 形圈或四氟弹性带密封。换热块安置在钢制圆筒壳体内。在换热块上有许多平行于轴线和垂直于轴线径向的圆孔流道，一种介质沿轴向流道流动，而另一种介质沿径向流道利用折流板折流流动。在每个块体的端面上，有环形密封面，其上装密封垫，将轴向流道加以密封。

换热块装在圆筒壳体内，其上下部分分别装设浸渍石墨封头，兼作被处理介质的进口和出口。所有石墨块系统装在组合的金属壳体内。壳体外面用长螺栓或短螺栓拉紧，借上下金属盖板压紧力，将上下石墨封头、石墨换热块组装为一体。

圆块式石墨换热器相对于矩形块孔式石墨换热器在结构上具有如下优点。

（1）换热块采用圆柱体，不仅有效地利用了石墨材料，而且便于解决石墨块体间（即两种介质之间）的密封问题，可以采用较理想的密封元件——聚四氟乙烯 O 形密封圈，可耐较高的温度和压力，密封性能良好，使用寿命长。解决了矩形块式换热器较难解决的块体之间密封衬垫材料的问题。

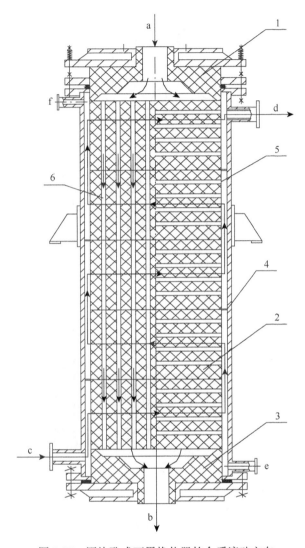

图 8-37　圆块孔式石墨换热器的介质流动方向

1. 上封头；2. 换热块；3. 下封头；4. 折流板；5. 块材横向孔；6. 块材纵向孔；a. 工作介质入口或出口；b. 工作介质入口或出口；c. 辅助介质入口或出口；d. 辅助介质入口或出口；e. 排净口；f. 排空口

（2）圆柱形石墨件和圆筒外壳的受力情况远比矩形的石墨块体、封头及金属盖板的受力情况良好，金属元件不至于太笨重，故可提高使用压力，国外此种类型的石墨换热器的使用压力已达到 2.1MPa。

（3）在石墨块上，可最大限度地布置介质孔道，石墨体积利用率（每单位体积的石墨块材安排的换热面积）可达 $60\sim70m^2/m^3$。

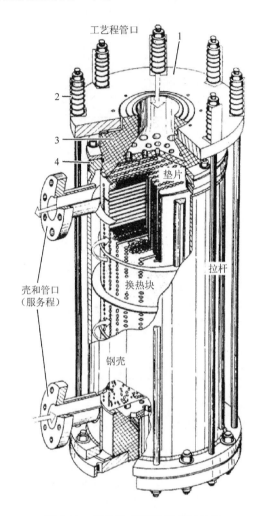

图 8-38　圆块孔式石墨换热器结构
1. 钢板部件；2. 弹簧；3. 封头；4. 压兰

（4）每对换热块之中，两相介质均采用短通道，并有再分配室，有利于产生湍流效应，从而提高传热效率。

（5）换热块采用标准单元块，便于互换、检修装拆。

（6）螺杆装设压缩弹簧。设备维装完成后，在非操作状态下，就受到一定的预压缩应力，操作时，在介质压力作用下，整个组装件仍可处于压应力状态，它使设备合理地利用石墨材料抗压强度高的特点。在操作温度下，由于石墨件与金属件的线膨胀系数不同或温度不同，所产生的伸缩量不同，弹簧可起补偿作用。使石墨件不至于承受过大的应力，又保证具有衬垫密封所必需的压紧力。同时，还可避免设备组装时因拧紧螺栓的外力过大而使石墨件或压盖损坏。

2）结构设计

由于垂直交错型圆块孔式石墨换热器的结构特点及其在性能、寿命、安全可靠性和经济性等方面的优势，使此类型设备应用最广泛，并日益完善。该型换热器的设计压力远超过其他任何型式的石墨换热器，已达到 1.6MPa，且还能提高。随着技术的发展，如今单台设备生产上应用的最大规格已达 1200m²，资料介绍列入系列的已达 1950m²（法国 L. C. L. 公司的 1816 型，换热器直径 1800mm，块高 720mm，每块换热面积 78m²）。国内不同厂家都有自己的规格型号，如 YKA、SYKA、YKB、YKC、YKD、YKZ、YKS、YKD$_Z$ 等。不同型号的换热器在细节上稍有不同，如下封头是否带有气液分离结构、筒体是否防腐。但根据块材型式无外乎两种结构，因此为方便介绍，本书根据块材型式将块材中心有圆孔的称为 YKA，无中心孔的统称 YKB。

现就其结构选型及各主要零件的设计做如下简述。

（1）换热块。

换热块是换热器的传热元件，各结构尺寸的设计是否合理，对设备的传热效率、流体阻力损失、密封性能及材料的消耗等经济技术指标和使用可靠性有很大关系。

（a）介质通道的配置方式。本型中换热块型式主要有图 8-39 所示的几种，即圆柱形、带中心孔圆柱、圆缺形、圆柱槽孔形。国内根据块材的开孔型式，总的来说分为两种型式，一种如图 8-39（c）和（d）所示（YKA），一种如图 8-39（a）和（b）所示（统称 YKB）。其设备结构型式分别如图 8-40 和图 8-37 所示。

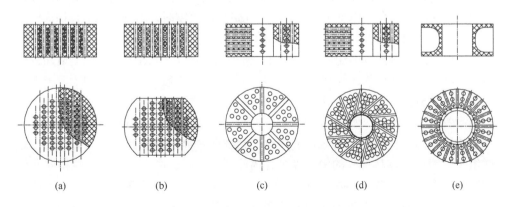

| (a) | (b) | (c) | (d) | (e) |

图 8-39　圆块式换热块的基本型式

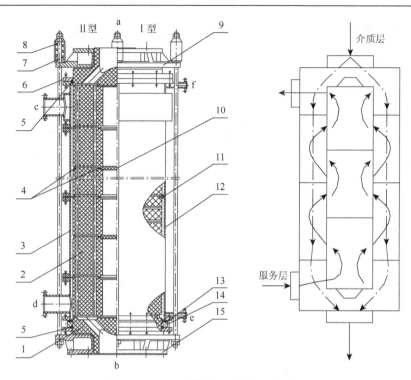

图 8-40　YKA 型换热器结构图及折流图

1. 下封头；2. 换热块；3. 短筒体；4. 密封垫圈；5. O 形圈；6. 压兰；7. 拉杆；8. 弹簧；9. 上盖板；10. 内折流板；11. 外折流板；12. 长筒体；13. 平垫片；14. 过渡法兰；15. 下盖板；a. 介质入口或出口；b. 介质出口或入口；c. 辅助介质入口或出口；d. 辅助介质入口或出口；e. 排净口；f. 排空口

　　YKA 型换热块是一个中央设有中心孔的圆柱体，其横截面是圆环面，分布于环面上沿轴线方向的孔道称为纵向孔，垂直于轴线的孔道称为横向孔。横向孔在换热块端面密封面中间的面积加工成凹形的环槽。组装后，两换热块之间的凹形环槽组成一个湍流室。介质由每个块体的纵向孔进入湍流室时，增强了湍流作用。横向孔有沿圆柱体的半径方向和与半径方向偏离一个角度的两种，为叙述方便，前者简称为径向式，后者简称为切向式。径向式换热块如图 8-39（c）所示，制造加工较为方便，但石墨材料的体积利用率较低，流体阻力损失较大，切向式块体则相反，可使流体进出横向孔道时均沿同一个方向旋转，这样可减少流体阻力，并有利于产生湍流效应而提高传热效率，块体的受力状况也较好，如图 8-39（d）所示。

　　采用切向块体设备组装时，应注意使相邻两块体的横向孔旋转方向相反，这样组装才能使流体从块体的中心管至外周的环形空间来回上下流动，经横向孔道时沿同一个方向旋转，如图 8-41 所示。用此种型式换热块的换热器流体折流情况见图 8-40。每相间隔两件石墨块的连接处有环形外折流板。与外折流板相邻的块体之间中心管处，设置内折流板。因此辅助介质沿着图 8-40 所示的方向流动。

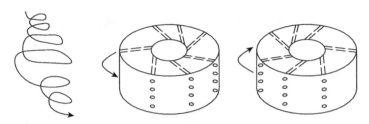

图 8-41　YKA 型换热块旋向孔与折流旋向

YKB 型换热块没有中心孔，石墨材料的利用率高，在我国应用最多的就是该型换热块，块材直径范围 200～1800mm 均已得到应用。用此种型式换热块的换热器流体折流情况见图 8-37。

（b）块材的直径与高度。换热块应尽可能采用整体材料，目前我国圆柱坯料石墨的最大规格为 ϕ1800mm，块体的高度一般在 335～500mm。在一些使用压力不高的情况下也会采用拼接石墨块材。为获得较高的传热效率，小规格的换热块（ϕ600mm 以下）纵向孔径 d 与孔深 L 之比（L/d）推荐不大于 15。

（c）孔径及孔间壁厚的选择。孔径越小，设备的石墨材料体积利用率越高，因而设备紧凑，传热效果好，但孔径太小会增大流体阻力，易引起孔道堵塞，也增加钻孔的困难，因此，选择孔径时，应考虑介质的性质是否会引起孔道堵塞、冷却水水质情况、介质体积流量的大小、对设备阻力降的要求及制造加工条件等因素。我国块孔式石墨换热器采用的孔径有 ϕ12mm、ϕ14mm、ϕ15mm、ϕ16mm、ϕ18mm、ϕ20mm、ϕ22mm、ϕ25mm、ϕ28mm 等规格，如果化工工艺方面没有特殊要求，推荐采用的孔径：横向孔为 ϕ10mm、ϕ12mm、ϕ14mm 三种，小孔用于蒸汽加热或冷却水水质较好的场合，纵向孔为 ϕ10mm、ϕ16mm、ϕ18mm、ϕ22mm 四种。

孔间壁厚在满足强度要求的情况下，取较小壁厚，可提高石墨材料的体积利用率，也减小孔壁的热阻，提高传热效率。但应考虑到钻孔时的加工偏差、石墨材料及其浸渍的质量，采用适当的壁厚，尤其是异向孔之间的壁厚，以避免两相介质互相串漏。推荐的设计壁厚为同向孔≥3mm，异向孔≥5mm，并要求制造中壁厚偏差不大于 1mm。随着钻孔技术的提高，孔间壁厚可有所减小。国外机械强度较好的细颗粒度石墨块材采用同向孔距的壁厚≤2mm，异向孔距的壁厚≤3mm。

（d）块体设计中还应考虑以下因素：①尽量使两向的换热面积相接近，根据两种介质操作条件下的给热系数，给热系数较大的一侧，传热面积可选小些；②中心孔的横截面积应尽量接近于横向孔总截面积，以减小阻力损失，但不宜太大，以免降低材料的体积利用率。块体之间的密封面有半圆截面密封环槽和凹凸面密封两种型式，前者加工要求高一些，密封性能好，可用于较高的使用压力，后者加工容易，组装密封件较方便，在一般操作压力下，同样可获得良好的密封效果。

设计换热块时，应根据具体使用条件，综合考虑上述诸多因素，做多种方案对比，选择较为合理的设计。

（2）上、下石墨封头。

纵向介质的集流与分配均依靠上、下石墨封头。YKA 型设备的上、下封头如图 8-42（d）所示。它是带有物料进出口的设备封头，它将物料均匀地分配到块体的纵向料孔中，或将经热交换后的物料汇集于封头的出口管排出。在保证必要的机械强度的前提下，连通石墨封头内腔与进出管口的分配孔总截面，应大于相应的物料进出管口，而又尽可能接近于纵向孔道的总截面积。YKB 型换热器的封头如图 8-42（b）和（c）所示，与列管式的相同。适用于平盖板或带有接管的盖板，见图 8-5。该型式的封头应用比较广泛。8-42（a）是铸铁盖板用封头（图 8-40）。对于纵向多程的圆块，上、下石墨封头则需考虑设置隔板。

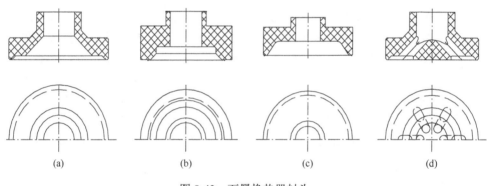

(a)　　(b)　　(c)　　(d)

图 8-42　石墨换热器封头

（3）壳体。

壳体内径尺寸应满足石墨块体与壳体间的环形截面积略大于横向孔的总截面积。

壳体有用法兰连接的单节长圆筒和多节短圆筒两种（图 8-40 Ⅰ型及Ⅱ型）。多节短圆筒结构的金属件的材料消耗及加工工作量大些，其外折流板固定在筒节法兰之间，它与石墨块体的间隙可小些，减少横向介质短路，折流作用好。安装检修时，装拆换热块方便，特别是在现场空间高度受限制时，壳体分段连接，优点则更突出。采用单节长筒结构则相反。在现场空间高度许可，又有起吊设备时，为了减少金属材料的消耗及加快安装的速度，也可采用一节长外壳的结构。当两种介质都是腐蚀性介质时，壳体材料可根据操作的物料和温度，采用钢衬橡胶或衬无接缝聚氯乙烯、玻璃钢、喷涂三氟氯乙烯等防腐蚀材料。个别采用玻璃钢作外壳，如法国 L.C.L 公司。壳体材料首先取决于物料特性、温度，其次取决于选用材料能达到的要求和加工制造水准。

壳体与石墨块间多数采用橡胶 O 形圈，外壳底部与下盖板连接，采用平垫片密封（图 8-40）。

我国 YKA 型换热器则采用如图 8-43 所示，增加一块钢制过渡垫圈（或称过渡法兰）的结构。这样既解决了壳体要通过直径较大的外折流板的问题，同时也解决了壳体与石墨块间的密封及石墨件的浮动问题，形成了我国独特的圆块孔式石墨换热器的结构型式。

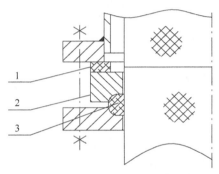

图 8-43　过渡垫圈整体密封结构

1. 垫片；2. 过渡法兰；3. O 形圈

（4）密封垫圈。

介质侧的密封一般均采用聚四氟乙烯 O 形圈、聚四氟乙烯弹性密封带及柔性石墨。根据设备的大小选择直径 $\phi 5 \sim 25\mathrm{mm}$ 即可。常温下相当硬的聚四氟密封圈之所以能在不太大的比压下取得良好的密封效果，关键是它具有温度升高后变软（热塑性）的特性；还在于组装中有压力弹簧供差热自动补偿做保证。

壳体侧的密封多采用橡胶石棉板、橡胶平垫、O 形圈。

（5）拉杆（螺栓）及弹簧。

图 8-54 中所示众多结构中的连接件有长拉杆及短螺栓两种。采用长拉杆时，壳体不承受组装力，壳体法兰可相应减薄；且壳体的加工精度及组装精度对介质密封可靠性的影响较小。但上、下盖板尺寸相应加大及增加拉杆材料消耗。用短螺栓时，情况与上述相反。从综合效果考虑，我国 YKA 型采用了长拉杆结构，YKB 型是短拉杆结构。

换热器组装时都装有弹簧，用来补偿温差引起的伸缩量。

（6）流程及折流板。

（a）横向流程及内折流板。横向的介质均采用多程，每一块体可作为一程。内外折流板起分程的作用。折流板的固定：对于多节短筒壳体、壳体的短节与短节之间密封衬垫——石棉橡胶板兼作外折流板，其内径与石墨块体外壁之间的间隙较小，一般为 1～2mm，内折流板搁置于石墨块之间的环形槽中。对于单节长筒外壳：内外折流板分别相间搁置于两石墨块之间的内外环槽内，环槽高度比折流板厚度大 1mm，以免影响块体之间密封垫的压紧。外折流板的外径与壳体内壁的间隙一般为 2～3mm。内折流板不接触腐蚀介质，其材料可采用石墨制，也可用铸铁或碳钢制，尚可根据使用的温度，采用硬聚氯乙烯或其他材料。

（b）纵向流程及外折流板。圆块孔式石墨换热器纵向流程一般采用单程，必要时也可采用多程，如图 8-44 所示。多程的宜采用奇数程，物料进出口分别在设备上、下封头上，结构比较简单。

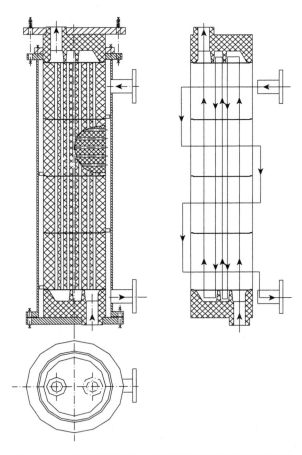

图 8-44　多流程圆块孔式石墨换热器结构及流程示意图

3）其他型式的圆块孔式石墨换热器

（1）国内圆缺块式塔节冷凝器。圆缺形块式石墨换热器的换热块，见图 8-39（b），基本上与 YKB 型换热块相近。其不同之处在于，圆缺形块体是圆柱体截面的同一直径上的两侧切去两块弓形截面，留下的是圆缺形截面块体，所以称为圆缺块式换热器（图 8-45）。

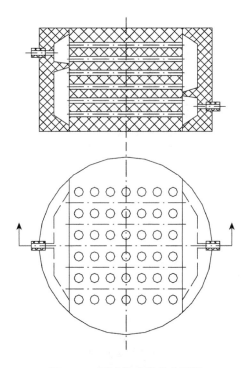

图 8-45　圆缺块式塔节冷凝器

这种结构在带有中心孔的圆块式换热器推广使用之前，国内已有系列化设计，并在化工生产中用作再沸器（图 8-46）。但由于其截面形状是圆缺形，块体之间不宜采用 O 形圈密封结构。因而块材与封头及块材之间采用黏接连接，黏接面太大，黏接质量不易得到保证，常常发生两种介质互相串漏的现象，块材又不可拆卸，安装维护检修很不方便，石墨材料消耗较大。由于存在这些问题，目前生产中已很少使用。但小面积的单块整体结构，用作塔设备的塔节冷凝器，具有结构简单、传热效果良好等优点。目前，我国农药生产中的三氯乙醛氯化塔的塔节冷凝器较普遍地采用此结构（图 8-45）。

（2）德国 SIGRI 电碳公司 DIABON 圆块式 S 形石墨换热器。这种结构及流程见图 8-47。

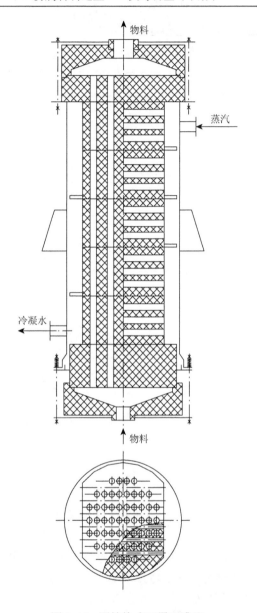

图 8-46　圆缺块式石墨再沸器

　　这种型式的换热块没有横向孔，其辅助介质不是沿横向孔道流动，而是在径向分布的弓形凹槽中沿轴向流动，块材结构见图 8-39（e）。辅助介质由槽的一端流入而于另一端流出。流动中由于弓形槽截面积的不断变化，流体的流速则由大→小→大不断变化，产生强烈湍流效应，从而提高其传热效率。其流体阻力较小。块材的加工若采用专用机床，加工效率将高得多。这种型式结构坚

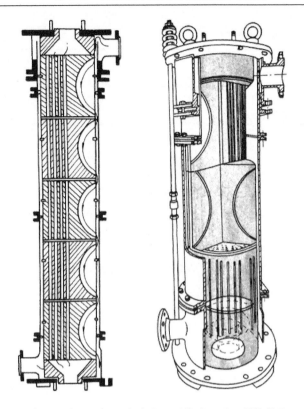

图 8-47   德国 SIGRI 电碳公司圆块式 S 形石墨换热器

固，使用压力可达 1.0MPa，化学清洗和机械加工都较方便，宜用于操作条件较
苛刻的场合。这种结构，德国 SIGRI 电碳公司已有系列产品，每种单元块的面
积为 0.3～3.4m^2，纵向孔径分别为 ϕ6mm 和 ϕ10mm。

（3）卧式圆块孔式石墨换热器。图 8-48（a）为法国罗兰集团 NC/NF 型块孔
式石墨换热器，可供卧式操作，其特殊的端头使介质排放更容易。

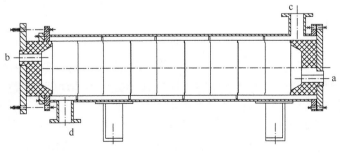

(a)

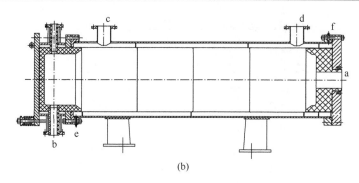

(b)

图 8-48　卧式石墨换热器

a. 介质入口；b. 介质出口；c. 辅助介质入口；d. 辅助介质出口；e. 排净口；f. 排空口

　　图 8-48（b）为卧式换热器型式。当工艺需要，出口为气相，并且管口比较大，石墨不方便加工时，出口封头也有做成如图 8-49 所示的。管口 A 为大管口气体出口。

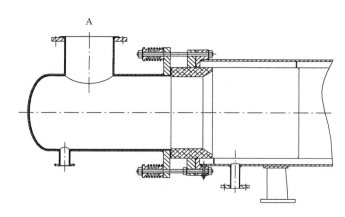

图 8-49　大管口卧式石墨换热器封头

　　（4）带气液分离器结构的圆块孔石墨换热器。在介质为气液两相混合流体时，通常下封头做成带气液分离结构。气体走侧面，下面为液体出口。在温度和压力不高的情况下，为节约成本，气液分离器可以做成钢衬橡胶的，见图 8-50（a）。当适用条件比较苛刻时，也可以做成石墨结构的，见图 8-50（b）和（c）。

　　（5）带波纹管的块孔式石墨换热器。图 8-51 为罗兰集团生产的带膨胀波纹管的块孔式石墨换热器，可根据不同的工艺操作条件，配上标准的滑动垫片和 O 形圈或配几排编织填料。波纹管可为不锈钢波纹膨胀管。

　　（6）双向防腐石墨换热器。在换热过程中，如果壳程和管程都是腐蚀性介质时，可以在钢壳体内采用防腐蚀措施（图 8-52），或用石墨制成壳体，见图 8-53。这种石墨换热器称为全石墨换热器或双效换热器，列管式石墨换热

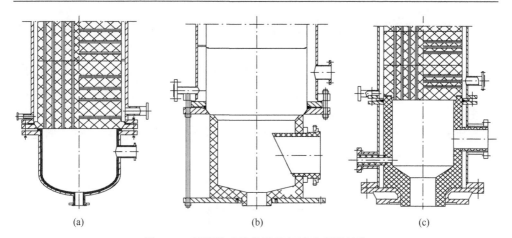

(a)　　　　　　　　　　　(b)　　　　　　　　　　　(c)

图 8-50　圆块孔式换热器的气液分离器结构

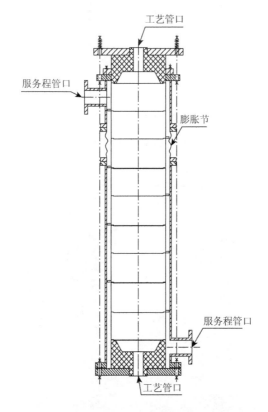

图 8-51　带膨胀节的圆块孔式换热器

器也可以采用这种石墨壳体，做成双向防腐的设备。图 8-53（a）为 YKA 结构的双效石墨换热器，图 8-53（b）为 YKB 型式的双效石墨换热器。基于筒体是石墨的，因此石墨管口与本体黏接，接口处加工突台，用钢卡环和活套法兰与工艺管道连接，如图 8-53（a）所示。但是这种连接方式受力在管口处，管口容易损坏，因此，大多厂家现已采取抱箍的法兰型式，如图 8-53（b）所示。管口抱箍是由左、右两半片抱箍对合后连接而成，左、右两半片抱箍均呈半圆环状，半圆环两端向外弯折（或焊接扁钢），各形成一对安装耳，由螺栓连接。在抱箍上开一圆孔（直径略大于石墨管口的外径）。圆孔周边焊接加强筋与管口法兰连接。

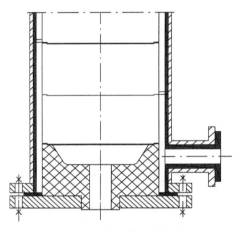

图 8-52　钢衬壳体双效换热器

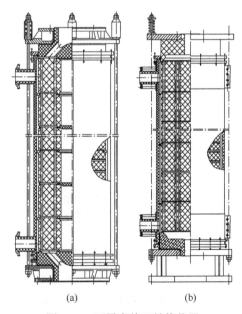

（a）　　　　　　　　　　（b）

图 8-53　石墨壳体双效换热器

4）总体结构特点

垂直交错型圆块孔式换热器从外形总体特征区分，大致有下列 11 种结构型式（还有一些小的变化未列入），见图 8-54。具有代表性的有法国 L. C. L. 公司、德国 SIGRI 公司、美国联碳 UCAR 和我国 YKA、YKB 等块孔式石墨换热器。

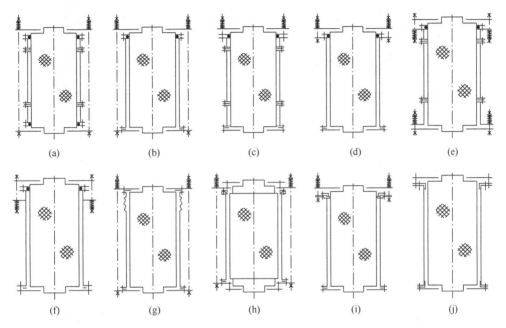

(a)　　　　(b)　　　　(c)　　　　(d)　　　　(e)

(f)　　　　(g)　　　　(h)　　　　(i)　　　　(j)

图 8-54　国外圆块孔式石墨换热器的主要外形结构

5）YKA 型圆块孔式石墨换热器

YKA 型石墨换热器已形成标准，标准号 HG/T 3113—1998。该标准适用于以酚醛树脂浸渍石墨制造的 YKA 型圆块孔式石墨换热器，可用作再沸器、加热器和冷却器，其结构型式见图 8-55。其他信息可参见标准。

6）YKB 型圆块孔式石墨换热器系列

本型设备采用整体石墨加工，换热块无中心孔，利用率更高。采用专用深孔钻床钻孔，块间采用聚四氟乙烯密封，且设备上部加装压力弹簧作补偿装置。与YKA 相比，密封更加可靠。最大换热面积可达 $800m^2$。

YKB 型换热器国内还没有形成统一的标准，各个厂家会稍有差别。本书以某石墨设备制造企业设计制作的 YKB 型式设备做一个简要说明，以供读者参考。

（1）YKB 型圆块孔式石墨换热器技术特性。

设计温度：−20～185℃；

设计压力：0.1～1.0MPa。

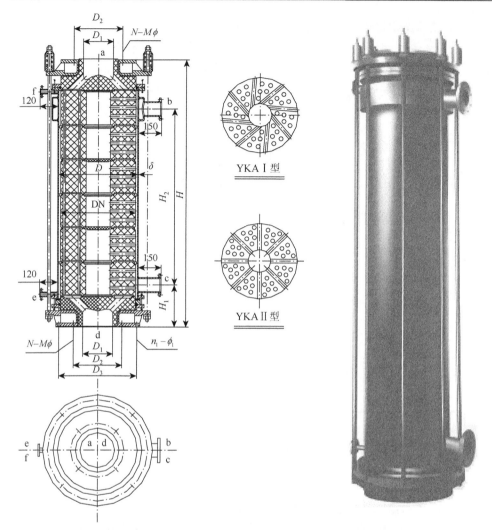

图 8-55　YKA 型圆块孔式石墨换热器的结构图及外形图

（2）YKB 型圆块孔式石墨换热器的结构型式。

结构见图 8-56。该系列的设备作冷凝器时可以加装气液分离器，设备的长度将增大，既可作底脚支撑也可作悬挂支撑，但是加装了气液分离器后只可作悬挂支撑。

（3）YKB 型圆块孔式石墨换热器标记。

例如，器的换热块公称直径为 500mm，纵向孔直径为 16mm，横向孔直径为 10mm，公称换热面积为 20m² 的 YKB 型圆块孔式石墨换热器，常标记为 YKB500-16/10-20，或简单标记为 YKB500-20m²（本书第 10 章采用简单标记形式）。

7）圆块孔式石墨换热器技术要求

（1）设备的制造、实验和验收除应符合相关设备标准的规定外，还应符合 HG/T

2370—2005《石墨制化工设备技术条件》的规定。

（2）换热块上两端密封面的平行度允差 0.15%，组装累积不平行度允差 1.5mm。

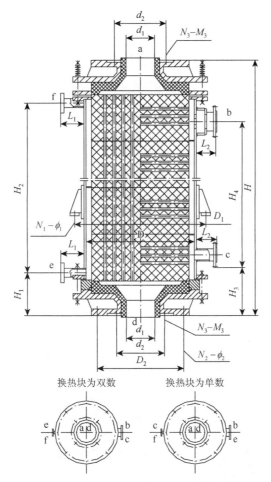

图 8-56　YKB 型圆块孔式石墨换热器

（3）换热块任意两个块材之间的不垂直度允差 0.1%，组装累积不垂直度允差 2mm。

（4）在图纸无特殊要求时，换热块高度允差为 ±0.2%，累积高度总偏差不大于 2mm。

（5）换热块异向孔间壁厚减薄量 ≤1.2mm。

（6）换热块上相邻两孔中心距允差 ±0.6mm，任意两同向孔中心距允差 ±1.2mm。

（7）同一孔两端对钻时，其同轴度公差为 ϕ0.5mm。

（8）单元块上堵孔率 ≤1%。

（9）换热块浸渍后不得有影响密封与安装的树脂膜，其孔道内表面不应有较严重的树脂瘤。

（10）石墨件在组装前应对单件进行水压实验。石墨封头的实验压力为 1.25 倍设计压力，单元块的实验压力不小于 1.25 倍设计压力，保持 0.5h 不渗漏为合格。

（11）各石墨零件间均不得用胶结剂黏接。

（12）各弹簧的压力应均匀，并不得拼死。

（13）换热器组装完毕后，应按 GB/T 26961—2011 中要求进行水压实验，所有密封面部位不得渗漏。

3. 矩形块孔式石墨换热器

1）结构简述

矩形块孔式石墨换热器是由若干数量的立方、矩形石墨换热块、上下石墨封头及其金属盖板和两侧金属侧盖等主要零件组成，各零件之间用衬垫密封。上下金属盖板和两侧盖板用长拉杆螺栓连接，与石墨块体紧固为一体，见图 8-57。它具有结构简单、使用可靠、维修方便和优良的抗热冲击性、抗振动性等优点。但矩形结构封头盖板的受力状态不如圆形结构，法兰密封受力也不易均匀，为了保证其有良好的密封性，对金属侧盖的刚性要求较高，较为笨重，材料消耗量大。

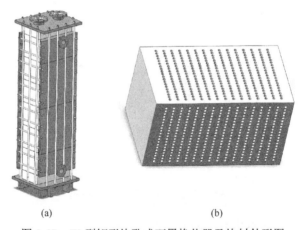

　　　　　　(a)　　　　　　　　　　　　　　　　(b)

图 8-57　JK 型矩形块孔式石墨换热器及块材外形图

2）型式比较

矩形块孔式换热器，按照石墨块体上两种介质孔道的相对位置，也可分为垂直交错型和平行交错型两种（图 8-35）。以下分别称为垂直型和平行型。垂直型的结构简单，密封可靠，可用于较高的操作压力，是目前较普遍采用的型式。平行型的石墨材料体积利用率高、结构紧凑、节省材料、设备成本较低，可进行逆流操作，从而获得较高的传热效率。它还可以用于两种腐蚀性介质的热交换，但密封结构较为复杂，密封可靠性较差，只适用于常压或较低压力的场合。

　　垂直型矩形块孔换热器，按设备两侧横向金属侧盖的型式可分单个整体侧盖板
（图 8-58 和图 8-59）和小侧板（图 8-58）两种。图 8-57 即为图 8-58 的外形结构图。
小盖板结构，按其横向孔道中的介质（辅助介质），从一个块体流至相邻一个块体
的通道型式，又分为外联式（图 8-59）和内联式（图 8-58）两种。矩形换热器大多
立式安装，少数也可以卧式安装。现就各种不同结构的优缺点做简单分析比较。

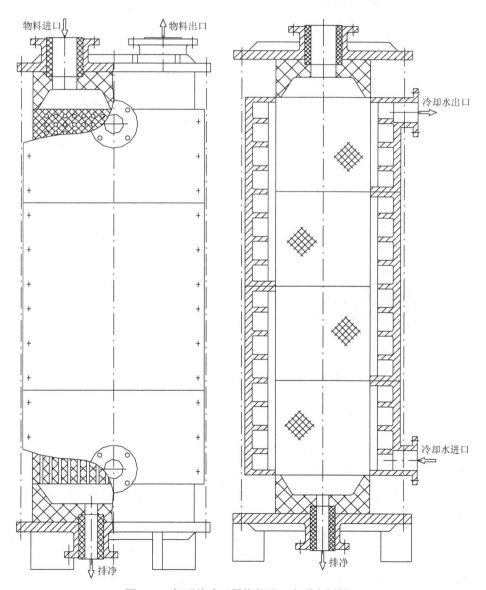

图 8-58　矩形块式石墨换热器（内联小侧板）

图 8-59　SGL 集团公司外联式矩形块式换热器（外联小侧板）

整体侧盖结构总的密封面积较小，石墨块体供配置换热面的面积相对大些，石墨材料体积利用率较高，但由于盖板面积较大，为保证盖板的强度和刚度，确保密封的可靠性，需较大的盖板厚度或在盖板上设置足够的加强筋板，致使盖板笨重，金属材料的消耗量大，安装维修不方便。对系列化产品、盖板的互换性差，块体数量不同，盖板规格也随之不同。这种结构只适用于较小的传热面积。

小盖板结构，盖板外形尺寸小，密封较为可靠，每个侧盖质量较轻，安装、维修方便，互换性也好，只有少数几种规格的侧盖，可以满足块体相同的各种不同换热面积的需要。

外联式，流体由一个块体到相邻块体的横向流道，是经过连通两侧盖的外联管。这种侧盖四周均有螺栓紧固，密封可靠，但每个侧盖上下两边的螺栓需穿过石墨块体，占去一定面积，降低了石墨材料的利用率。穿过石墨块体的螺栓，必须采取防腐蚀措施，以免螺栓生锈，把石墨块体胀裂，见图 8-59。

　　内联式，横向孔中的流体从一个块体流至相邻一个块体时，是经跨两个或两个以上块体的侧盖板内部流道，结构简单，组装方便，材料利用率较高。但内联式有一个较突出的弱点，其矩形侧盖只在左右两侧设置紧固螺栓，而上下两周边没有螺栓固定，密封不可靠。生产使用中经常在这两边出现泄漏的现象。要保证密封可靠，对侧盖法兰的刚性要求很高，要求很大的螺栓压紧力。因此，内联式结构适用于小尺寸块体、使用压力较低的场合。建议块体宽度不大于 380mm、使用压力在 0.3MPa 以下的采用此结构。若在较大的尺寸和操作压力下，采用内联式结构，应对侧盖的密封问题采取切实可行的加强措施，进行一定的实验，否则很难确保设备密封的可靠性。

　　垂直型矩形块孔换热器，一般用于一种腐蚀性介质的加热或冷却。纵向孔通腐蚀性介质，横向孔通冷却水、水蒸气或冷冻盐水等非腐蚀性介质。当需要用于两种腐蚀性介质的热交换时，可将金属侧盖板改为石墨封头，其上用金属压板加强并压紧。SGL 集团公司推出的 KU 系列矩形换热器，侧板是钢衬四氟的，换热块由一块整料加工而成。该结构具有维修方便、双向防腐、折流效果好等特点，如图 8-60 所示。其介质流向见图 8-61。

图 8-60　SGL 集团公司 KU 系列双向防腐矩形块式换热器（SGL 样本）

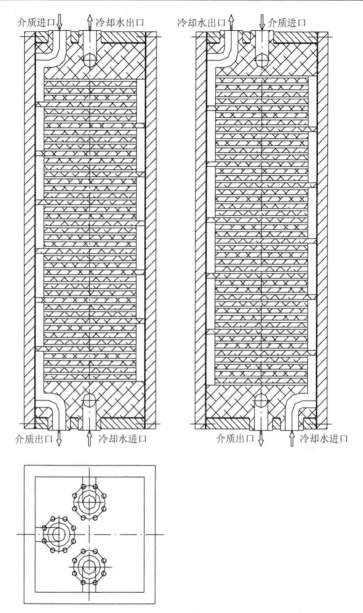

图 8-61　SGL 集团公司 KU 矩形块式换热器的介质流向

3）结构设计

（1）换热块体。

（a）块体尺寸及孔道的配置。块体应尽量采用整体块，决定块体尺寸大小时应考虑以下因素：①石墨坯料的规格及材料的合理使用；②钻孔加工技术水平和块体制造工艺，对某一孔径可能的钻孔深度；③相对应的石墨封头和金属盖板的强度和密封问题,目前,我国矩形断面的石墨坯料的最大尺寸为 400mm×400mm×2100mm,可参照此尺寸合理用料。一般石墨设备制造厂石墨钻孔设备的加工孔径不小于 ϕ10mm,孔深在 400~450mm。

考虑加工余量后,块体断面尺寸推荐选用 380mm×380mm,其长度的选择受限于对应的石墨封头强度的限制,一般块体长度不大于 1000mm,最长不超过 1400mm。

为增大设备的传热面积,又解决最大孔深度的限制,可采用小缺体先钻孔,后再互相黏接成为较大的换热块,即所谓拼接块体。图 8-62 所示为几种块体的黏接排列方式,宜选用图 8-62(a)和(c)两种排列方式,这种拼接方式,两种介质的盖板均在面积较小的一侧,避免了大面积矩形盖板在确保强度和刚度方面的困难,用料省,密封可靠。

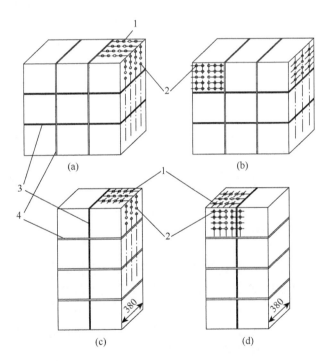

图 8-62　矩形换热块体拼接的几种排列方式
1. 物料孔；2. 水孔；3. 胶结缝；4. 密封垫

拼接块体,拼缝总是处于受螺栓力压紧的状态,所以,块体拼接时,不必把整个平面黏接,而只需把在周边宽 15~30mm 的方框形平面作为黏接面,它比非黏接平面高出 5~10mm,这样可避免因两块体的钻孔不对中或被挤出的胶泥堵塞孔道，而且黏接后，两块体交界处形成一个湍流空间，有利于传热。也可在黏接时，加设连接两块体的石墨框，如图 8-63（a）所示。它增加了一个黏接面，多一个泄漏的可能性，但对块体的维修较方便。当设备使用一段时间后，树脂老化，块体需清理和重新浸渍时，可从石墨框处拆开，而不损坏石墨块体，黏接面经加工、浸渍树脂后，可重复使用，充分利用了石墨材料。

并联黏接石墨块的型式见图 8-63（b），其所制成的设备如图 8-64 所示。

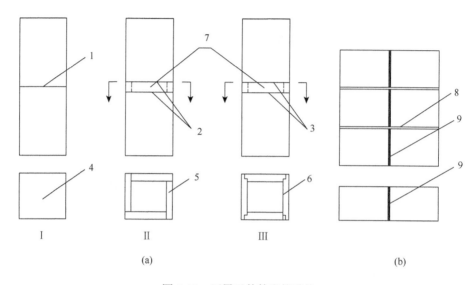

图 8-63　石墨元件的黏接结构

　Ⅰ、Ⅱ为不正确的结构；Ⅲ为正确结构；1、2、3. 黏接缝；4、5、6. 黏接面；7. 石墨框；8. 衬垫；9. 黏接缝

为解决较大尺寸的石墨块钻孔问题，除采用小块体的黏接结构外，有的则用薄的石墨板两面刨成半圆槽，然后黏接成矩形块体（图 8-65），这种制作工艺，解决了孔径小于 $\phi 10mm$ 的加工问题。如用压塑法制两面带槽的石墨板，则可以简化加工程序，综合利用石墨材料，还可选用更小的孔径，从而提高石墨材料的体积利用率。这种制作工艺，黏接缝太多，对黏接质量有较高要求。

为了增大单台设备的换热面积，提高使用压力，而又使封头、金属侧盖板不至于很大、很笨重，应设法改进钻孔技术，采用深孔钻或采用槽板黏接块体，以便使侧盖板有可能设置在整台设备面积较小的两侧。

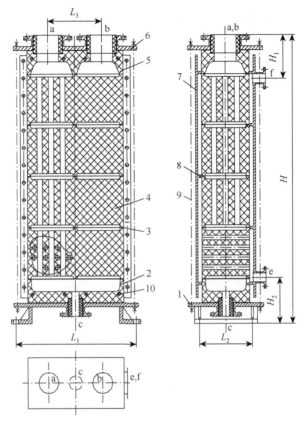

图 8-64　并联黏接内联整体侧板块孔式换热器（$F < 24\text{m}^2$）

1. 铸铁底座；2. 石墨下封头；3. 橡胶垫片；4. 换热块；5. 石墨上封头；6. 铸铁上盖；7. 铸铁侧板；8. 石棉垫片；
9. 拉杆；10. 拉杆孔

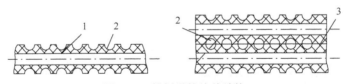

图 8-65　槽板黏接块体结构

1. 钻孔；2. 刨半孔；3. 黏接缝

　　（b）块体孔径与孔间壁厚。孔径大小应根据生产工艺要求、介质的特性和加工技术的可能性决定。在一定条件下，孔径太小，易引起堵塞，增大流体阻力，加工也较困难；孔径太大，则降低材料的体积利用率，从而增大设备成本。目前，国内采用的孔径有 $\phi 28\text{mm}$、$\phi 22\text{mm}$、$\phi 18\text{mm}$、$\phi 16\text{mm}$、$\phi 14\text{mm}$、$\phi 12\text{mm}$、$\phi 10\text{mm}$、$\phi 8\text{mm}$ 等，现推荐的物料孔径为 $\phi 18\text{mm}$、$\phi 14\text{mm}$ 和 $\phi 10\text{mm}$，辅助物料水或蒸汽的孔径为 $\phi 12\text{mm}$ 和 $\phi 10\text{mm}$。

　　孔间的设计壁厚应考虑钻孔时可能引起的误差，在满足强度要求的情况下，采用较小壁厚，可提高体积利用率及传热效果。根据目前我国石墨材质情况和钻孔技术水平，推荐采用如下设计壁厚：同向孔孔间壁厚为 5mm，异向孔孔间壁厚为 7mm。

　　（2）石墨封头。

　　石墨封头设置在腐蚀性介质一侧，对于立式设备即为纵向的上下封头，如需要分程则在封头上设置分程隔板。图 8-66 所示为单程和多程的石墨封头。上封头应考虑不凝性气体的排出口，下封头应考虑液体的排净口。

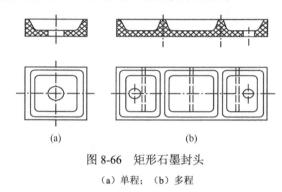

图 8-66　矩形石墨封头

（a）单程；（b）多程

　　矩形石墨封头的四周边框是梯形断面，受力情况比较复杂，设计时除按第 8 章做强度核算外，考虑结构尺寸时应注意以下两点：①封头的深度在满足化工工艺要求的情况下，尽量取较小的尺寸，一般为 40～100mm；②封头的边框拐角及边框与底板的连接处应均匀圆滑过渡，推荐其转角半径 R 不小于 25mm，以减小应力集中。

　　（3）石墨导流板。

　　导流板是平行式矩形块孔换热器（图 8-67）专设的零件，它将块体中两种介质分别与两侧的封头沟通。

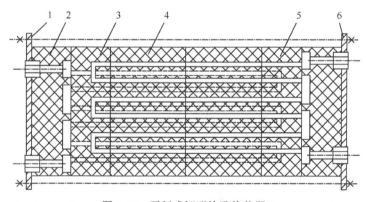

图 8-67　平行式矩形块孔换热器

1. 钢盖板；2. 石墨封头；3. 物料导流板；4. 石墨换热块；5. 水导流板；6. 钢盖板

平行交错式换热器的介质孔道是平行交错配置的，每一种物料的进出管口，设在同一个石墨封头上。介质进入封头后，导流板则将两种介质分别导流入块体的两种介质孔道中。导流板的结构如图 8-68 所示。

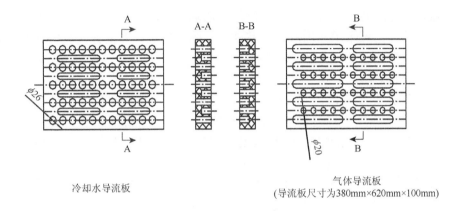

冷却水导流板

气体导流板
(导流板尺寸为380mm×620mm×100mm)

图 8-68　导流板结构

（4）金属盖板。

金属盖板包括纵向上、下石墨封头的盖板和横向流体的侧盖。上、下盖板对石墨封头的平板部分起加强作用，同时又对纵向各元件起连接压紧作用，侧盖是作为横向流体的引入和分配空间，横向介质的分程是通过侧盖上设分程隔板实现的。盖板是主要的受力元件，通过拉杆螺栓将各元件紧固。设计盖板时，除了考虑其法兰及底板有足够的强度外，还必须有足够的刚性。下盖板常常兼作设备的底座。

为减小金属盖板的厚度，又保证它具有足够的强度与刚度，确保设备密封可靠，常采用配置加强筋的薄底板结构。金属盖板可用普通碳钢焊接或灰铸铁制造，由于焊接结构容易引起变形影响密封效果，因此，目前较普遍采用铸铁盖板，尤其是用小盖板结构成批生产时，采用铸铁件较经济合理。图 8-58 是采用带加强筋的铸铁盖板的换热器。图 8-59 是不带加强筋的铸铁盖板的块孔式石墨换热器。

侧盖板设计时，还应考虑能将设备内的液体排净，以防低温停车时存液结冰，将设备胀裂。作为蒸汽加热器时，还应考虑不凝性气体的排除。

（5）衬垫。

块孔式换热器，一个较突出的特点是各石墨零件之间不用胶结剂黏接结构，而均采用衬垫密封。

选择衬垫材料，首先要考虑使用介质的腐蚀性和使用温度，同时也应考虑材料的价格、来源、加工性能，以满足使用可靠又经济合理的要求。O 形密封圈对圆形的密封周边是一种优良的密封垫。矩形块孔式换热器的密封垫，一般是采用平垫片。

目前，应用最普遍的衬垫材料是石棉橡胶板，对于使用温度在 80℃ 以下的冷却器，可选用普通橡胶。对于蒸汽加热的场合，乙丙橡胶是一种较好的村垫材料。此外，还可采用氟橡胶、丁腈橡胶、氯丁橡胶、石棉橡胶板外面缠绕聚四氟乙烯生料带或聚四氟乙烯薄膜等。

（6）分程。

矩形块孔式换热器，有单程和多程两种流程。在换热过程中，若是无相态变化的对流给热，程数多时，流体流速快，易处于湍流状态，其给热系数高，但流体阻力相应增大，而且隔板增多，块体上可配置孔道的面积相应减少，降低了材料的体积利用率，封头盖板也相应复杂一些。对于有相态变化的传热过程，如蒸汽加热、气相物料的冷凝过程，流速几乎对给热系数没有影响，采用单程即可，它可使气体与冷凝液的流向一致，冷凝液能及时排出，对传热有利。对被处理介质一侧的分程，还应考虑工艺系统对该设备压力损失的要求，它随着生产系统的不同而变化。作为对流给热过程，应使流体的流速达到湍流状态，即雷诺数 $Re \geqslant 10^4$，从而得到较高的给热系数，但必须在系统阻力降允许的范围内。从这一观点出发，一般采用的流速范围：液体为 $0.5 \sim 2m/s$，气体为 $8 \sim 25m/s$。

对于横向流体一侧的程数，通常比纵向多，侧盖为小盖板结构，一般每块为 $1 \sim 3$ 程，见图 8-58，图 8-59 每个块体分程，随着块体数目的增加，程数相应增加。

4）矩形块孔式石墨换热器系列

（1）整体侧盖板矩形块孔式石墨换热器系列。

（a）适用范围参见表 8-9。

（b）结构简图，参见结构简图（图 8-64，图 8-69），外观如图 8-70。

表 8-9　整体侧盖板矩形块孔式石墨换热器的适用范围

使用条件	作冷却器、冷凝器		作加热器	
	酚醛浸渍石墨	四氟浸渍石墨	酚醛浸渍石墨	四氟浸渍石墨
使用温度/℃	$-30 \sim 170$（24m² 以下） $-30 \sim 150$（24m² 以上）	≤200	≤300	≤200
最高使用压力/MPa	0.3	0.2	0.3	0.2

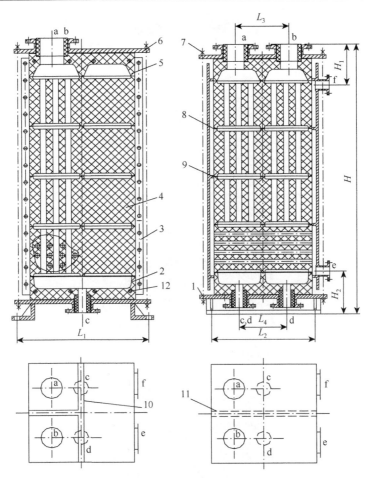

图 8-69　并联黏接内联整体侧板块孔式换热器（$F > 24m^2$）

1. 铸铁底座；2. 石墨下封头；3. 铸铁侧板；4. 换热块；5. 石墨上封头；6. 铸铁上盖；7. 拉杆及螺栓；8. 橡胶垫片；
9. 石棉垫片；10. 上封头挡板；11. 下封头挡板；12. 拉杆孔

（2）内联式矩形块孔石墨换热器。

全国非金属化工设备标准化技术委员会对 JK 型矩形换热器制定了系列标准，结构型式可参见 HG/T 3187—2012。

该系列适用于各种有机酸、无机酸、盐类溶液和有机化合物（强氧化介质、碱、某些强溶剂及黏度大、含有杂质结晶较多的介质除外）等腐蚀性物料的加热、冷却、冷凝、吸收、蒸发等化工过程。

纵向流道物料：气相或液相的腐蚀性介质。

横向流道物料：冷却水、蒸汽、中性冷冻盐水等非腐蚀性介质。

设计压力：纵向≤0.3MPa；横向≤0.3MPa；

设计温度：−15～150℃。

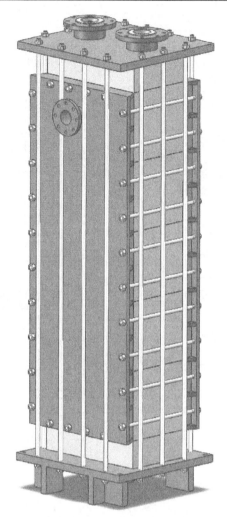

图 8-70　内联整体侧板块孔式换热器外观图样

8.2.3　板式及板槽式石墨换热器

板式换热器内两种流体，分别在浸渍石墨平板的上、下（或左、右）两面，通过石墨平板（或槽板）进行换热。在金属换热器中，是应用较普遍的高效换热器，但在石墨设备中应用则不普遍。有的尚属新开发的品种。

1. 板式石墨换热器

板式石墨换热器具有传热系数高、拆装维修方便、占地面积小、可用于两种腐蚀性介质等优点，近几年来也受到欢迎。德国 SGL 公司的板式换热器，其板的宽度为 150～500mm，高度为 500～1100mm，板厚 8～10mm。单块换热片的面积 0.04～0.4m²，设备的使用压力可以达到 1.0MPa，总传热系数达到 2000～4500W/(m²·K)。其换热片形状见图 8-71，外形结构见图 8-72。介质流动方向如图 8-73 所示。

图 8-71　板式石墨换热板（SGL 样本）

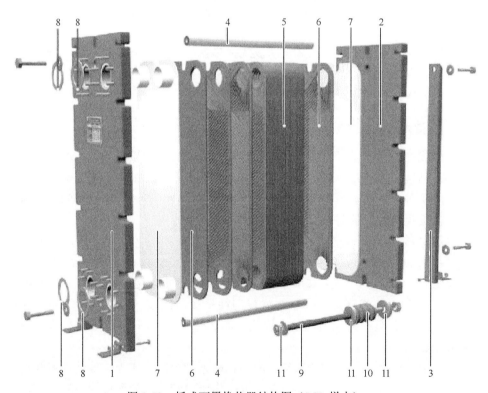

图 8-72　板式石墨换热器结构图（SGL 样本）

1. 主板；2. 压板；3. 支撑柱；4. 导杆；5. 石墨换热片；6. 石墨后封板；7. 四氟衬垫；8. 石墨垫片；9. 螺杆；10. 弹簧；11. 垫圈

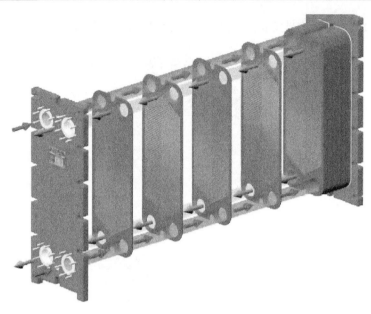

图 8-73　板式石墨换热器的介质流向图（SGL 样本）

我国已试制成功石墨苯乙烯塑料板式换热器，其单片长度已达到 700mm，并试制长 1m 的板片。实验中该板式换热器在水-水蒸气换热时测得的总传热系数达 2500～3000W/(m²·K)。

2. 板槽式石墨换热器

板槽式换热器是由置有垫块或垫条的浸渍石墨板逐层重叠而成，板与板之间用黏接剂黏接，呈箱形体，这些石墨板称为传热饭。每块板的上下两侧分别与相邻板构成两种介质的流道，这种流道称为换热室。介质通过板与板之间的连通管或通过在板束两侧面的盖板从一个流道进入另一个流道。

这种结构的换热器结构特点如下：①传热效率高；②装配方便，可通过改变换热板数目来组装成各种不同规格的设备；③金属材料消耗量少；④可用于两种腐蚀性介质的热交换；⑤结构较复杂，黏接缝多，易引起渗漏，且两种介质互相串漏时，检修麻烦；⑥石墨材料消耗量多，制造一台相近换热面积的板式换热器，其石墨材料的消耗量为块孔式的 2～3 倍；⑦传热板加工较为复杂，技术要求较高。

基于上述原因，该结构的换热器应用已越来越少，它作为一种结构型式在某些场合中如两种腐蚀性介质的热交换，或操作压力较低、处理量较小的场合仍在继续采用。

图 8-74 为 SGL 推出的一种新型的板槽换热块结构。介质流向见图 8-75。

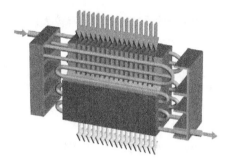

图 8-74　板槽换热块（SGL 样本）　　　　图 8-75　板槽换热器介质流向

8.2.4　其他结构型式石墨换热器

1. 喷淋式石墨冷却器

将一排或几排石墨管由上而下水平排列，两端用石墨接头（或其他方式）导流，管内流通腐蚀性介质，管外由顶部喷淋下冷水，利用管壁进行间壁式传热，便成为喷淋式石墨冷却器（图 8-76）。此时喷淋下来的冷却水靠重力作用依次向下流过各换热管。

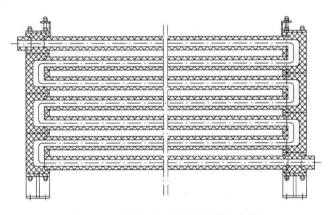

图 8-76　喷淋式冷却器的结构示意图

这种换热器用作腐蚀性介质的冷却和冷凝。由淋水装置淋洒下来的冷却水，在石墨管外表面形成薄的水膜，由上而下，依次流经整列排管，排管下方设有排水沟，用以收集和排除冷却水。管内的腐蚀性介质如果是气体或蒸汽，则进口接管在上部，其他介质一般是从下方进入排管内，物料与冷却水的流向是错流。

1）喷淋式冷却器的特点

（1）对冷却水的要求不高，不存在堵塞通道的问题，如果管外壁结垢，也容易清理。

（2）管外给热系数 α 值较大，设备传热系数比较高，所需换热面积与浸没式相比可少些。

（3）热负荷一定时，冷却水用量少。因其中有部分冷却水汽化，单位水量所带走的热量多。

（4）结构简单，便于安装检修和清洗，也易保证设备的密闭性。

（5）材料消耗少，成本较低。

（6）占地面积大，操作环境较差，周围有水雾。

2）结构设计

（1）喷淋装置。喷淋装置可以用带孔眼的钢管，也可用喷淋槽，如图 8-77 所示。喷淋槽可以装在一排或两排管子上方。喷淋管由于孔眼容易被堵塞，操作不太可靠，使用不太多。

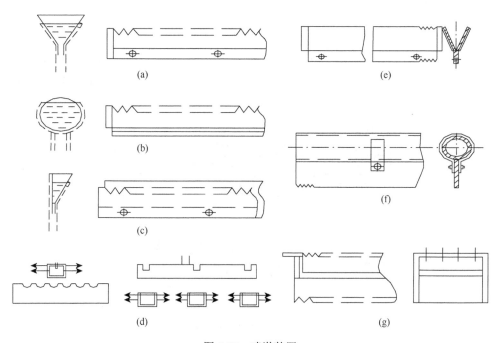

图 8-77　喷淋装置

（a）水量不大时用的双面槽；　（b）水量大时用的双面槽；　（c）水量不大时用的单面槽；　（d）矩形截面双面槽；
（e）三角形截面双槽；　（f）带导向板管式双面槽；　（g）带导向板矩形双面槽

喷淋槽使用效果良好，由于槽的边沿开有齿缝，因此管子安装有点倾斜，对操作的敏感性小，槽的截面选择以使水流速不超过 0.25m/s 即可。

与沉浸式换热器相比，喷淋式换热器对冷却水量的变化比较敏感，喷淋密度一般取 250～1500kg/(m²·h)，当供水量小于 250kg/(m²·h)时，喷淋槽的水平位置必须非常准确，而且下部管子可能只有部分被湿润，甚至是干的，实际经验证明，喷淋密度为 $1200\sim1500kg/(m^2\cdot h)$ 最为适宜，超过 $1500kg/(m^2\cdot h)$ 时，并无好处，因为一部分水被溅走，其他水则只从管子旁流过，如图 8-78，把相邻管子的液膜连成一片。

为了减少冷却水的飞溅，可在相邻的管子间装檐板，如图 8-77（f）檐板悬挂于管子下方，用夹子紧固。

喷淋式换热器一般是在现场组装，它常安装在室外，为了防止风把水吹走，换热器周围应用百叶窗围住。

喷淋式换热器操作中，有一部分水被蒸发，也强化了传热效果，其蒸发水量可按式（8-6）计算：

$$G(kg/h) = \varphi F(d_2 - d_1) \qquad (8-6)$$

式中，φ 为含水量不同时的蒸发强度，$kg/(m^2\cdot h)$；F 为蒸发面积，即换热面积（外径基准），m^2；d_1 为换热器周围空气湿含量，kg/kg；d_2 为喷淋水温下饱和空气湿含量，kg/kg。

φ 值在 $50\sim250kg/(m^2\cdot h)$ 范围内变动，在静止的空气中取 $50kg/(m^2\cdot h)$，刮风时取高值。

（2）石墨直管段之间的连接。石墨直管段之间可用直角弯头连通，也可在排管的两端设置连通管箱，管箱内装有矩形或圆形的导向柱板，如图 8-79 所示，用以改变介质的流向。介质在排管中的流动，可采用串联方式，也可采用并联方式，如图 8-80 所示。

图 8-78　冷却水过量

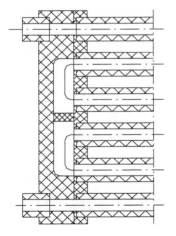

图 8-79　喷淋式换热器的导向装置

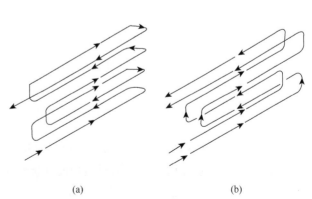

（a）　　　　　　　　（b）

图 8-80　喷淋式换热器的介质流动方式

（a）串联；（b）并联

　　管子与连接弯头或管箱的连接，一般用黏接剂黏接。如果管内操作温度低于60℃时，弯头也可用硬聚氯乙烯制，如果介质较易结垢或有固体杂质易堵塞时，也可在一端采用可拆卸结构，以便于机械清洗。

　　一般管内设计压力为 0.3MPa 以下，设计温度可达 150℃，通常仅在 120℃以下使用。

　　管内液体流速宜低于列管式，可取 0.3~0.8m/s。

　　3）应用

　　喷淋式石墨冷却器，在化工生产中广泛用作冷却器或冷凝器，特别在硫酸生产中，常用作硫酸或其他酸性气体的冷却。

　　如对氯苯尾气冷凝采用喷淋式冷凝器，换热面积为 22.4m²，介质为氯化氢和少量苯，物料入口温度为 80℃，出口温度为 45℃，常压操作以冷却水喷淋，测得的传热系数比铸铁管大，耐腐蚀性良好。

　　日本东海炭素公司采用浸渍石墨管制作时总传热系数数据如表 8-10 所示。

表 8-10　日本东海炭素公司喷淋式石墨冷却器总传热系数

管内介质	管外介质	K/[W/(m²·K)]（管外基准）
21%盐酸	水	581~1163
稀硫酸	水	581~1163
湿氯气	水	30~100

2. 套管式石墨换热器

　　由内外管套装组成换热元件，两端用石墨接头导流，利用管壁进行传热，实质是单根管壳式换热器（或串联组）。其内管均为石墨管，流通腐蚀性物料。如外管为钢管，则管间流通冷却水；如外管为石墨管或 PVC 等，则可实现两种腐蚀性介质的换热。如果管间通介质，管内通冷却水，还可以在管外淋洒冷却水，成为喷淋式和套管式两种结构的组合型式，这可大大提高冷却效果。

　　套管式石墨换热器的内管与接头间可以胶结，也可以是可拆式的填料密封。

　　如图 8-81 所示为内外管均为石墨管的黏接结构，这种换热器适用于两种介质的温差不太大、管间也不需清洗的工况。换热器的内外管之间是不可拆的。

　　如图 8-82 所示是内管为石墨管，外管为钢管，钢管采用填料密封的结构。适用于两种介质温差较大时，为了补偿内、外管热伸长的差别。

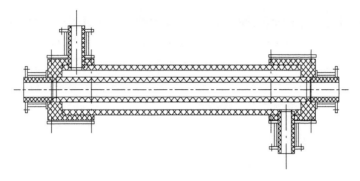

图 8-81　套管式石墨换热器

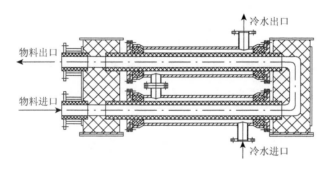

图 8-82　带填料箱的套管式石墨换热器

为了强化换热效果，可采用带翅片管的套管式换热器。带翅片的管子形状如图 8-83 所示，即管内外有纵向翅片，增加传热面积，强化传热。

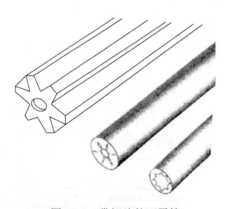

图 8-83　带翅片的石墨管

套管式换热器的优点是能承受较高的操作压力，可实现全逆流操作，传热效率高。选择合适的外管，可以使换热器的管间空间的截面积很小，即使载热体流量较小，其流速也很大。因此，内管两壁均有较高的给热系数 α，而且两种介质可逆流操作，能获得较高的传热系数、较高的流速，还可防止杂质的沉积。它可作冷却器或冷凝器，也可作加热器。处理量较大时，可将几根套管平行排列，组成一个较大的换热器。

套管式换热器虽具有上述优点，但其外形尺寸较大，材料消耗多，清洗不方便，所以它的应用就受到一定的限制。

3. 浸没式石墨换热器

浸没式石墨换热器用于设备内部的加热或冷却，它实质上是其他化工设备内的一个换热元件。设备内的物料，一般是腐蚀性介质，换热元件内通冷却水或蒸汽等非腐蚀性流体。这种换热器通常用于金属清洗、浸渍、蚀刻、电镀或类似的工序。

1）分类

浸没式石墨换热元件按结构可分为管式、板式和鼠笼式三类。

管式又可分为直管（图 8-84）、Π 形管（图 8-85）、蛇形管（图 8-86）。

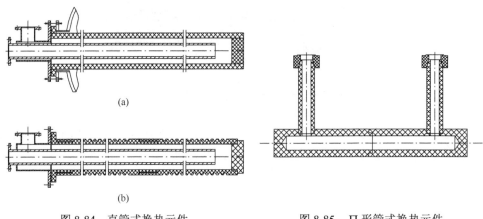

(a)

(b)

图 8-84　直管式换热元件　　　　　　　图 8-85　Π 形管式换热元件

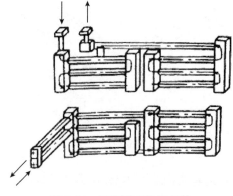

图 8-86　蛇形管式换热元件

板式可分为垂直板式和水平板式（图 8-87）。

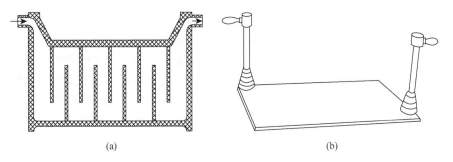

图 8-87　板式换热元件

（a）垂直板式；（b）水平板式

鼠笼式可根据主体设备的形状做成多面体或圆柱体，外形如图 8-88 所示，图 8-88（a）为圆柱形鼠笼式，图 8-88（b）为矩形鼠笼式。

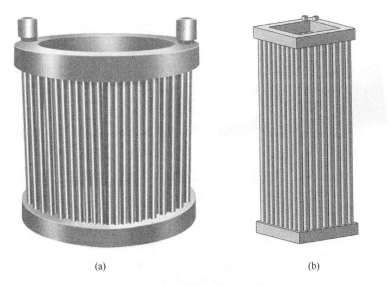

图 8-88　鼠笼式换热元件

（a）圆柱形鼠笼式；（b）矩形鼠笼式

2）直管式换热元件

直管式换热元件，结构简单，装卸容易，使用方便，既可用于加热，也可用于冷却。可按工艺需要，装设一个或几个元件，在设备上设相应的插入管口，其直径和长度可根据需要决定。图 8-84 中（a）和（b）两种结构基本相同。这两种换热元件的外管是浸渍石墨管，内管为金属管，载热体先进入金属管，然后进入金属管与石墨管之间的环形空间，以较高的流速通过，并进行热交换。结构（b）的管外壁加工成环形槽，可增加有效传热面积，内管外壁上焊有用圆钢制的螺旋，使流体在内、外管的环形空间呈湍流状态，从而提高传热效率。

本章图 8-28 和图 8-29 其实就是由多个直管式换热元件组成的换热器。但是直管式换热元件一般在设备中垂直放置。如水平位置布置，由于元件与物料的重力作用，管子承受弯曲应力，直管不宜太长，当设备内的液体黏度较高、流速较大时，应校核管子的弯曲强度。在使用中，容器的物料若无明显流动，可在容器附加搅拌器加速介质的流动，以强化传热效果。

8.2.5　石墨蒸发器[3]

蒸发器属于换热器大类，属于流体有相变的换热器。其传热过程比无相变的加热器、冷却器要复杂，主要是包含沸腾传热。为适应这个特点并强化传热，结构上也有所差异（从这个角度看，再沸器也属于蒸发器）。

蒸发可在大气压（常压）、加压或减压下进行。减压（即真空）蒸发有较多优点，故常被工业上采用，如：①真空下溶液沸点降低，有利于传热；②可适用于热敏性物料；③可利用较低温度热源，如废热作热源。

而加压和常压蒸发时，则可获得较高温度的二次蒸汽以做他用。较先进的多效蒸发中则有将一效（二效）采用微加压或常压蒸发，而对二、三等效逐渐减至真空蒸发。

蒸发过程不仅是工艺所需，且因过程中存在物料的相变，致传热效率提高。总传热系数一般高于加热、冷却，其中尤以膜式蒸发热系数更高。

石墨蒸发器主要用于酸性或腐蚀性物料的工况下，本节就已付诸应用的石墨设备中较常用的几种典型设备分类做简要介绍。

1. 中央循环式石墨蒸发器

图 8-89 为德国 SIGRI 公司的 DIABON-ROBERT 蒸发器。该型式的蒸发器在金属蒸发器中称为标准式蒸发器。它与腐蚀性介质接触的元件均用浸渍石墨制成。

该型式蒸发器的换热块采用图 8-39（e）。这种蒸发器中，被加热溶液因温度较低、重度较大，而于加热圆块的中心孔洞中下沉；而在分布于孔洞四周、换热块上的垂直孔内被加热并部分沸腾而上升，至上部的气液分离室实现气液分离。气体被抽出，液滴返回中心孔洞循环。故属自然循环蒸发器。

该型式蒸发器的优点是结构简单、操作可靠，缺点是溶液的循环速度低，一般仅为 0.4～0.5m/s，因而传热系数相对小些。可以用于间歇性生产，也可实现连续生产。

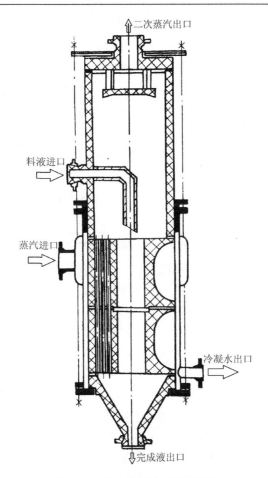

图 8-89　中央循环式石墨蒸发器

2. 外循环式石墨蒸发器

这是目前化工行业中应用较广的一种蒸发器，或称为外加热式蒸发器。如图 8-90（a）所示。

上述中央循环式蒸发器中循环溶液也要被加热，但这种蒸发器型式不同，循环管不被加热，因而加快了溶液自然循环的速度。其流速可达 1.0～1.5m/s，生产效率自然得到提高。又因加热、分离、循环部分被分开，因而制造、维修都更方便，甚至有的可采用代用品，因而被化工生产所广泛采用。

强制循环的总体结构与外加热式自然循环蒸发相似，不同的是在循环管终端加一个循环轴流泵，提高加热器内液体流速，见图 8-90（b）。一般将流速提高到 1.5～3.5m/s。同时比自然循环时循环管加粗，循环管的截面积为加热管总截面积的 1.5 倍左右。因流速增大，使传热系数比自然循环蒸发器大得多。缺点是循环泵要消耗动力。

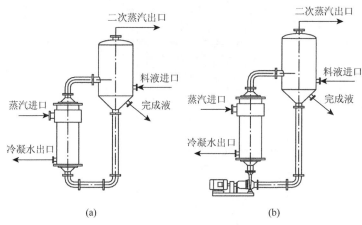

图 8-90　外循环蒸发流程简图

　　这种蒸发系统中的外加热石墨蒸发器，有管壳式和圆块式两种。它们与加热器、冷却器的区别在于上、下封头及加热蒸汽进口位置不同。其加热蒸汽进口管在外壳的位置较低，宜位于上部五分之二高度处。它们分别具有上述列管式和圆块式石墨换热器的优缺点。其中圆块式石墨蒸发器结构可参见图 8-37，只是蒸汽需要从壳程的上面进入，并且蒸汽的管口型式稍有不同。

　　圆块式具有较高的结构强度，耐温、耐压，抗水锤、气震及热冲击性均比列管式的好，因而从强度与耐用性上考虑，圆块式蒸发器具有更多优势。但其中换热块采用叠装式，块与块间纵向孔不连续，因而它不能形成有效的膜式蒸发。而外循环蒸发时，如外加热蒸发器能形成部分升膜蒸发状态，会大大提高传热系数与生产率。并且由于列管式的管程流体阻力小于圆块式，导致其中溶液自然环流速率比圆块式的高。因而，在具有同样换热面积时，外循环蒸发器中，列管式的生产及传热效率比圆块式的高。尤其是当换热管采用浸渍石墨管时，列管式的这个优势更明显。鉴于挤压石墨管线膨胀系数较大，而装成的管壳式换热器耐温较低，此时外加热蒸发器宜选用上述单管密封的更好。

　　对于那些黏度大或易结晶结垢的溶液，上述自然循环蒸发器中液流速度则明显减小。此时采取强制循环进行加热蒸发是有效的。这在含有矿尘颗粒的磷酸的加热蒸发浓缩中，发挥了很好的作用。

3. 膜式石墨蒸发器

　　在自然循环及强制循环蒸发器中，溶液在加热管（孔）内反复循环，对热敏性物料如某些药品、食品等的浓缩不利。采用膜式蒸发时，溶液仅在加热管内流通一次，且呈薄膜状，在管内壁流动并受热蒸发，蒸发速度快（仅数秒至数十秒），故特别适用于热敏性物料的蒸发浓缩。对黏度较大，易产生泡沫的物料也较好。

并且膜式蒸发具有比一般间壁式加热器、冷却器、冷凝器都高的传热系数。因此已成为国内外广泛应用的先进蒸发设备。

目前常用的膜式石墨蒸发器，有升膜式、降膜式、升-降膜式三种。

1）升膜蒸发器

升膜蒸发中已被加热的料液从管下部进入，在管内上升过程中被管外热源加热至沸腾。蒸汽高速上升的动力带动料液沿管壁上升，并继续蒸发。气液由顶部进入分离器分离，被浓缩后的液体由分离器底部排出（图 8-91）。

它的主要优点在于管内料液能自然地成膜状上升并蒸发。

升膜蒸发器的进料温度宜尽量接近沸点，如做不到，就需加长换热管。为使上升汽-液相有足够的速度以帮助料液成膜状上升，常压操作时，蒸发器二次蒸汽当口管气速宜在 20～50m/s，且不小于 10m/s；在减压蒸发时，出气速度甚至可达 100～160m/s。为减少或避免管子上部产生完全没有液膜的"干壁"现象（发生"干壁"现象显然降低总传热数），采取了两个措施，一是选用适当的管长，在常压蒸发时，管长与管内径之比 $l/d=100～150$；在负压蒸发时，$l/d=130～180$；如进料温度较低，管长可适当加长，管内径一般为 22mm、25mm，也有采用 36mm 的。二是将加热蒸汽进口管降低，如降到管长 2/5～3/5 处，以使载热体的最高温度区能位于环状流区间。此管位置的高低，同时也取决于进料温度、黏度。操作时则可用调整热源蒸汽压力与流量及真空度来调节。

当黏度过大时，靠上升蒸汽带动成膜就较困难，且膜的上升速度过慢，故升膜蒸发宜用于黏度不大于 $5×10^{-2}Pa·s$ 的料液，并且不适用于易结晶结垢的物料。

2）降膜蒸发器

降膜蒸发器中料液从顶部进入，成膜状顺管内壁流下，同时被管外热源（一般是饱和水蒸气）加热至蒸发。蒸发产生的二次蒸汽的流向有两种，一般为与液膜同向顺

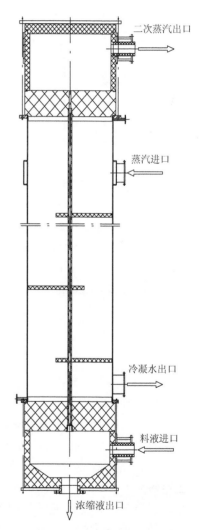

二次蒸汽出口

蒸汽进口

冷凝水出口

料液进口

浓缩液出口

图 8-91　石墨升膜蒸发器

流由底部被抽吸到分离器中，如图 8-92（a），也有采用逆流的，即二次蒸汽由顶部抽出，如图 8-92（b）。

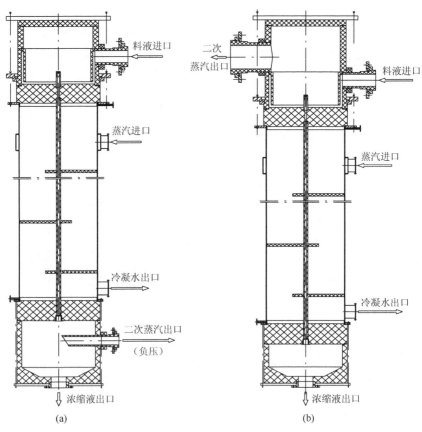

图 8-92　石墨降膜蒸发器

（a）并流；（b）逆流

　　在并流降膜蒸发中，二次蒸汽的流动进一步促进了液膜的流动，此时降膜蒸发器中料液在管中的停留时间比升膜蒸发更短，更适用于对热敏性物料的蒸发，适用的料液黏度可提高到 0.05～0.45Pa·s。

　　降膜蒸发器的传热效果在很大程度上受顶部液体分布器的影响。它必须保证料液能均匀地分布到每根管子里，并迫使料液尽可能成面流而不是线流下降。石墨液体分配器通常如图 8-93 中所示的几种结构。其中，（c）适用于料液流量较大或黏度较大而有较高进料压力时（如较高的高位槽或用泵输送）。图 8-93 中（a）效果较好，是在石墨蒸发器中应用较广的一种，其详细结构参见图 8-94。

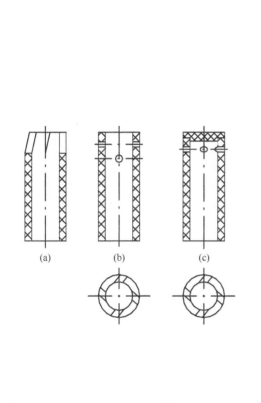

图 8-93　石墨液体分配器　　　　　　图 8-94　溢流管头部图（mm）

（a）溢流管式；（b）喷流-溢流管；（c）喷流管武

对于图 8-92 中（a）和（b）两种结构，为使进料液面相对保持稳定，基本处于同一水平面上，在上封头内一般加有稳压环（图 8-95）。

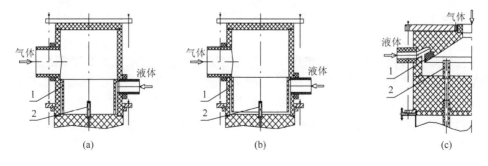

（a）　　　　　　　　　　　（b）　　　　　　　　　　　（c）

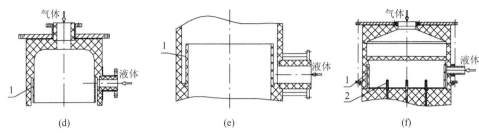

图 8-95　降膜吸收器的气、液分布装置
1. 稳压环；2. 溢流管

3）升-降膜式蒸发器

在一台设备内先后完成升膜蒸发和降膜蒸发两个过程，这种设备便称为升-降膜式蒸发器。显然，它同时是一台双管程的立式换热器。在厂房高度受到限制或在蒸发浓缩过程中溶液浓度变化较大时，可考虑采用这种型式。也有的采用将一台升膜蒸发器和另一台降膜蒸发器串联组成升-降膜蒸发系统的。

膜式蒸发器基本采用单管填料密封的结构。

8.3　石墨降膜吸收器

8.3.1　概述

气体吸收是广泛应用的化工过程之一。除了用于生产较纯净的化工原料（从工业品直至试剂级），还用于从混合气体中吸收一种或几种组分，以分离混合气体，以及从废气中吸收有害组分以净化气体等。

降膜吸收器即是众多的气体吸收设备中的一种。由于它和普遍采用的填料塔、板式塔等绝热吸收塔类设备相比有其独特的优点，因而在某些方面，尤其是合成盐酸方面发挥了重大作用。

其特点是吸收液在管（或孔）内沿内壁成膜状流下的过程中，与易溶性气体接触并吸收，在吸收的同时通过间壁将吸收热传递给冷却液（一般是冷却水）。

降膜吸收器中气、液一般为同向流动（并流），这有利于生产，可在较大波动幅度内控制生产，有利于液膜的分布。也有逆流操作的，但是使用范围有较严格的限制，生产效率低。

降膜吸收可以在长管内，也可以在短孔内进行。但降膜吸收的长度都不大，即使是管式吸收器，一般也不超过 3m，圆块式的更短。如欲获得较高浓度的溶液或使气体得到较好的净化，降膜吸收器通常都与尾气塔配套使用。图 8-96 为典型的一级降膜吸收配尾气塔的流程图。用尾气塔内经过一次吸收的稀溶液进降膜吸收器作一级吸收，降膜吸收器未吸收完的尾气进入尾气塔进行二级吸收，然后再排空。这样的流程具有许多优点。

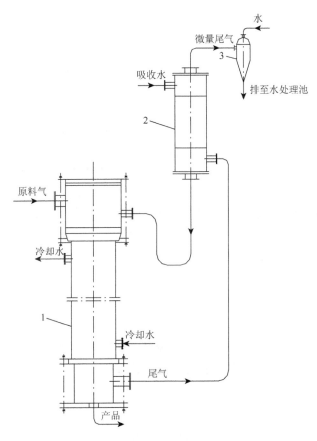

图 8-96　降膜吸收器与尾气塔系统
1. 降膜吸收器；2. 尾气塔；3. 水喷射泵

8.3.2　降膜吸收器的特点

　　膜式吸收器在吸收过程中，不断地将溶解热移走，其传热传质效果好。它与填料塔的绝热吸收相比较有着显著的优点。以合成氯化氢气体的吸收为例，降膜式吸收器具有以下特点：①吸收效率高，如对 HCl 的吸收效率可达 99.9%以上；②在吸收系统内的压力降较低；③原料氯化氢气体的温度高，几乎不影响其操作，进入吸收器的原料气温度达 250℃，通过吸收器可立即被吸收，并不影响成品酸浓度；④所生产的酸温度低，一般比冷却水高 3～15℃，所以不需要有后冷却，简化生产流程；⑤无需附加专门的辅助设备，可以生产出试剂级的盐酸；⑥操作弹性大，开停车和调整容易控制，有利于改善操作条件；⑦设备耐腐蚀，维修方便，使用寿命长；⑧结构紧凑，质量轻，不需要大的操作工作面，因而包装、运输及安装费用也比较低。

8.3.3　结构型式

降膜式吸收器有列管式和块孔式两种型式，如图 8-101 和图 8-102 所示。

这两种型式的降膜吸收器类似于相应的换热器，有各自的特点。列管式膜式吸收器结构简单、制造方便、材料利用率高、成本较低，可制成较大规格，用于处理量较大的吸收过程。由于管子、管板为黏接连接，在较高温度下使用，将产生温差应力，易引起黏接缝损坏，影响设备的寿命。

块孔式降膜吸收器，虽然造价较高，但由于浸渍石墨的导热系数为压型管材的 2～3 倍，其传热效果好，块体之间有再分布湍流室，又进一步强化了传热传质的过程，因而吸收效率较高。耐温、耐冲击振动的性能好，使用寿命长，但块孔式的单台换热面积不能做得太大。因此，在列管式吸收器的管子和黏接剂的材料性能尚存在一定问题的情况下，对原料气温度较高、处理量不大的场合采用块孔式降膜吸收器是较为合适的。

8.3.4　结构设计

降膜式吸收器可分为气液分布器、冷却吸收段和气液分离器三部分，现以列管式降膜吸收器为例，分别论述各部分的结构设计。

1. 气液分布器

气液分布器是指固定管板以上部分由稳压室和溢流管组成，也称吸收器上封头或吸收塔节，见图 8-95。

如前所述，吸收器的每根吸收管相当于一个冷湿壁塔，为了使吸收器的所有传质表面发挥最佳的作用，全部表面必须被润湿。实验表明，湿润全部表面的最小水流量约 $0.075m^3/(h \cdot m)$（每根管子周边），如果考虑多管换热器中达到均匀分布要留有余地，推荐最小水流量约为 $0.15m^3/(h \cdot m)$（每根管子周边）。一般流量取 $0.4 \sim 0.6m^3/(h \cdot m)$，设备直径大的取较小值。

降膜吸收器的吸收效率，很大程度上取决于吸收液的分配是否均匀，是设计、制造和安装调试中的关键。为此，采取了两项措施：加设稳压环及设溢流管，见图 8-95 及图 8-97。

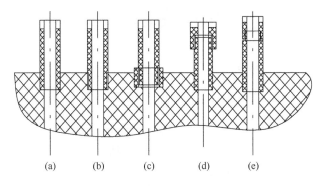

图 8-97　溢流管及其与管板的连接

1）稳压环

稳压环的作用是使管板上吸收液液面平稳，它对吸收器稳定操作有很大的影响。吸收液进入液体分布器后，先经稳压室（即稳压环与封头间的环形空间），从环四周下面许多均匀分布的缺口以低速进入装有吸收管的管板中部，然后均匀地分配到各吸收管（或孔）。

稳压环可以制成可拆卸的单独零件搁置于花板上，见图 8-95（a），也可与封头黏接在一起，见图 8-95（b）、（c）、（e）、（f），对于规格比较小的设备，稳压环可以在封头本体上车出，见图 8-95（d）。也有厂家将稳压环朝上安装，如图 8-95（e）所示。一般气液分布器的气体进口从侧面进，这样气体混合效果比较好，但是有些工艺条件，气体管口比较大，侧面开孔不是很方便，会考虑顶部开孔。上开孔规格大的设备会在顶部开孔，一般会安装一个气体分布筛板，见图 8-95（f），小尺寸的设备也有不安装的，见图 8-95（d）。

稳压室的液体流通截面积应略大于吸收液的进口管截面积，进口管的液体流速一般可取 0.3m/s 左右。

2）溢流管及其与管板的固定方式

目前普遍采用的溢流管结构如图 8-94，结构简单，成膜效果好，其管口上沿有 4 个对称分布的 V 形切口，切口的一边与溢流管内壁相切，使流经切口的吸收液进入管内时，能以切线方向进入，沿管内壁成螺旋状液流，形成扰动的液膜，增强吸收效率，溢流管一般高出管板 100～120mm，其切口的高度也是管板上液面允许波动的范围，一般取 7～15mm。前苏联化工机械科学研究院的经验指出，管板上液面的波动应控制在 7mm 范围内。当溢流管的切口高度为 7mm 时，液体呈薄膜状，液膜厚度不超过 1.8mm。吸收液的流量是根据它在管板上的高度来决定的。当有 55 根管子且流速为 0.13m/s 时，液体流量可在 3m³/h 的范围内。溢流管与管板的固定方式有如图 8-97 所示的几种。

结构（a）溢流管直接黏接在管板上，管间距较小，可取与列管式换热器一样。

但 V 形切口的高度不能调节，易引起各吸收管溢流液不均匀。如在使用中损坏，检修更换不方便。

结构（b）溢流管用螺纹与管板连接，V 形切口高度可调，管间距也不大，但在管板上直接加工螺孔比较麻烦，垂直度不易达到要求，容易从螺纹连接处产生漏液，影响吸收液的均匀分配。

结构（c）先用一个有内螺纹的浸渍石墨管接头与管板黏接，避免直接在管板上攻丝的麻烦，溢流管再用丝扣与管接头连接。V 形切口高度可以调节，其管间距较大。

结构（d）溢流管由管接头与浸渍石墨加工的分配头两部分组成，二者之间以螺纹连接。V 形切口高度可调节，但螺纹连接部位靠近 V 形切口下沿，从螺纹连接处漏液时，对液膜的均匀分配影响较大。分配头外径比较大，管间距大。

结构（e）与（d）基本上相同。溢流管由接管与分配头组成，二者均采用与吸收管同一规格的压型管加工而成。V 形切口高度可调，螺纹连接部分靠近 V 形切口，如连接处漏液，对吸收液的均匀分配影响较小。溢流管可调整，确保液体分配均匀，装卸、维修、清洗方便。推荐采用（d）或（e）两种固定型式。

圆块孔式降膜吸收器则将溢流管做在第一块吸收块材上，这也是第一块吸收块与换热块的差别所在。

上述五种结构型式对于 $\phi 32mm/\phi 22mm$ 的吸收管其管间距可分别采用 39mm、40mm 和 50mm。

溢流管组装应与管板平面垂直，V 形切口应在同一水平面上，高度偏差不得大于 0.5mm，以使吸收液在各管内分布均匀。

3）材料

气液分布器的封头、稳压环、溢流管、吸收管的材料，一般均用不透性石墨。封头与稳压环也有采用钢衬橡胶表面再涂酚醛胶泥的复合衬里或酚醛玻璃钢。它比石墨材料造价低，但只能用于入口原料气温度较低的场合，使用寿命也较短。溢流管一般采用与吸收管同规格的压型石墨管加工而成；对于某些产品的尾气吸收器如三氯乙醛的尾气吸收器也有用浸渍石墨管制成的。还有用聚四氟乙烯制溢流管，其成本较高，但使用寿命大大超过石墨制溢流管。

2. 冷却吸收段

冷却吸收段的结构与相应的换热器基本上相同，但有其结构特点。

1）吸收管长度的确定

列管式降膜吸收器的列管就是冷却吸收管，吸收液在吸收管内表面成薄膜状均匀分布并自上向下流动的过程，也是冷却吸收的过程。对于一根吸收管而言，越往下面管内的吸收液所吸收的气体量就越多，即酸的浓度就越高，气体中可被吸收的成分如氯化氢气体的浓度也越低，传质传热的推动力就越小，因此吸收管的长度增加到一定程度，再增加管长作用就不大了。对吸收氯化氢气体制取工业盐酸的降膜吸收器，吸收管的有效长度为 3m 是比较适宜的，即吸收液（稀盐酸）或水流经管子全长时，浓度大大提高，至下部接管排出时，达到所要求的浓度。对于其他气体的吸收过程可参照此管长进行适当调整。

　　2）块孔式降膜吸收器的块材

　　该块材兼有传热传质的作用，块材之间有液体再分布室，纵向孔上部和下部有扩散的喇叭口，减少因安装水平度偏差造成的偏流现象，如图 8-98 所示，经过每一单元块后，各纵向孔中的吸收液互相混合后，再进入下一单元块，提高整个设备的吸收效果。

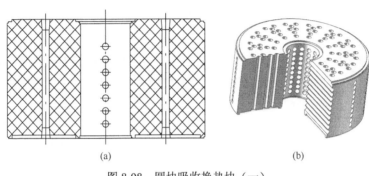

(a)　　　　　　　　　　　　　　(b)

图 8-98　圆块吸收换热块（一）

（a）结构图；（b）外形图

　　有些块材上端面开了径向和环向沟槽，纵向孔的下部有向下扩散的喇叭口，如图 8-99 所示。

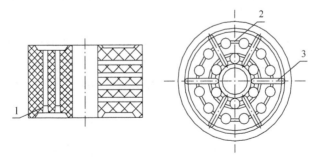

图 8-99　圆块吸收换热块（二）

1. 喇叭口；2. 环向沟；3. 径向沟

　　大规格的降膜吸收器（块材直径大于 800mm），可以采用 YKB 换热器块材的型式，见图 8-100。

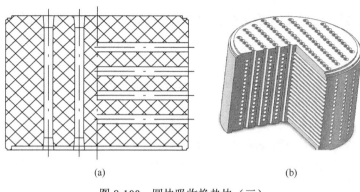

图 8-100　　圆块吸收换热块（三）

（a）结构图；　（b）外形图

3）气液分离器

吸收器的冷却吸收段以下部分为气液分离器，它是达到要求浓度的吸收液和微量未被吸收的原料气体和惰性气体的分离空间。为了减少尾气中的液沫夹带，应设计足够的分离空间。

分离器内物料的温度比较低，一般只比冷却水高 3～15℃，其材料除用不透性石墨外，还可以根据使用介质，选用钢衬橡胶、玻璃钢、硬聚氯乙烯、聚丙烯和聚乙烯塑料等。

8.3.5　石墨降膜吸收器系列

1. 管壳式石墨降膜吸收器系列

该标准适用于酚醛树脂浸渍石墨、压型酚醛石墨管制管壳式石墨降膜吸收器的制造、验收及安装。管壳式石墨降膜吸收器除主要用于氯化氢吸收生产盐酸外，还可用于氨、三氧化硫、硫化氢等腐蚀性气体的吸收。

结构型式见图 8-101，本产品按下封头的结构不同分为Ⅰ型与Ⅱ型，Ⅰ型为浸渍石墨封头，Ⅱ型为钢制衬胶封头，其中筒体与浮动管板之间的密封与浮头列管式换热器相同。结构尺寸和系列参数可参见标准 HG/T 3188—2011《管壳式石墨降膜吸收器》。

2. 圆块孔式石墨降膜吸收器系列

（1）适用范围。该系列设备由酚醛浸渍石墨制成。适用于操作压力小于 0.1MPa表压的 HCl、SO_2、NH_3、P_2O_5 等易溶性气体的吸收。

（2）结构特征参见图 8-102。设备所有石墨件均经酚醛浸渍加工而成，它由液体分配器、溢流管、吸收基体换热块、气液分离器、金属外壳等组成。石墨件之间采用氟橡胶 O 形圈或耐温耐酸橡胶垫片密封，具有结构简单、传热效果好、耐腐蚀性强、尾气含量低、易于操作和维修等特点。使用安全可靠、效果良好。

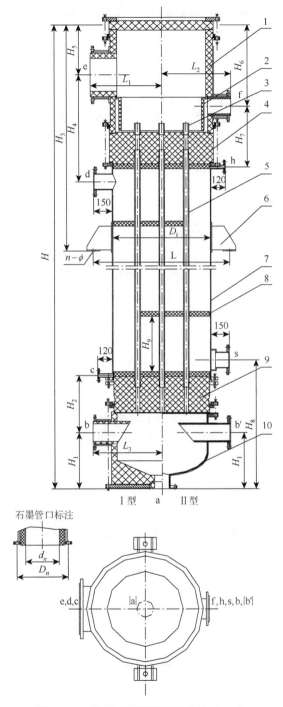

图 8-101　管壳式石墨降膜吸收器（mm）

1. 上封头；2. 稳压环；3. 溢流管；4. 固定管板；5. 吸收管；6. 支座；7. 筒体；8. 折流板；9. 浮动管板；10. 下封头

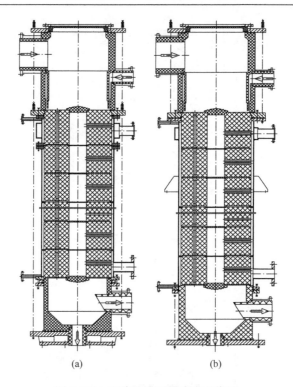

(a)　　　　　　　　　　　　(b)

图 8-102　圆块孔式石墨降膜吸收器

目前没有形成统一的标准，各个单位有其特有的尺寸系列。

图 8-102（a）为典型的结构，简易结构见图 102（b）。

8.3.6　设计依据[4]

1. 溶解热

20℃溶于 200mol 水中溶解热为−77.15kJ/mol；15℃无限稀的溶液中溶解热为−73.2kJ/mol。

溶解热可以按汤姆逊（Thomsen）公式计算：

$$Q = \left(\frac{n-1}{n} \times 11.98 + 5.375 \right) \times 4.184 \tag{8-7}$$

式中，n 为相对于 1mol 氯化氢分子的水分子的物质的量。

2. 盐酸浓度与吸收温度的关系

盐酸的最大浓度取决于吸收温度和气体中氯化氢的浓度，见表 8-11。

表 8-11　盐酸浓度与吸收温度的关系

吸收温度/℃	在气相物质中 HCl 的浓度/%						
	5	10	20	30	50	70	90
	盐酸浓度/%						
5	33.8	36.1	38.6	40.0	41.9	43.2	44.1
10	33.2	35.5	38.0	39.4	41.3	42.5	43.4
15	32.6	34.9	37.3	38.7	40.6	41.8	42.7
20	32.0	34.2	36.6	38.0	39.9	41.1	42.0
25	31.3	33.6	35.9	37.4	39.2	40.4	41.3
30	30.4	32.9	35.2	36.5	38.4	39.6	40.6
40	29.2	31.5	33.8	35.1	37.0	38.1	39.0
50	28.0	30.0	31.8	33.6	35.4	36.5	37.4

8.4　石墨合成炉

本书中所讲述的石墨合成炉是用于氯气和氢气在高温下合成制取氯化氢或盐酸的反应设备。在五氧化二磷燃烧炉及含氯废物的焚烧工艺中也应用石墨炉，本书不做介绍。

8.4.1　概述

石墨合成炉是立式圆筒形石墨设备，它由炉体、冷却装置、燃烧反应装置、安全防爆装置及物料进出口、视镜、点火孔等附件组成。

石墨合成炉与钢制合成炉相比较，它的优点是耐腐蚀性好，使用寿命长，制成的氯化氢气体纯度高，不含铁离子，生产效率高。由于石墨具有优异的导热性，炉内的燃烧反应热可迅速地传到炉壁外，由冷却水带走，氯化氢气体的出口温度较低，进入吸收器之前，无需用大的冷却器冷却，可提高吸收效率，由于没有高温炉体的辐射热，改善了操作环境条件。除此以外，其最突出的优点是对进入合成炉的原料氯气和氢气的含水量无特殊要求，从电解槽来的氯气和氢气不必经冷却和干燥处理，可省去氯、氢处理设备，大大简化盐酸生产的工艺过程，减少占地面积，节省投资和管理费用。这是近三十几年来钢制合成炉逐步被石墨合成炉所取代的主要原因。

氯化氢合成原理如下[4]：

$$H_2(g) + Cl_2(g) === 2HCl(g); \quad \Delta H = -184.6 kJ / mol \qquad (8-8)$$

合成放出大量的生成热，每摩尔 HCl 生成热 92.3kJ，即每生成 1kg 的氯化氢气体，有 2528kJ 的热量释放出来。纯净的氯气与氢气合成时，火焰的理论温度可达 2612℃。在实际合成中，当氯气及氢气较纯净且体积浓度为 95% 以上时（即有约 5% 以下氢气过量时），火焰温度大约为 2500℃，生成的氯化氢气体温度在 2000℃ 以上。

8.4.2　石墨合成炉的分类及演变

氯化氢石墨合成炉依据其冷却方式不同可分为浸没式（图 8-103）、喷淋式和封闭水循环式；根据功能可以分为"二合一"氯化氢合成炉、"三合一"盐酸合成炉、"四合一"盐酸合成炉；根据炉内压可以分为正压式和负压式合成炉；根据点火位置可以分为上点火式合成炉和下点火式合成炉；根据是否副产蒸汽可以分为副产蒸汽"二合一"氯化氢合成炉、副产蒸汽"三合一"合成炉等。

石墨合成炉历经几十年的发展，一代又一代的新产品逐步推出。由最初的喷淋式、浸没式"二合一"氯化氢合成炉、列管式"三合一"盐酸合成炉、同心列管式"三合一"合成炉逐渐发展为块孔式"二合一"氯化氢合成炉、块孔式"三合一"盐酸合成炉、组合式盐酸合成炉及副产蒸汽氯化氢合成炉、副产蒸汽盐酸合成炉。

喷淋式合成炉是利用炉顶上的冷却水喷淋装置，在炉体外壁形成均匀的水膜，以带走设备内的反应热。其特点是：①传热效率较高，炉外壁的冷却水膜，由上而下以较高速度流动，液膜不断更新，强化了传热，而且有一部分水被汽化，是相变化的传热，给热系数大大提高；②节省钢材，不必设置比炉体体积还大的水槽，只需在炉的下部设置小的集水槽，为避免冷却水外溅，可在炉体周围装设硬聚氯乙烯制的简易挡水外罩；③生产操作要求较严格，如果系统停水，必须立即停车，否则炉温将急剧上升，可能引起炉体烧毁事故。

浸没式氯化氢合成炉（也称水套式）的整个石墨制炉体完全浸没于钢制水槽中，该结构型式具有以下特点：①操作环境良好，设备周围没有汽化的水雾、不潮湿；②操作安全可靠，如在运行中突然停水，炉体仍浸泡于冷却水中，炉壁温度可维持一段时间仍在允许的温度条件下，不至于急剧升高而烧毁设备；③当生产能力变化时，其适应性较强；④便于综合利用热能，如有的氯碱厂利用水槽中的热水作液氯包装时加热用。

列管式"三合一"合成炉是一种上点火结构，由上向下由燃烧器、合成段、吸收段、分离器四部分组成，吸收段由管壳式降膜吸收器组成。

同心列管式"三合一"合成炉吸收段为列管式，并分布在合成筒体外壁四周，结构紧凑。同时，由于燃烧器安装在设备底部，操作方便。整台设备由合成筒体、列管吸收段、冷却夹套、炉底、炉盖和燃烧器等主要部件所组成。合成筒下部设有点火孔和视孔。燃烧器用石英玻璃制。合成的氯化氢气体由燃烧器上升至炉顶部，进入外围的吸收段与经由吸收器上部的溢流管均匀进入吸收管的液膜并流而下，完成吸收过程。列管吸收器分成三段，每段之间有再分配室。每根吸收管顶部均装设带切向缺口的溢流管，使吸收管内液膜均匀，吸收管内的吸收经再分配室液体重新混合后进入下一吸收段，从而提高吸收效率。

为简化设备结构，可将吸收管改为有效长度 3000mm 的管子而不做成三段，则设备的主体便是一个带有中心管的列管式换热器。吸收段管间通冷却水冷却，既冷却吸收管也冷却合成段炉壁。这种型式的石墨件之间的连接均采用黏接结构，黏接处易发生渗漏，检修很困难。目前这几种类型的设备基本不再使用。

本书对当今应用广泛的几种合成炉类型做简单的介绍。

8.4.3　"二合一"氯化氢合成炉

1）水套式石墨氯化氢合成炉[5]

合成炉外面设置冷却水套，水套式也称为浸没式。冷却水自水套下部进入，上部出口管排出。操作时水套中充满冷却水，整个石墨炉体完全浸泡于水中。水套为钢制，水套底部设有排净口，如图 8-103 所示。

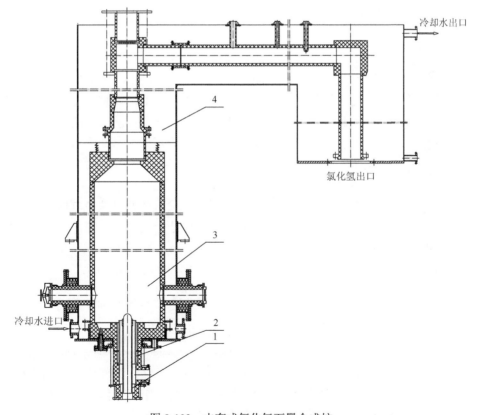

图 8-103　水套式氯化氢石墨合成炉

1. 氯气灯头；2. 氢气灯头；3. 燃烧区；4. 冷却水

此"二合一"合成炉氯化氢气体出口温度为 160～180℃，因此后续需要增设换热器。但是炉体本身具有结构简单、安全、可靠、产能大、效率高等优点，并且正压式生产克服了负压式合成炉系统易进入氧化性气体的不安全因素。因此获得了广泛的应用，国家也形成了系列标准。

水套式石墨氯化氢合成炉系列相关内容可参见标准 HG/T 3189—2011。

本标准适用于以氯气、氢气为原料，生产氯化氢气体的石墨制水套式合成炉。

2）闭路冷却循环"二合一"氯化氢合成炉

上面水套式合成炉，冷却水是敞开式，利用自流的方式流出系统，湍流强度较差，为了改善冷却效果，在上部增加了换热块，冷却水可以分段进入。并且冷却水通道夹杂在氯化氢气体通道里，比单纯的炉壁换热效果要好，结构示意如图 8-104 所示。

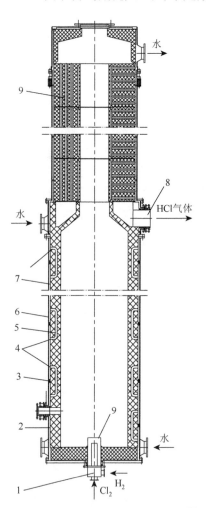

图 8-104　"二合一"氯化氢合成炉[6]

1. 燃烧装置；2. 炉体；3. 折流板；4. 冷却水横向通道；5. 冷却水纵向通道；6. 外壳；7. 冷却腔；8. 氯化氢气体出口；9. 换热块

8.4.4　"三合一"盐酸合成炉

"三合一"合成炉是集合成、冷却、吸收于一体的高产量合成炉，它具有结构紧凑，流程简单，合成强度高，传热效率高，价格便宜，生产弹性大，生产盐酸纯度高，对氯气、氢气无特殊要求，安装、操作、维修方便等诸多优点。整个工艺可以达到氯气零排放。"三合一"合成炉为整个系统节约了大量的防腐管道，节约了成本，为企业带来更高的经济效益。

"三合一"合成炉从灯头位置区分有两种类型：第一种是合成段在上部，其下吸收段是块孔式吸收器，第二种是灯头在炉体的下部，火焰向上，吸收段在上部。

1. 上点火式"三合一"合成炉

1）国内上点火式

块孔式"三合一"合成炉分为合成段（上部）与吸收段（下部）两部分。合成段是由酚醛树脂浸渍的中空石墨筒制成，在合成段顶盖上装有石英玻璃燃烧器（灯头），氯气和氢气由顶部进入燃烧器进行混合燃烧，火焰方向朝下。上部装有两个视镜。一个为观察火焰用，另一个为点火时作空气进口，正常运转时关闭。在合成段筒体的上部有吸收液的进口和分配环。分配环将吸收液均匀分布到炉内壁上成液膜状沿壁下流，以保护炉壁减少受辐射热的影响，使壁温不至太高，同时吸收一部分氯化氢气体至合成段底部，吸收液均匀进入吸收段纵向孔中。

吸收段是由若干个吸收单元块组成，其结构基本上与前述块孔式吸收器相同。吸收块体之间的连接采用黏接结构。吸收块的纵向孔的下部加工成喇叭口，吸收液与氯化氢气体从中并流通过。吸收块的径向孔道是冷却水的通道。吸收段下面，装设有气液分离器，成品酸与未被吸收的气体在此分开，分别经液封至成品酸储槽和尾气吸收塔。

气液分离器底盖兼作防爆膜用，并与泄压管道连通，设计一定爆破压力，超过此压力时，防爆膜爆破、泄压，使设备免受破坏。

这种炉型由于块孔式的结构吸收效率比较高，吸收部分的有效长度可比列管式吸收器减小 50%，从而减小整个设备的高度。设备密闭效果好，操作安全可靠。

我国"三合一"盐酸合成炉的规格参数已经形成了标准 HG/T 2736—2012，详细信息可参阅该标准。

2）国外上点火式"三合一"盐酸合成炉

图 8-105 是法国罗兰公司的上点火式"三合一"盐酸合成炉的结构。其燃烧器、合成段、吸收冷却段，分离器由上而下依次叠装。最有利的一点是全部吸收液由合成筒内壁流下，不但增加了吸收面积，更重要的是这层液膜对石墨合成筒起到了保护作用，是合成强度大大提高及高度可以降低的关键措施，并因此使本型在盐酸合成装置中具有显著的优势。未吸收的氯化氢气体进入尾气塔，吸收水直接进入尾气塔，尾气吸收的稀酸再进入该合成炉顶部的吸收液进口。

2. 下点火式"三合一"合成炉

图 8-106 为 SGL 公司的圆块式"三合一"盐酸合成炉，能力及尺寸见表 8-12。燃烧器在最下部，氯氢火焰向上喷烧，经合成段（炉膛）到达上部的冷却吸收块。HCl 气体从吸收块的侧面孔进入，与从尾气塔流下的稀酸进行气液传质，HCl 气体不断地被吸收，此时仍有部分 HCl 直接由中心孔洞到达顶部，这部分气体通过换热块的纵向孔向下返回，并在流动过程中与并流的成膜状分布的吸收稀酸接触生成浓酸。未吸收完的 HCl 被引导到本塔顶部的尾气填料塔，用水吸收生成稀酸后，流入合成炉顶部的吸收块吸收 HCl，生成浓酸。因此它的气液分离器不明显，位于中部并具有独特的结构。炉顶换热块形式如图 8-39（e）所示。

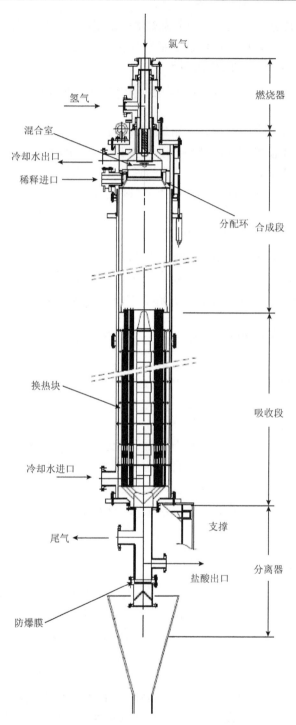

图 8-105　CARBONE LORRAINE 公司圆块式"三合一"盐酸合成炉

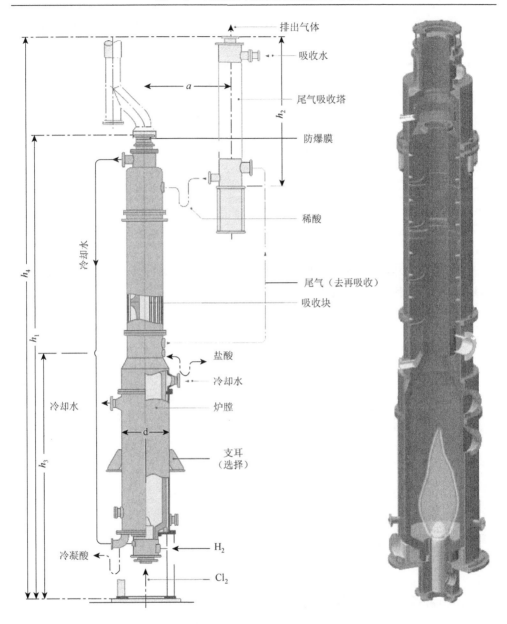

图 8-106　SGL91 系列圆块式 "三合一" 盐酸合成炉（SGL 样本）

表 8-12　91 系列 "三合一" 盐酸合成炉参数表

型号	产能/[t/d（100% HCl）]	尺寸/mm					
		d	h_1	h_2	h_3	a	h_4
91-250	4.0	342	8000	3300	3300	1050	11300

续表

型号	产能/[t/d（100% HCl）]	尺寸/mm					
		d	h_1	h_2	h_3	a	h_4
91-310	8.0	427	8100	3300	3900	1200	12000
91-410	15.0	542	9100	3450	4600	1200	13700
91-500	22.0	647	9500	3500	5100	1350	14600
91-660	36.0	826	11800	3600	5800	1350	16000
91-800	55.0	1000	12800	4550	6700	1700	18000
91-970	75.0	1252	16100	4640	9500	1700	21000
91-1200	115.0	1480	17900	4700	10600	2000	23000
91-1440	155.0	1780	19700	5200	12600	2200	25000

图 8-107 为 SGL "四合一" 盐酸合成炉，能力及尺寸见表 8-13。在 "三合一" 的基础上，顶部增加了尾气吸收。

表 8-13　81 型 "四合一" 盐酸合成炉参数表

型号	产能/[t/d（100% HCl）]	尺寸/mm			运行重量/kg
		d	h_1	h_2	
81-160	2.0	273	7200	2700	800
81-250	4.0	355	8300	3000	1500
81-310	8.0	438	8800	3600	2200
81-410	12.0	542	9800	4300	3400
81-500	22.0	647	11500	4800	4800
81-660	36.0	826	12600	5700	7500
81-800	55.0	1000	13800	6700	12000

3. 国内 "三合一" 盐酸合成炉现状

上点火合成炉结构点火安装在炉顶，不利于工人操作；火焰辐射热向上的燃烧器受很大辐射热影响，使燃烧器设计复杂化；炉体缺失自然燃烧气体流动结构，因此下点火合成炉结构广泛被采用。其优势有：①点火安装在底部，有利用工人操作；②火焰向上，热辐射向上，气体向上，燃烧器结构仅需考虑到气体分布，而不需要考虑到热防护，燃烧结构简单，使用稳定，寿命长；③由于炉底点火，气体向上，符合热气流自然流向，如烟囱抽气，有利于燃烧器正常燃烧。

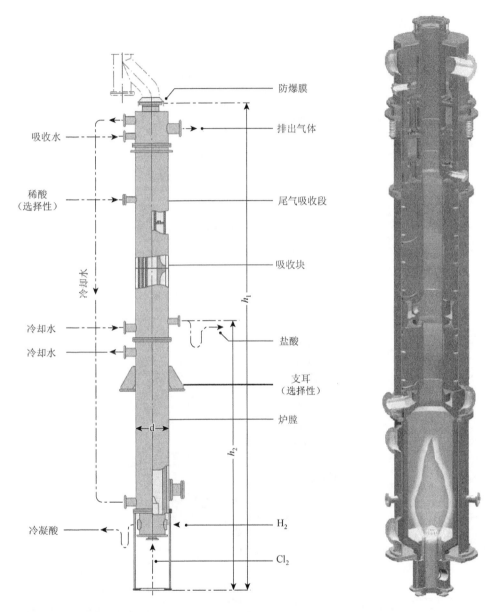

图 8-107　SGL81 型圆块式"四合一"盐酸合成炉（SGL 样本）

　　我国设计并制造了下点火圆块"三合一"盐酸合成炉，取得良好效果，并出口到国外，结构图见图 8-108。

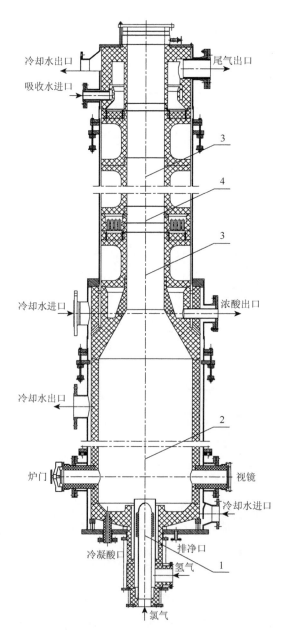

冷却水出口

吸收水进口

尾气出口

3

4

3

冷却水进口

浓酸出口

冷却水出口

2

炉门

视镜

冷却水进口

冷凝酸口

排净口

1

氢气

氯气

图 8-108　"三合一"盐酸合成炉
1. 灯头；2. 燃烧室；3. 冷却段；4. 吸收段

8.4.5　副产蒸汽石墨合成炉

氯化氢合成过程放出大量的热，传统的"二合一"合成炉及"三合一"合成炉都是用大量的冷却水将热量带走，这样不仅要耗费大量的冷却水还造成了能源浪费。为了更充分利用氯化氢合成的反应热及提供利用价值，有石墨制造企业推出了副产蒸汽氯化氢石墨合成炉，主要结构型式有两种。一种是采用全石墨加工的副产蒸汽氯化氢石墨合成炉（副产蒸汽压力为 0.3～0.8MPa），第二种是采用半石墨、半钢制副产蒸汽氯化氢合成炉（副产蒸汽压力为 0.3～1.6MPa）。

以单炉日产 120t 氯化氢为例，每吨 HCl 副产 0.4～0.8MPaG 的蒸汽 0.7t 以上，蒸汽产量为 3.5t/h，单炉年产蒸汽 28000t，增加效益约 420 万元（150 元/t 计）；因氯化氢合成热大部分被锅炉给水吸收副产蒸汽，合成段循环冷却水用量减少60%左右，动力消耗及凉水塔补水量减少 60%，单炉降低运行成本近 14 万元。

1. 全石墨副产蒸汽合成炉[7]

图 8-109 为全石墨副产蒸汽合成炉，该氯化氢合成炉包括合成炉体及其顶部的冷却器，合成炉体由上、中、下三段石墨筒体及套在筒体外的钢制壳体构成，下段的钢制壳体通过管道与上段钢制壳体连通形成一个冷却水循环通道，中段的钢制壳体上设有单独的冷却水循环通道。合成炉的中段为高温段，其采用耐高压石墨筒体、钢制外壳及单独的冷却水循环通道，且其外壳与两端外壳隔离，中段石墨筒体不与各种管道或部件连接，解决了整个中段的耐压问题，使得从中段流出的热水通过闪蒸罐后产出高压蒸汽，供用户直接使用或并入其他低压蒸汽网络。

2. 钢制副产蒸汽合成炉

全石墨副产蒸汽合成炉结构由于受到石墨筒体的耐压强度，筒体与各管道、部件的连接强度限制，产出的是低压蒸汽，热能利用率低。钢制蒸汽发生段因其耐压能力强、可副产高压蒸汽受到了广泛的关注。钢制副产蒸汽合成炉有以下几种型式，图 8-110 为其中一种钢制副产蒸汽合成炉的结构图[8]。

该合成炉包括 HCl 合成段、蒸气发生段和石墨换热段，HCl 合成段、蒸气发生段、石墨换热段自下而上依次安装，石墨换热段的主体为中空结构，石墨冷却段下口的形状为开口向下的喇叭形，石墨换热段底部为高温段，是经聚四氟乙烯浸渍过的石墨块，石墨换热段的冷却水出口设置在石墨换热段顶部。该结构避免了冷凝酸直接掉落到石英灯头上。

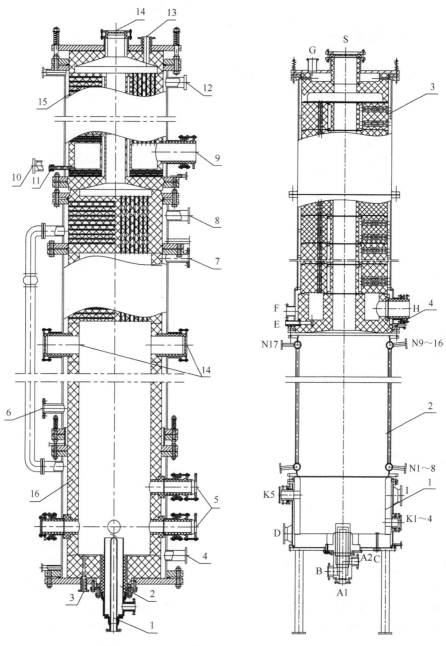

图 8-109　全石墨副产蒸汽合成炉[7]

1. 氯气灯头；2. 氢气灯头；3. 冷凝酸出口；4. 冷却
水进口；5. 视镜；6. 锅炉水进口；7. 热水及蒸汽出
口；8. 冷却水出口；9. 氯化氢出口；10. 冷却水进口；
11. 冷凝酸出口；12. 冷却水出口；13. 测温口；
14. 防爆口；15. 换热块；16. 炉胆

图 8-110　钢制副产蒸汽合成炉[8]（一）

A1、A2. 氢气进口；B. 氯气进口；C. 冷凝酸出口；
D. 冷却水进口；E. 冷凝酸出口；F. 冷却水进口；
G. 冷却水出口；H. 氯化氢气体出口；I. 冷却水出口；
S. 防爆口；K1～5. 视镜、点火口、监控口；
N1～8. 循环软水进口；N9～16. 循环汽水出口；
1. 合成段；2. 蒸汽发生段；3. 冷却段；4. 高温段

图 8-111 为另一种结构的钢制副产蒸汽合成炉[9]。氢气和氯气在燃烧室中反应生成氯化氢气体，氯化氢气体经过蒸发段，将热量传给钢筒壁内的热水，氯化氢温度降低，氯化氢气体继续上升，经过过渡段的进一步冷却及冷却段的深度冷却，从合成炉顶部折流，经过换热块的孔道再次降温至 45℃ 左右从过渡段的 A 管口流出。该合成炉的特点是过渡段和冷却段采用同一股纯水冷却，使过渡高温处充满冷却水，避免了此处容易爆裂的现象。对于大规格的合成炉，过渡段可以做成缩径结构，缩小块材的直径，节约成本。块材的大小及换热总面积需要进行计算。申请号为 201520288260.3 的专利公开了这种结构。

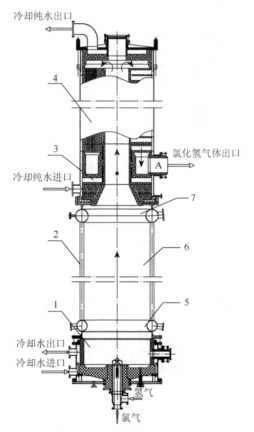

图 8-111　钢制副产蒸汽合成炉（二）

1. 燃烧室；2. 蒸发段；3. 过渡段；4. 冷却段；5. 下集箱；6. 上升管；7. 上集箱

在工艺中还配套闪蒸罐、预热器一起使用（详见图 10-4）。热水在闪蒸罐内由于受重力作用下流，经过预热器进入蒸发段的下集箱，沿上升管上升，饱和水从顶部上集箱流出进入闪蒸罐，副产高压蒸汽。流体靠密度差形成闭路自循环。冷却水采用纯水，由泵从水槽抽取，经板式换热器冷却后送入合成炉，吸收合成炉热量后回流至水槽。

图 8-112 是一种钢制副产蒸汽合成炉副产蒸汽系统[10]。该合成炉采用二氢一氯的灯头，将氯化氢气体的热传递给水冷壁炉筒内软水，软水吸收氯化氢气体的反应热后上升，经上端环形集水箱汇集通过上升管进入汽包，部分水汽化成蒸汽经副产蒸汽出口管产出，其他软水通过下降管进入水冷壁炉筒下端环形集水箱，再次进入水冷壁炉筒钢管内，软水在汽包与蒸汽发生段之间依靠密度差不断完成自循环；循环软水在吸收热量产生蒸汽的同时，也将高温氯化氢气体冷却下来。

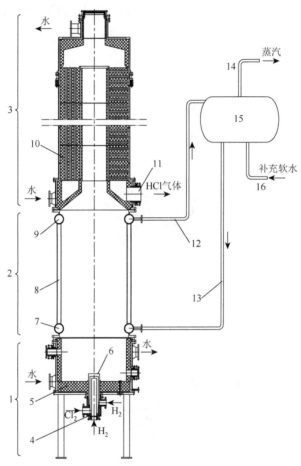

图 8-112　钢制副产蒸汽合成炉[10]（三）

1. 合成燃烧段；2. 蒸汽发生段；3. 冷却段；4. 灯头座；5. 石墨炉底；6. 石英灯头；7. 下集箱；8. 水冷壁炉筒；9. 上集箱；10. 换热块；11. HCl 出口；12. 上升管；13. 下降管；14. 蒸汽出口管；15. 汽包；16. 软水补充口

8.4.6　其他型合成炉

1. "二合一"热水石墨合成炉

组合式热水石墨合成炉的生产工艺主要包括氯化氢和热水两条生产线路。

氯化氢是在炉内生产的，产生的氯化氢气体经过合成炉燃烧段初步冷却、炉顶冷凝器二次冷却后温度降至 160℃以下，经由气体冷却器冷却到45℃以下送至膜式吸收器生产盐酸。膜式吸收器生产的盐酸流至盐酸储罐，过量的氢气及不能被吸收的其他气体经由填料吸收塔吸收后排空。

热水是在合成炉夹套内产生的。由脱盐水站送来的脱盐水储存在凉水储罐中，经热水泵送至合成炉夹套的底部，热水从合成炉燃烧段顶部流出，流至热水储罐，热水通过热水泵送出界外使用。正常情况下凉水储罐的水温控制在 75～80℃，即进合成炉的热水温度；热水储罐的水温控制在 90～95℃，即出合成炉的热水温度。合成炉进水量通过气动阀自动调节，以控制出合成炉的热水温度，结构如图 8-113 所示。

2. 组合式副产蒸汽或热水盐酸合成炉[11]

申请号为 201220363691.8 的专利公开了一种新的两段取热型副产蒸汽或热水的"三合一"盐酸合成炉。该合成炉包括石墨炉筒，石墨炉筒外设置下部钢外壳，石墨炉筒与下部钢外壳之间为循环水腔，下部钢外壳内、石墨炉筒上端设置换热块，换热块上端设置过渡短节，过渡短节上设置气液分离器，气液分离器

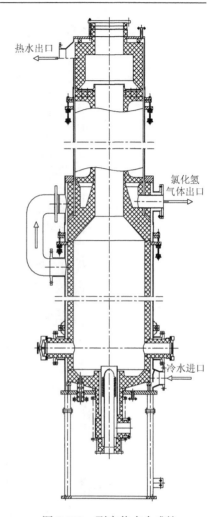

图 8-113　副产热水合成炉

上方设置石墨降膜吸收块，在气液分离器、石墨降膜吸收块外设置上部外壳，且气液分离器、石墨降膜吸收块与上部外壳之间为冷却水腔，在石墨降膜吸收块上方设置上封头，在石墨炉筒底部设置燃烧装置。

在过渡短节与气液分离器之间设置石墨水冷换热块，石墨水冷换热块位于上部外壳内。下部钢外壳分成上下互不相通的两段，相应部位的石墨炉筒分成上下石墨炉筒，下石墨炉筒与下部钢外壳的下段之间为冷却水腔，上石墨炉筒与下部钢外壳的上段之间为循环热水腔。在最上一块降膜吸收块上的每个孔都安装有溢流管，溢流管上方设置分布板。在上封头顶部设有石墨爆破盘。其结构图及介质流向见图 8-114（a）。

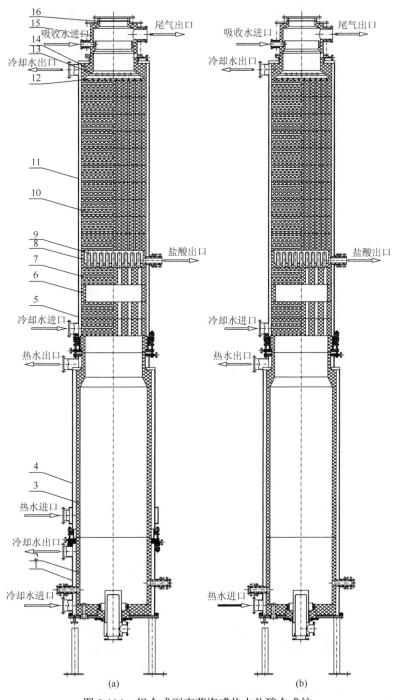

图 8-114　组合式副产蒸汽或热水盐酸合成炉

1. 下部钢外壳；2. 下石墨筒；3. 上石墨筒；4. 上钢外壳；5. 换热块；6. 过渡短节；7. 水冷换热块；8. 气液分离器；9. 升气管；10. 吸收块；11. 上部外壳；12. 溢流管；13. 分布板；14. 过渡节；15. 上封头；16. 爆破盘

图 8-114（b）其内部结构与图 8-114（a）基本相同，主要区别在于其石墨炉筒全段取热，炉筒外全流通循环热水，下部钢外壳为一个整体，其他冷却、吸收、进出液、进出气结构与位置都相同。由于炉筒全段取热，提高了取热率，加大了节能效率，但增加了石墨炉筒的耐热要求；当采用石墨炉筒时，如副产热水时则为最佳选择；如副产蒸汽，则采用一般石墨材质时，副产蒸汽压力宜低，采用较好石墨材料时，也可提高副产蒸汽压力。当炉筒采用钢材料时是最佳选择，副产蒸汽压力较高，可达 1.5MPa。

3. 两段取热型副产蒸汽"二合一"石墨合成炉[12]

申请号为 2012520097176.X 的专利公开一种两段取热型副产蒸汽"二合一"石墨合成炉。参见图 8-115（a），包括设有冷却水夹套 2 的石墨冷却炉筒 1，石墨冷却炉筒上方设置石墨取热炉筒 3，石墨取热炉筒上方设置石墨换热块 5，石墨取热炉筒外周及石墨换热块外周设置取热夹套 4，循环热水进口设置在取热夹套的石墨取热炉筒部位，循环热水的出口设置在取热夹套的换热块上端部位，在石墨换热块的上方设置冷却夹套 7 和石墨上炉筒 6。石墨上炉筒的上部设置原料气出口。在石墨上炉筒顶部装有石墨防爆盘 8。

较长的石墨冷却炉筒 1，安装在钢外壳 2 之内，二者间夹套内流动冷却水。此时因燃气高温区的石墨炉筒 1 采用冷却水冷却提高了安全可靠性，故适用于燃烧合成时发热量大及燃气温度高的燃气或副产蒸汽压力要求高的场合。经适度冷却的燃气进入上段较短的石墨取热炉筒 3 时，将热焓通过石墨炉筒传递给石墨取热炉筒 3 夹套内，在此进入循环热水，升温后的循环热水向上流经石墨换热块 5 继续吸收石墨换热块传递的燃气热焓，使循环热水升温成过热水，上部接管输出本炉到后配的气包或闪蒸罐内闪蒸成饱和水蒸气。由于石墨换热块的传热面积远远大于石墨炉筒的传热面积，因而大大提高了循环热水的取热率，又由于石墨块的强度大，更适用于产出压力较高的副产蒸汽条件。顶部气体进一步冷却从上部输出合成炉。

图 8-115（b）内部结构与图 8-115（a）相似，主要区别在于减短炉筒的水冷段，加长炉筒的取热段。冷却水仅为降低安装有上述观察孔、点火孔、监测、监控孔的最下部石墨炉筒的温度，而大大加长了取热段的石墨取热炉筒。

4. 两段取热型副产蒸汽或热水的"四合一"盐酸合成炉[13]

申请号为 201220363690.3 的专利公开了一种两段取热型副产蒸汽或热水的"四合一"盐酸合成炉。参见图 8-116（a），该合成炉包括石墨炉筒，石墨炉筒外设置下部钢外壳，石墨炉筒与下部钢外壳之间为循环水腔，下部钢外壳内、石墨炉筒上端设置换热块，换热块上端设置过渡短节，过渡短节上设置气液分离器，

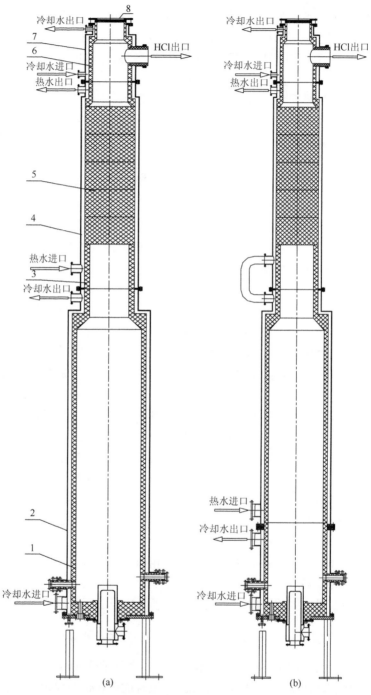

图 8-115　两段取热型副产蒸汽"二合一"石墨合成炉

1. 石墨冷却炉筒；2. 冷却水夹套；3. 石墨取热炉筒；4. 取热夹套；5. 石墨换热块；
6. 石墨上炉筒；7. 冷却夹套；8. 防爆盘

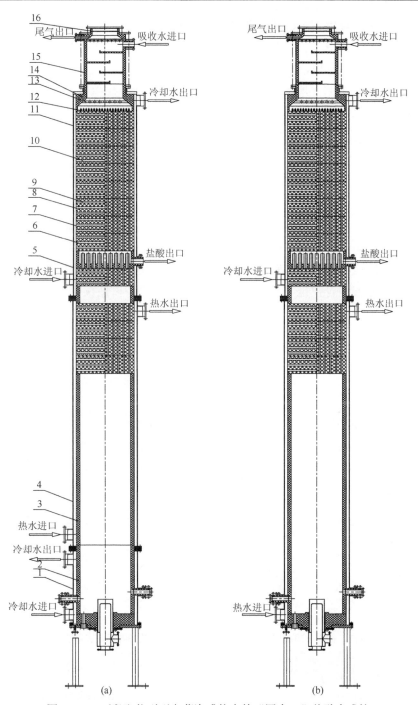

图 8-116　两段取热型副产蒸汽或热水的"四合一"盐酸合成炉

1. 下部钢外壳；2. 下石墨筒；3. 上石墨筒；4. 上钢外壳；5. 换热块；6. 过渡短节；7. 水冷换热块；8. 气液分离器；9. 升气管；10. 吸收块；11. 上部外壳；12. 溢流管；13. 分布板；14. 过渡节；15. 上封头；16. 爆破盘

气液分离器上方设置石墨降膜吸收块，在气液分离器、石墨降膜吸收块外设置上部外壳，且气液分离器、石墨降膜吸收块与上部外壳之间为冷却水腔，石墨降膜吸收块上方设置尾气塔，在石墨炉筒底部设置燃烧装置。

其结构与图 8-114 所示的炉型基本相似，顶部多了尾气吸收区域，该型合成炉也可全段取热，见图 8-116（b）。

8.4.7　结构设计及选型依据[14]

1. 炉体

1）结构

炉体是由多节石墨圆筒黏接而成。炉体最上面一节或中间部分安装有氯化氢气体出口管，出口管与工艺管道之间的连接，应采用伸缩节，以补偿在较高操作温度下的热膨胀，避免出口管与炉体连接处因产生应力过大的温差而损坏。燃烧段的筒节侧面安装有视镜、火焰探测器及自动点火口。以便及时观察燃烧的火焰，判断合成反应情况。

为了增加换热强度，炉筒壁上可以增加翅片结构或打孔，如图 8-117 及图 8-118所示。

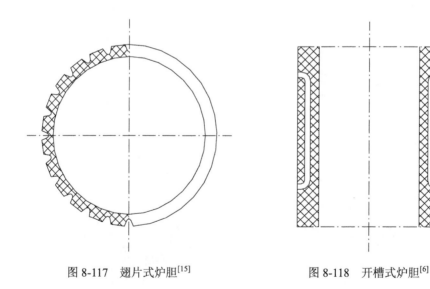

图 8-117　翅片式炉胆[15]　　　　　　　　图 8-118　开槽式炉胆[6]

2）炉体工艺尺寸[3, 14]

（1）合成炉产能比较。最初我国"三合一"合成炉主要参考法国罗兰公司的上点火结构，因其结构紧凑，可以在较小的设备体积内实现较高的产量，而且安全可靠性好。为赶超先进水平，我国陆续研发了新型的"三合一"合成炉，最具代表性的是 YKSL 型。YKSL 型与国内外"三合一"、"四合一"炉体积产能比较见表 8-14。

表 8-14　YKSL 型与国内外"三合一"、"四合一"炉体积产能比较[14]

型号		炉筒段/mm		换热块段/mm		产酸/（t/d）		体积产能/[t/（m³·d)]	用户	年份
		外径	高	外径	高	t/d (%)	折 31%			
YKSL	40 型	Do 400 H5580④				38.5 (32.50%)	40.30	57.5	濮阳氯碱	1995
	50 型	Do 500 H5798				61.6 (35.20%)	70.00	61.5	午阳明宇	2000
	80 型	Do 830 H7680				178.0 (32.74%)	188.00	45.2	巴陵石化	2002
SHL50①		Do 610 H5850				40.0 (33.00%)	42.60	24.9	HG/T2736	1995
USL（曹达）②		Do 870 H9942				142.3 (35.19%)	161.53	27.3	日本曹达	1978
81-800③		950	4520	970	3700	165.0 (34.00%)	181.00	30.5	Sitara 公司	2004
81-660		780	4900	800	3980	120.0 (31.00%)	144.00⑤	33.2	南通农药	2006

①化工部标准 HG/T 2736—2012 中代表性型号。

②日本曹达公司南阳工厂用罗兰公司 Sintaclor L 型"三合一"炉（上点火）1978 年测最高产量时数据。

③巴基斯坦 Sltara 公司用德国 SGL 公司 81 型"四合一"炉（下点火）实用资料，表中高度仅考虑合成与吸收换热块段 Do 950~970 石墨材料高度，不包括上部尾气吸收塔部分（直径已缩小）高度。

④表中高度为石墨炉筒段与吸收换热块段总高，不包括减小直径部分。其中德国 SGL 公司 81 型炉的炉筒段与换热块段外径不相等，故分列。其下一行 81-660 也是 SGL 公司 81 型炉。表中高度不包括尾气塔部分。

⑤设计产能 31%盐酸 120t/d，允许开到 120%，故产能按 144t/d 计，实用未超过 120t/d。

YKSL "三合一"炉的另一个突出性能是单位炉膛横截面积产能不仅国内领先，也超过了 SGL 公司 20 世纪 90 年代 Series 91 型"三合一"炉的截面产能，参见表 8-15。

表 8-15　"三合一"炉实产（或样本）截面产能比较[14]

型号		250±	300±	400±	500±	600±	700±	800±
YKSL	t/d③	22.0*	40.3*	70.0*	85.0	120.0	188.0*	220.0
	D_i④	250.0	340.0	430.0	520.0	620.0	730.0	820.0
	t/(m²·d)⑤	448.2	443.9	482.0	400.0	397.0	449.0	416.0
SHL①	t/d	—	21.3	32.0	42.6	53.0	64.0	75.0
	D_i	—	300.0	400.0	500.0	600.0	700.0	800.0
	t/(m²·d)		301.0	254.6	217.0	187.4	166.3	149.2

续表

型号	D_i	250±	300±	400±	500±	600±	700±	800±
Series91[②]	t/d	12.9	25.8	48.4	71.0	116.1	131.3*	177.4
	D_i	250.0	330.0	410.0	500.0	660.0	660.0	800.0
	t/(m²·d)	262.8	301.7	366.5	361.4	339.4	383.8	353.0

①SHL 为化工部标准 HG/T 2736—2012 的型号。
②SGL 公司 20 世纪 90 年代"三合一"炉样本、型号、参数。
③t/d 为每天折 31%盐酸产量。
④D_i 为炉膛内径，mm。
⑤t/(m²·d)炉膛横截面积每平方米每天产 31%盐酸吨数，简称截面产能。
*产量为实际最高产量，其余为设计产量。

优化后外径 400mm 的"三合一"合成炉的体积产酸率可以达到 57.47t/(m³·d)（31%盐酸）[14]。

石墨 HCl 合成炉在我国开发得较早（1965 年），其外形见图 8-103，最初的标准是在 1980 年颁布的，当时仅列出了炉筒内径 300～800mm 的系列参数，其产量折 100% HCl 为 3.0～22.4t/d，按炉膛内径计算的炉膛横截面积每平方米每天生产 HCl 的能力均为 44.56t/(m²·d)。这个产能是参考了当时日本炭素公司样本中系列资料设计的[其 30 型～80 型八种规格的产能是 39.6～45.9t/(m²·d)HCl]。此产能比法国、德国炉低得多。经过国内改进，产能可以提高到 60.7t/(m²·d)（100% HCl）。而 2003 年为安邦电化提供的水套式合成炉，其产能可达到 66.8t/(m²·d)。

2001 年国内研发出第一台副产蒸汽合成炉，并且炉膛截面产能达 70.6t/(m²·d)，经多年改进后，不仅进一步提高了截面产能[达 75.2t/(m²·d)]，在国内领先，而且使产汽率（产 1t HCl 副产蒸汽量）已达 0.8～0.9t 汽/t HCl。有代表性的节能型"二合一"炉部分技术性能见表 8-16。

表 8-16　强化传热节能型"二合一"石墨 HCl 合成炉技术性能

制造时间	单位	2001 年	2004 年	2005 年	2007 年		2010 年	2010 年	2010 年	2010 年	2011 年
用户	—	滨化	嘉化	滨化			金岭	理文	华胜	八维	中天
设计产量	t/d	2022	32	33	50	100	120	50	65	25	28
节能副产	—	汽/水	热水	热水	热水		蒸汽	蒸汽	蒸汽	热水	热水
炉膛内径	mm	630	910	780	1020	1430	1430	920	1020	720	720
炉膛高度	mm	4490	6120	6235	6682	6682	6735	6735	6828	6270	6270
截面产能	t/(m²·d)	70.6	49.2	69.0	61.2	62.2	74.7	75.2	79.5	61.4	68.8

注：（1）产量栏指每天产 HCl 量，单位 t/d，折 100%。分子为设计产量，分母为已达产量；
　　（2）截面产能 t/(m²·d)指炉膛横截面积每平方米每天产 HCl（折 100%）能力（t）。

由上述比较可以总结出炉体内径和高度的估算经验，如下所述。

（2）炉体内径。炉体的内径由合成炉内氯化氢气体的流速决定，20 世纪 70 年代水套式合成炉内推荐气体流速为 0.17～0.40m/s，当今时代根据生产实践中的经验，尤其是副产蒸汽合成炉，按标准状态下的理想气体计，炉内气体流速可达 0.6m/s。合成 HCl 的出口气速，在排气温度（300～400℃）下的实际气速应小于 20m/s，排气温度按 350℃计算并折算成标准状态下 HCl 的出口气速，则应低于 12m/s，由此确定 HCl 出口管尺寸。

（3）炉体高度。炉体高度由以下两方面的估算所决定：①20 世纪 70～80 年代在每小时生成 100kg 的 100%氯化氢气体且无游离氯的情况下，必需的炉体容积为 1.7～1.8m^3；容积率为 58.8～55.6kg/(h·m^3)，目前根据对生产实践的经验数据推断，炉体的容积率可在 350～430kg/(h·m^3)。②根据热量平衡估算所需换热面积。在热量衡算中，炉内氯化氢气体的初始温度可取 2500℃，氯化氢气体出口温度根据设计选取，氯化氢气体的生成热为 92.3kJ/mol，炉体传热系数 K 值则与外壁的换热方式有关，我国喷淋式合成炉曾测得氯化氢出口温度为 100～250℃时，K=32.56～40.70W/(m^2·℃)。圆块孔式冷却段的传热系数可参照圆块式换热器的传热系数选取。

3）炉体材料的确定

炉体材料的选择由炉体的操作壁温所决定，前面所述各种石墨换热器的石墨材料是指不透性石墨材料，而用于氯化氢合成炉炉体的石墨材料则有所区别，使用时必须加以注意。

酚醛树脂浸渍的不透性石墨，温度在 200℃时，树脂开始分解，当温度超过 200℃时，树脂分解速度急剧增大，在石墨孔隙内产生大量气体，将导致不透性石墨局部爆碎、剥落，最后使设备毁坏。合成炉内氯、氢气的燃烧最高温度可达 2000℃，合成氯化氢气体的温度可达 1000℃。由于氯化氢气体气膜的热阻非常大，而且炉外壁有冷却水冷却，具有优良导热性能的石墨，能及时将热量传给冷却水，因此，正常操作下，炉体外壁的温度可维持在 100℃左右，即使与约 1000℃高温气体接触的炉内壁，温度也不至于升得很高。然而，当操作不正常或冷却水停止时，炉壁的温度将急剧上升，如采用以树脂浸渍的不透性石墨制造炉体时，将会因树脂的过热分解而引起炉体爆裂破坏。因此，炉体材料通常采用普通透性石墨。

为了防止炉外的冷却水大量透过多孔性的石墨浸入炉内，可在炉外壁涂刷以石墨粉为填料的酚醛涂料，也可以采取浸泡酚醛树脂或一次浸渍酚醛树脂。经处理后，石墨的孔隙率减小了，不至于使冷却水大量进入炉内，但仍有微量的冷却水渗入炉壁的缝隙中，当炉壁吸收氯化氢气体时生成稀盐酸，这对合成盐酸生产不仅是允许的，而且是有利的。稀盐酸溶液润湿炉壁，有利于降低炉壁温度。如果冷却水突然中断，渗入炉壁内的水分蒸发，可带走大量的汽化潜热，直至壁内的水分蒸发完以后，壁温才迅速上升，因此采用透性石墨制造炉体，可以有一定的时间来处理断水事故，提高合成炉操作的可靠性。

当合成炉用于生产无水氯化氢气体时，要求尽可能不使冷却水渗入炉内，若能保证炉壁温度不超过浸渍树脂所允许的使用温度时，也可采用树脂浸渍的不透性石墨材料制成炉体。不透性石墨材料的机械强度是普通电极石墨的 2～3 倍，因而可以减小相应炉体的壁厚。

2. 炉底

炉底中心留有一个管口，用以安装燃烧器，进入合成炉的氯气和氢气含有一定水分及炉外壁渗入的冷却水，它吸收氯化氢气体生成稀盐酸，积聚于炉底，所以炉底应设计成具有凹形浅池，用以收集稀盐酸，并使稀盐酸排放管伸入炉底内，形成一定的液封，使炉底经常储存 15～40mm 的稀盐酸液面，浓度小于 25% 的稀盐酸沸点为 110℃，它可以防止炉底的壁温因辐射热而超过树脂的分解温度。因此炉底材料可以采用酚醛浸渍石墨。

为了便于炉底的散热，炉底需要有冷却水的通道，常用的方式如图 8-119 及图 8-120 所示。图 8-119 是炉底做成倾斜的平面[16]，以供冷却水流动。图 8-120 看似平板结构，但是炉底盘设有环形空腔，在底盘的两侧分别钻有若干平行设置且与环形空腔连通的进水及出水流道。避免底盘温度过高而造成爆裂，并降低合成炉整体重量[17]。

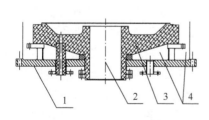

图 8-119　石墨炉底（一）
1. 炉底支撑法兰；2. 灯头安装区；3. 炉底；
4. 冷却水区

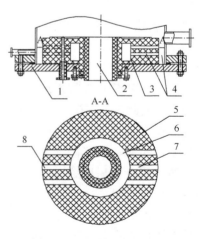

图 8-120　石墨炉底（二）
1. 炉底支撑法兰；2. 灯头安装区；3. 炉底；
4. 冷却水区；5. 炉底盘；6. 空腔；
7. 冷却水进口；8. 冷却水出口

3. 燃烧器

氯气和氢气在燃烧器内混合并保持氢气过量 5%～10%（体积比），燃烧反应生成氯化氢气体。它是由两根同心的导管黏接于不透性石墨制的灯头座上构成的，并用螺栓固定在炉底上，内管通氯气，两导管之间的环隙空间通氢气，氯气和氢气在燃烧器中标准状态下的流速分别取氯气 u_{Cl_2}=5～9m/s，u_{H_2}=6～10m/s，使氢气的流速略高一些，以此来确定灯头内、外径尺寸。

燃烧器有短焰式和长焰式两种结构型式，如图 8-121 所示，图中（a）为长焰式，（b）、（c）为短焰式。

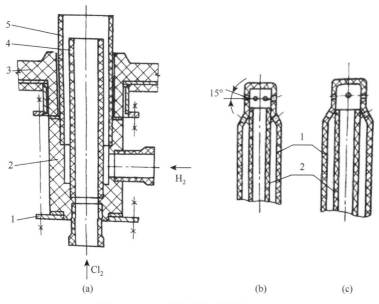

图 8-121　合成炉燃烧器结构（一）

（a）长焰式；（b）短焰式；（c）短焰式；1. 压板；2. 灯头底座；3. 炉底；4. 内管；5. 外管

长焰式燃烧器是由双层套管所构成，通氯气的内管又分为有直通管和侧面有喷气口两种结构，前者氯气和氢气由管顶部喷出，在上方混合，后者氯化氢气体在两管之间的环隙空间混合，火焰较细长，氯气和氢气的混合不如前者均匀，长焰燃烧器制造加工容易，安装检修方便。

短焰式燃烧器如图 8-121（b）和（c）所示，双层套管顶端有灯罩，氢气由与轴线成 45°角的喷出口喷出，氯气由水平方向或向上倾斜 15°角且与氯气导管的径向成 30°角方向的喷出口喷出，两股气体喷出后，充分混合燃烧，火焰似蘑菇状，生成的氯化氢气体则成螺旋状沿炉体内壁上升，使燃烧热即合成反应的生成热迅速通过炉壁被外壁的冷却水带走。短焰式火焰喷射方向对着炉壁，所以合成反应段的壁温较高，若操作不正常，较易引起炉壁局部过热而烧毁，顶端灯罩也易烧毁。但两种气体混合较均匀，合成反应较完全。日本几家碳素公司的合成炉系列多采用短焰式。

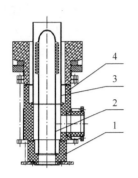

图 8-122　合成炉燃烧器结构（二）

1. 氯气灯头座；2. 氯气灯头；
3. 氢气灯头；4. 氢气灯头座

还有一种具有湍流效应的高纯石英灯头，这种结构的氢气灯头是直通管，氯气灯头是带有蘑菇头且周边打孔的结构，灯头独特的湍流设计，使得氯气和氢气混合均匀，燃烧彻底，提高了 HCl 的纯度，不留残氯[18]。可调节幅度加大，适应了我国氯碱产品市场的需要，如图 8-122 所示。图 8-103 的合成炉便是采用了这种灯头。

图 8-122 所示的燃烧器的灯头座是采用石墨材质加工，氢气灯头座和氯气灯头座是分开加工的，存有一个密封面，密封要求严格，而且石墨比较笨重，现在大多厂家已经改成钢衬四氟的灯头座，如图 8-123 所示。这种灯头座将氯气灯头座和氢气灯头座做成一个整体，安装方便，不存在漏缝等现象。并且聚四氟乙烯可以有效地对抗盐酸的腐蚀[19]。

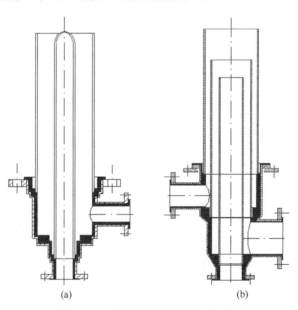

(a)　　　　　　　　　(b)

图 8-123　合成炉燃烧器结构（三）

图 8-123（b）为多层灯头结构[20, 21]，内层套筒通入氯气，中层和外层是氢气，这种结构可以在提产时使用。

燃烧器常用的材料有石英玻璃、石墨、高铝质耐酸陶瓷等，石英灯头耐温、耐蚀性能较好，寿命较长，一般可用 2～3 年以上，而其他两种材料制的燃烧器使用寿命一般只有 3 个月左右，检修更换频繁，影响设备的利用率，因此基本上采用石英灯头。

4. 防爆膜

氯化氢合成炉的操作压力较低，一般为-2～80kPa，目前多采用正压式合成炉，最高操作压力也只有 200kPa 左右。由于氢气与氯气、氧气、空气和氯化氢气体分别组成的混合气体的爆炸范围比较宽（表 8-17），合成炉设计中必须考虑安全防爆措施。

表 8-17　某些气体混合物的爆炸范围

气体名称	气体爆炸界限体积/%	
	下限	上限
H_2 Cl_2	5.0 95.0	87.5 12.5
H_2 O_2	4.5 95.5	95.0
H_2 空气	4.1 95.9	74.2 25.8
H_2 Cl_2 HCl	5.0 22.0 73.0	13.0 14.0 73.0

如果停、开车时炉内的气体没有置换干净或是其他原因，造成氢气和其他气体的混合比达到爆炸范围时，均可能引起爆炸事故。因此，除了注意安全操作外，合成炉还应设置安全防爆装置。最常用的防爆装置有爆破膜和重力式防爆盖。

当合成炉操作压力为-2～90kPa 时，爆破膜的爆破压力可按 90kPa 设计。

爆破膜的结构型式一般采用平板型。图 8-124 所示为平面法兰夹持方式。

爆破膜材料有不透性石墨和高温石棉橡胶板，较常用的是不透性石墨。

爆破膜的直径确定：它要求在炉内发生爆炸时，能通过爆破口迅速将爆炸气体尽快地排出设备，以保证炉体的安全，爆破口的尺寸在不影响设备组装和设置冷却装置的条件下，要尽可能大一些，一般要求其直径大于炉体直径的一半，有的爆破膜直径等于炉体直径。

爆破膜厚度的确定：爆破膜的厚度目前还没有较准确的计算方法，尤其浸渍石墨材料是非均质脆性材料，通过计算所得的设计厚度，可靠性就更差些，因此爆破膜的厚度应通过实验确定，但可用式（8-9）估算厚度，作实验膜厚的参考尺寸。

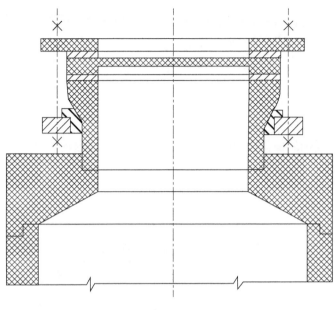

图 8-124　爆破膜结构

$$\delta = \frac{d}{4}\sqrt{\frac{3p_{爆}}{\sigma}} \tag{8-9}$$

式中，$p_{爆}$ 为膜片的额定爆破压力，Pa；δ 为材料抗弯强度，Pa；d 为爆破口直径，mm。

　　因为合成炉的操作温度较高，而石墨材料的强度是随着温度升高而增大的，所以考虑爆破膜的厚度时，还应考虑温度的影响，做必要的修正。

　　由于爆破膜的设计爆破压力较低，采用光滑石墨平板时，所需壁厚较小，制造加工不方便，因此常采用较厚的平板，再在平板上加工圆槽、十字槽或井字形槽。爆破膜如果是由机械加工制造，宜采用较简单的圆槽或十字槽。如采用井字形槽，同一批中的不同件在加工时，产生的误差将更大些，井字形槽宜用于压制成型的爆破膜。

5. 阻火器

　　它虽不是合成炉本体中的零部件，但却是合成炉系统上不可缺少的安全附件。

　　阻火器中装填拉西环等填料，用以防止因各种原因而可能造成的回火。当 Cl_2 或 H_2 潮湿或含尘时，阻火器还可起除湿除尘作用。并因此可使气体不致夹带雾沫，否则雾沫可引起石英灯头爆裂或增加燃烧器阻力。安装阻火器时应利用虹吸作用自动排水或制成水封阻火器。

6. 副产蒸汽段[9, 10]

副产蒸汽石墨合成炉的副产蒸汽段为石墨炉筒，采用高强度石墨材料制作，筒壁上加工一些开孔或翅片以增加换热强度。当副产蒸汽段采用钢结构时，采用水冷壁结构，见图 8-125。水冷壁蒸汽发生段包括水冷壁炉筒，水冷壁炉筒的上、下端部分别设置上、下集水箱，汽包通过管道与水冷壁蒸汽发生段连接组成蒸汽发生系统。汽包通过上升管和下降管与水冷壁蒸汽发生段连接，汽包上设有蒸汽出口和补充软水进口。

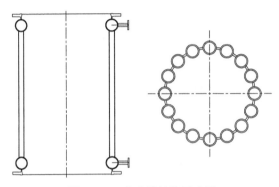

图 8-125　水冷壁结构示意图

8.4.8　合成炉操作[22]

1. 操作要点及注意事项

（1）密切注视火焰颜色，及时调节氯氢流量配比，保持火焰为青白色。控制炉压在设计范围内，注意氯化氢气体的温度，如果比以往过高，说明冷却部分结垢严重，热交换变差，需要除水垢或杂质。

（2）调节冷却水、吸收水的流量，保持冷却器出口氯化氢温度小于或等于50℃，成品浓度大于或等于31%。

（3）当一级降膜吸收器有成品酸流下来后，打开进洗涤塔前的阀门，让产出的盐酸经转子流量计进入洗涤塔塔顶，向下喷淋以洗涤来自合成炉的氯化氢。

（4）密切注视氯气、氢气压力的变化，因为压力的变化会直接影响流量的配比。

（5）密切注视氢气纯度的变化，若氢气纯度降到90%以下时，应立即停车。

（6）如遇突停冷却水，应做紧急停车处理。若遇到停水，但在短时间内可恢复供水时，可不必停炉，应酌情降低氯气和氢气的流量，维持石墨炉不熄火，同时密切注意炉温、炉压的变化，待恢复正常供水后再缓慢增大氯、氢流量。在此千万注意要交替降低氯、氢流量并且不可以将流量降得太低，因为流量太低，氯、氢流速太小后，火焰喷不上去，会造成石英灯头温度升高，将石英灯头的石墨底座烧坏。也不可在冷却水恢复后，一下子就将氯气、氢气流量提到正常流量，因为流量提得太快，会在短时间内造成氯气或氢气过量太多，从而造成危险。

（7）副产蒸汽合成炉注意蒸汽的压力。

2. 常见不正常现象及处理

表 8-18 所列不正常现象及处理方法在不同流程和不同炉型中是大同小异的，故"三合一"石墨炉、副产蒸汽合成炉也可参照执行。

表 8-18 常见不正常现象及处理

序号	异常现象	异常现象产生的原因	处理方法
1	点火器点燃氢气时发生爆鸣	氢气阀门开启过大	点火时氢气阀门适当减小阀门开度
2	氢气点燃后，开氯气阀门时火熄灭	氯气阀门开得过急过大，而将火扑灭	氯气阀门开启要缓慢，微开，待火焰上升后，再开大
3	第一次点火失败后，第二次点火时系统爆炸	系统内有氯氢爆炸混合物	首次点火失败后，要用水喷射器或风机将系统抽空 20min 以上，待炉内含氢合格后再点炉
4	正常生产时炉内有爆鸣声	氢气纯度低，含氧高或氯气中含氢气高	立即停炉，待氯气或氢气纯度合格后再点炉
5	火焰发红或发暗	氢气纯度低，含氧高	通知氢气站提高氢气纯度，当纯度低于控制点时，应考虑停车
6	火焰发黄	①氯气过量 ②石英灯头损坏	①冷却器前温度不高时，可提高氢气流量，若冷却器前温度高应降低氯气流量 ②停车更换石英灯头
7	火焰发白有烟雾	①氢气过量太多 ②氯气纯度太低	①降低氢气流量或提高氯气流量 ②通知液氯工段降低液化效率或补充电解来的直接氯气
8	氯化氢纯度低	①氯气纯度低 ②氢气过量太多 ③取样时置换排空时间太短	①降低液氯液化效率，提高氯气纯度 ②降低氢气流量，调整氯氢配比 ③严格取样操作
9	成品酸含游离氯高	①氯气过量或氢气流量低 ②氯、氢压力波动频繁 ③石英灯头损坏，氯氢反应不完全	①降低氯气流量或提高氢气流量 ②稳定氯气、氢气压力 ③停炉更换石英灯头
10	成品酸相对密度低	①吸收水流量过大 ②吸收水分配不好，吸收效率不高 ③石墨吸收器漏	①降低吸收水流量 ②停车检查石墨吸收器分配头是否完好，安装是否水平 ③停车修理堵塞破损的石墨管（管壳式）或更换损坏的垫片（块孔式）
11	成品酸温度高	①一级吸收器冷却水少 ②一级吸收器入口氯化氢温度高	①增大冷却水量、调节水温 ②改善氯化氢冷却效果，降低氯化氢进入吸收器的温度

续表

序号	异常现象	异常现象产生的原因	处理方法
12	石墨冷却器氯化氢入口温度高	①石墨冷却管水槽水量不足,水温高(横管式) ②换热块结垢（块孔式） ③炉温高 ④石墨炉外壁或石墨冷却管外壁水垢太厚	①增大水量 ②降低氯、氢流量 ③停炉清洗水垢
13	防爆膜爆破	①氢气含氧高 ②点炉时,炉内残存氢气 ③防爆膜顶部断水	①立即停炉通知氢气站提高氢气纯度 ②点炉前要将炉内残存气体抽净,停炉后一定要把氢气管拆下,以免阀门不严,漏进氢气
14	炉压异常升高	①石墨炉后边系统堵塞,很可能是气相管道有液体积存 ②氯氢流量过大 ③高纯水或冷却水中断 ④洗涤酸流量过大,造成洗涤塔液面过高 ⑤吸收水开得太大,尾气塔液泛	①停炉检查堵塞处,疏导积存的液体 ②降低氯氢流量 ③与有关部门联系,尽快恢复供水,若不能及时恢复,要停炉 ④缩小洗涤酸流量 ⑤缩小吸收水流量
15	冷凝酸过大	石墨冷却器破损	停车检查、修理
16	成品酸含铁离子高,含钙、镁离子高	①高纯水质量有问题 ②设备、阀门衬里局部损坏 ③氢气带水多 ④取样不仔细,混进杂质 ⑤石墨吸收器漏,冷却水漏进吸收水中	①提高纯水质量 ②在不同部位取样分析,找出破损部位进行修理 ③请氢气站处理加强氢气的冷却降低含水,同时加强氢气管路排水 ④取样瓶、分析器皿一定要洗涤干净 ⑤停炉修理

8.5　硫酸稀释冷却器

在化肥生产中常常要将浓硫酸稀释成稀硫酸,在石油化工、化纤、冶金、制药等工业中,使用稀硫酸的场合也在增加。

以前通常采用铅制或其他材料制混酸器,将浓硫酸与水混合稀释。稀释中放出的大量稀释热用铅盘管传给冷却水带走。由于铅加工中的毒性问题,希望有更有效的材料及设备来解决硫酸稀释与冷却问题。这便产生了石墨硫酸稀释冷却器。

不仅是硫酸,其他有大量稀释热需传递走的腐蚀性物料的混合稀释,均存在同样的问题。

目前硫酸稀释装置,是混酸器与其下的冷却器联成一体,在一台设备内完成稀释与冷却两个过程。从冷却器部分的结构又可分为管壳式与圆块式。于是可以划分为管壳式石墨硫酸稀释冷却器、圆块式石墨硫酸稀释冷却器、组合式石墨硫酸稀释冷却器。

8.5.1　管壳式石墨硫酸稀释冷却器[3]

该型稀释冷却器问世较早,其实是将管壳式石墨换热器的上封头换成石墨

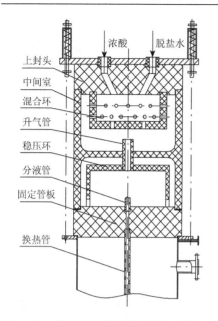

图 8-126　管壳式石墨硫酸稀释冷却器头部

稀释（混酸）与分配部分（图 8-126）。从固定管板及以下部分与列管式石墨换热器全同。

从图 8-126 中不难看出，其混酸部分缺少冷却，酸混合瞬间产生的热量无法带走，并且其总体性能取决于管壳式石墨换热器的制造水平。当采用改性酚醛树脂作黏结剂、浸渍剂及浸渍石墨管制造时，其稀释酸浓度可以允许至 65%～70% H_2SO_4。而采用普通酚醛作浸渍剂、胶结剂及挤压石墨管制造时，则稀酸浓度在 50%（沸点 125℃）时即已处于工作极限条件，很易损坏。因此该结构没有推广使用。

8.5.2　圆块式石墨硫酸稀释冷却器

最早设计的圆块式石墨硫酸稀释冷却器是在上述 YKA 型圆块式石墨换热器的基础上设计而成，是我国特有的一种结构，结构型式见图 8-127（a），总体外观可见图 8-127（b）。

此型除具有本章中所述 YKA 型圆块式换热器的全部特点外，还具有以下特点。

（1）混酸器部分设计成水夹套，从而降低了混酸筒的温度，延长了寿命。第一台国产用普通酚醛树脂浸渍石墨制造的混酸筒（经强化热处理），在稀酸浓度 62%～70% H_2SO_4（沸点 150～162℃）的条件下，已连续使用近五年。采用水夹套是重要因素之一。

（2）为便于混酸部分的装拆，采用了双层弹簧结构（这也是我国特有的结构），使混酸器拆下时，其下部冷却部分仍处于弹簧加压的总装状态，不会影响密封性能。

（3）增加了顶部升气管，以便当稀释酸沸腾时，产生的含酸水蒸气可由升气管引出进行处理后排放，避免在设备内因沸腾造成超压，引起生产不正常甚至设备损坏。

（4）为尽量提高冷却水可能到达的高度以降低石墨件温度，将冷却器外壳设计成独特的悬挂于顶部的结构。

上部为浓硫酸与软水混合、稀释、分配部分，中、下部为冷却部分，与圆块孔式石墨冷却器相同。本型为浓硫酸稀释工艺中较为先进的设备，可以将 98% 以上的浓硫酸一次稀释到 65% 以下，并且稀释后直接进行冷却至 50℃ 以下。

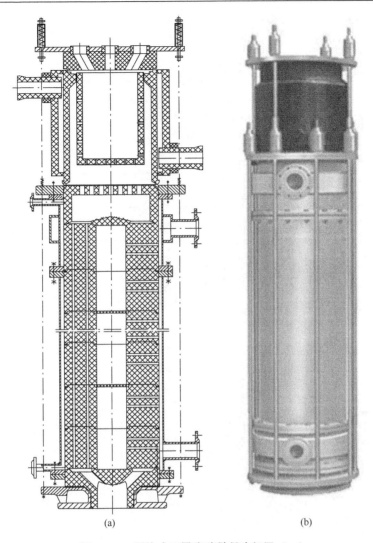

图 8-127　圆块式石墨硫酸稀释冷却器（一）

（a）结构图；（b）立体结构

　　该型设备的设计温度为-20～165℃，设计压力纵向为 0.1MPa，横向为 0.4MPa，换热面积为 5～300m^2 不等，已经形成系列化。

　　15m^2 该型稀释器可以将 5000kg/h 浓度为 98%的硫酸稀释成 62%的硫酸。在清洁无水垢时测得其总传热系数 K 近似为 700W/(m^2·K)。

　　本型在水质差、致水孔结垢严重而传热效率下降时，可将换热块拆下清理，其拆装均较方便。

　　石墨硫酸稀释冷却器还有一种结构型式，见图 8-128。

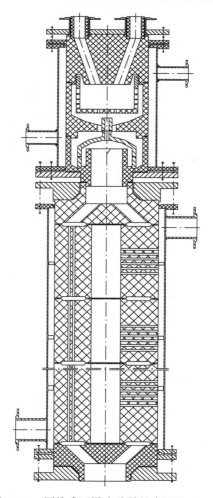

图 8-128　圆块式石墨硫酸稀释冷却器（二）

8.5.3　自动稀释控制

工艺原理：根据需要配制的稀硫酸浓度设定浓硫酸和纯水的流量，通过调节阀调节各自的流量，使酸浓度达到工艺要求。该工艺的特点是酸、水进量按要求进行调节；酸、水配比按要求进行比例调节；成品酸温度可按要求设定；控制系统 PLC 可以与 DCS 控制通讯连接[23]，见图 8-129。

1. 操作程序

1）开车

（1）先启动冷却水泵，向石墨硫酸稀释器加入冷却水，待冷却水从出口流出后，再缓慢加入稀释水。

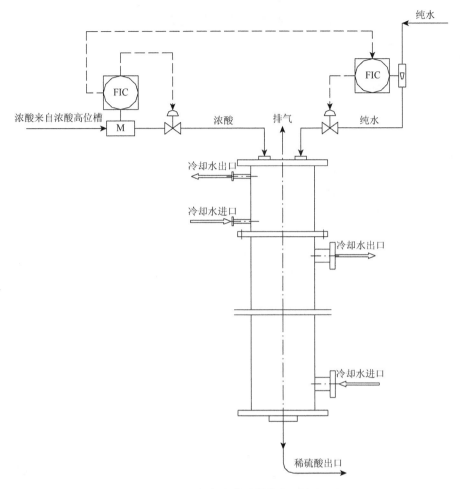

图 8-129　全自动硫酸稀释装置流程

（2）打开硫酸管道阀门，开启硫酸泵，将硫酸送往高位槽，缓慢打开通往石墨硫酸稀释器的硫酸阀门，先使少部分浓硫酸进入石墨硫酸稀释器，待整个石墨硫酸稀释器受热均匀后，再加大稀释水，同时流速逐渐由小到大加入浓硫酸。

2）控制要点

（1）待石墨硫酸稀释器正常运行后，一般要求稀释水加入量为 $1.2\sim2.0m^3/h$，硫酸的加入量应根据成品酸浓度来控制。

（2）实时对冷却水温度（温度≤60℃）、稀释水流量进行自检。

3）异常情况及处理

异常情况及处理见表 8-19。

表 8-19　异常情况及处理

异常情况	原因分析	处理方法
温度过高	①冷却水过少 ②稀释水过大	①加大冷却水 ②减少稀释水

4）停车

（1）先关闭硫酸管道阀门，关闭硫酸泵。

（2）关闭硫酸高位槽阀门，关闭稀释水阀门。

（3）待石墨硫酸稀释器温度降低后，关闭冷却水阀门。

5）紧急停车

若遇设备故障或无冷却水时，应立即关闭硫酸阀门，关闭硫酸泵，待故障排除后，按正常开车进行；若遇石墨硫酸稀释器出现故障，可直接打开通往萃取槽的硫酸阀门，关闭通往石墨稀释器的阀门，再关闭通往高位槽的硫酸阀门。

2. 安全要求

（1）严格按照规程进行石墨硫酸稀释器的开、停车，严禁违章操作。

（2）严禁超温度使用。

（3）防止硫酸外溢。

8.5.4　设计依据

在设计时需要考虑硫酸稀释时放出的大量稀释热有可能使硫酸达到沸点。这时有两种选择，一是在一台设备内将浓酸混合到所需浓度，为此需要迅速移走大量稀释热（否则要限制混合量在较小的范围），并需在结构上考虑稀酸沸腾时的排气及废气处理。二是采取两段稀释办法，即第一段控制在稀酸不至于沸腾的浓度内，然后再经二段稀释使之达到所需浓度。当然两段均需要对稀酸进行冷却。

但两段稀释（二次配酸）必然使流程复杂、设备及配管增加。因此，在稀释冷却器的设计或选用中做传热计算是必要的。目前通常采用汤姆逊（Thomsen）公式计算稀释热[24]。

$$Q = \left(\frac{17860 \times n}{1.798 + n} \right) \times 4.1868 \qquad (8\text{-}10)$$

式中，Q 为硫酸的积分溶解热，$J/mol\ H_2SO_4$；n 为 $1mol\ H_2SO_4$ 所用水的物质的量。

8.6　石墨塔设备

塔设备是实现气相和液相、液相和液相间传质的设备。广泛用于蒸馏、精馏、吸收、解吸过程及用作洗涤塔、合成塔。

石墨塔设备的操作压力一般均较小，有的甚至是负压，因而虽然浸渍石墨的强度较低，但仍然可以制作内径达 2200mm 或更大的塔。

常用的石墨塔类设备，有填料塔及板式塔中的泡罩塔、筛板塔和浮阀塔几种。

8.6.1　石墨填料塔

1. 概述

这是石墨塔中应用较广泛的一种，它具有结构简单、易用耐腐蚀非金属材料制作、阻力小等优点，但传质效率低。常用作真空蒸馏（或精馏）、解吸及气体的洗涤、分离。其气体与液体一般做逆向流动，使液体在填料表面分布和流动过程中与逆向流动的气体接触并传热或传质。

沿填料表面流下的液体，有流向塔壁的趋势即所谓"集壁现象"。当填料层高度与塔径之比特别大时，有可能形成"干锥体"，降低设备的能力。因此，在一定填料层高度中，应设液体再分布装置。填料的质量可通过多孔板或栅板支承于塔体内壁凸缘上。

石墨填料塔结构简单，制造方便，压力降低，适应性强，宜用于处理黏度小、易起泡、热敏性小的腐蚀性物料或传质速率由气相控制的物料，因而应用较为广泛，但其效率低，设备体积较庞大，它不宜用于处理污浊介质，以免填料堵塞。

2. 结构[3]

石墨填料塔的结构，国内外不尽相同，其基本结构如图 8-130 所示。主要由石墨塔体、喷淋装置、填料及其支承板、气液相进口及组装用金属零件等组成。塔径较大时还需加液体再分布器。

1）塔体

不透性石墨制塔体，一般塔内径在 800mm 以下的可以整个中空圆筒加工制作，较大直径的塔节可采用分块黏接后再加工成圆筒，再大的则采用石墨砖板衬里。

塔体可分为上、中、下三段。上段塔体有液体进口、尾气出口和喷淋装置。中段塔体为装有填料进行传质的主体部分，根据操作条件的要求和设备直径的大小，有时还设置温度压力检测口和装卸填料的人手孔。下段塔体设有被处理气体入口及处理后液体的出口。它往往又兼作填料的支承结构。中段塔体有整体黏接结构和由若干段塔节用活套法兰连接的可拆卸结构，分别见图 8-130 及图 8-131。

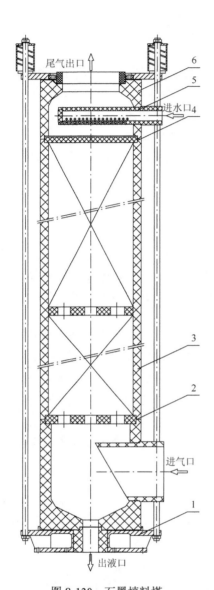 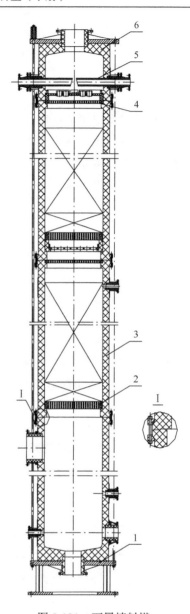

图 8-130　石墨填料塔

1. 支座；2. 支撑板；3. 塔体；4. 防溅板；
5. 进液管；6. 上封头

图 8-131　石墨填料塔

1. 支座；2. 支撑板；3. 塔体；4. 防溅板；
5. 进液管；6. 上封头

　　塔体的高度与直径由工艺计算确定。采用拉西环作填料时，一般单节高度为塔内径的 2～3 倍，是为防止偏流形成干锥体之故。塔节的壁厚因内压一般较低，常比按内压计算的数值要大。这是由于结构需要、塔体较高及还要承受组装压力的缘故。

塔节间连接结构：一种结构是利用上、下金属盖板兼作连接法兰，只用一组长螺栓将上下所有塔节紧固为一体（图 8-130），这种结构较为简单，石墨材料和金属材料耗量少，制造方便，宜用于压力较低或常压设备。另一种结构是相邻两塔节或若干塔节分别用活套法兰连接，塔体外壁有法兰凸缘（图 8-131），凸缘可以同塔体作为整体一起加工而成，也可以在塔体外壁另外黏接连接用的挡环。前者石墨材料消耗大，只用于较小的设备。

塔节之间的密封面型式有平面和凹凸面两种。凹凸结构加工较麻烦，但组装时便于塔节间对中。衬垫材料根据操作条件，可选用石棉橡胶板、耐温耐酸橡胶垫或聚四氟乙烯 O 形密封圈。

2）喷淋装置

塔的顶部应装设喷淋装置，以便使液体分布均匀，充分润湿填料的表面，以获得较高的传质效率。

石墨填料塔中常用的喷淋装置有管式和盘式两种喷淋器。

（1）管式喷淋器。

如图 8-132（a）所示。这几种喷淋结构的共同特点是结构简单、制造和安装方便，其缺点是淋洒面积小、不均匀，对于小直径（300mm 以下）石墨填料塔尚可满足使用要求。

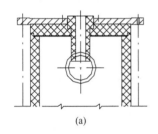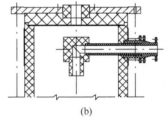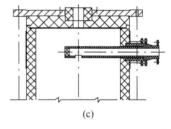

| (a) | (b) | (c) |

图 8-132　进液分布器结构

直管多孔喷洒器，见图 8-133，可用于直径 800mm 以下的塔，小孔直径 $\phi 4 \sim 8mm$，共有 3～5 排，小孔总面积约与管截面积相等，这种结构只宜用于不含颗粒的液体。否则，小孔易被堵塞。

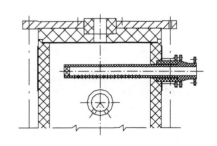

（2）盘式喷洒器。

如图 8-134 所示，液体由进液管加到分液盘上，然后通过黏接于分液盘上的溢流管淋洒到填料上，溢流管上沿设齿缝，以减小淋液盘的安装水平度对分布液体的影响。分液盘的直

图 8-133　直管多孔喷洒器

径一般为塔径的 0.70～0.85 倍。

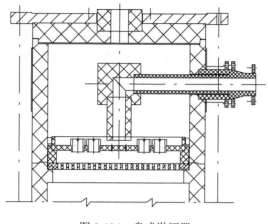

图 8-134　盘式淋洒器

3）液体再分布器

在塔径较大时，为避免出现顶部喷淋的液体向四壁偏流而在中心形成"干锥体"，影响塔效率，必须于塔板下适当位置设置液体再分布器，液体经溢流管沿四周流下，气体从管中心向上流动。根据石墨的特点，主要有下面三种结构，如图 8-135 所示。

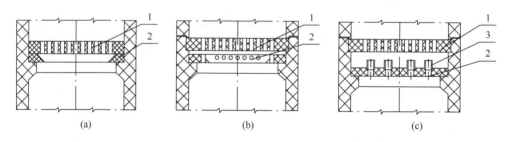

图 8-135　填料支撑板与液体再分布器

1. 支撑板；2. 再分布器；3. 溢流管

在塔径稍大时，采用 8-135（a）和（b）锥形再分布器较好，加工安装均较方便。其中锥面与塔壁的夹角多为 35°～45°，锥体小口直径为塔内径的 0.6～0.8 倍。因石墨制锥形分布器需要有一定的厚度，当小口直径较小时，为使气液更均匀，可于小口外侧钻一圈孔，让一部分液体由此孔流下、气体由此孔上升，故孔径宜在 20～30mm。

在塔径较大时，则图 8-135（c）溢流管式再分布器效果更好。在使用拉西环时，液体再分布器间的距离宜取塔径的 2～3 倍。这在大直径的塔中产生的效果更明显。

4）填料

填料是气液接触的主要构件，它必须满足比表面积大、自由体积小、结构强度足够、制作加工方便、成本低等要求。过去石墨填料塔中多使用石墨拉西环，也有采用陶瓷拉西环的。近年来也有采用鲍尔环或其他高效填料的。

选用石墨拉西环的原因是其材料的耐腐蚀性与塔节材料一样，并可由系列化的石墨管上截取而得。其在塔内充填方式一般采用乱堆或整砌与乱堆混合。

填料的规格，一般按塔径尺寸而选定，即拉西环名义尺寸（按外径圆整），应小于塔径的 1/20，鲍尔环要小于 1/10。同时也要考虑到直径在 15～20mm 时分离效率差不多，而直径在 35mm 以上时效率迅速下降。

日本东海炭素公司的炭、石墨拉西环资料介绍列于表 8-20。

表 8-20　炭、石墨质拉西环的特性数据

规格		29	32	38	50	80
标准尺寸/mm	外径[1]	29	32	38	51	77
	内径	18.5	22.0	25.0	38.0	60.0
	高度	29	32	38	51	77
比表面 a_t /（m^2/m^3）		165	149	124	95	62
空隙率 ε /（m^3/m^3）		0.64	0.68	0.66	0.72	0.78
个数 n/（个/m^3）		32000	24000	14000	6000	1700
堆积质量（碳素质）/（kg/m^3）		544	486	506	405	323
表面积/（m^2/千个）		5.5	6.2	7.2	15.8	36.2
质量（碳素质）/（kg/千个）		170.0	23.1	36.2	67.5	190.0
压裂强度	碳素质[2]/（kgf/个）	50	50	150	150	150
	石墨质/（kgf/个）	40	40	100	100	100
	浸渍石墨/（kgf/个）	80	80	200	200	200

注：陶瓷制拉西环的特性数据资料与该表所列一致。

① 标准尺寸中的外径，所有规格的碳素质均比石墨质的大 1mm。

② 1kgf=9.80665N。

5）填料的支承件

填料支承件的结构有多孔板和栅板两种，它们全是由厚石墨板加工而成的。支承件多采用多孔板，在塔径较大时，支承件可由多块条形浸渍石墨孔板拼成（这时拼缝处不应黏接，而应留有间隙）。这样既便于安装，又带有栅板导气的作用。

多孔板有效截面积小，气体要以较高的速度穿过孔板，容易产生液流，但对石墨件而言加工较方便。

栅板的自由截面较大，设计时应尽量使栅板的自由截面接近填料的自由截面或自由空隙率，栅条之间的距离应为填料环外径的 0.6～0.7 倍。

支承板的固定，支承板一般不应承受上下塔节的组装力。即上下塔节的密封垫片不应压在支承板上，而且上支承板与塔节间应留有间隙。可在塔节上车凹槽或留凸台来解决支承板的固定问题，如图 8-136 和图 8-137 所示，图 8-136 的支承方式常用于底部塔体的填料支承结构，图 8-137 常用于中部塔体的填料支承结构。

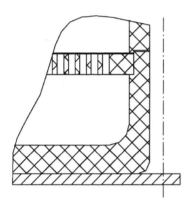
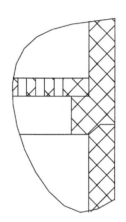

图 8-136　塔底部填料支撑结构　　　　　　图 8-137　塔中段填料支撑结构

6）液体出口与气体进出口

液体出口需采用液封结构，应考虑既能排液又能防止进塔气体从出液口泄出。气体进口应能防止淋下的液体进入进气管，更需使气体分布均匀。可使气体进入塔底部后先向下喷出，然后返回向上。大直径塔宜采用盘管式结构。气体出口则需考虑尽可能地除雾。可采用挡板式或填料防雾器，或塔顶部加丝网捕沫器。

3. 石墨填料塔系列

石墨制填料塔，目前我国尚未进行系列化设计，石墨填料塔的设计除结构上有些特殊外，其工艺计算与金属制或陶瓷制塔的设计类似。这里将某公司的标准型填料塔系列的主要尺寸示于图 8-138 及表 8-21。它用于以合成盐酸和无水氯化氢生产装置中的盐酸吸收塔，也可以用于其他腐蚀性物料的吸收、凝缩、蒸馏、蒸发、过滤、洗涤。表中所列尺寸可供设计时参考。

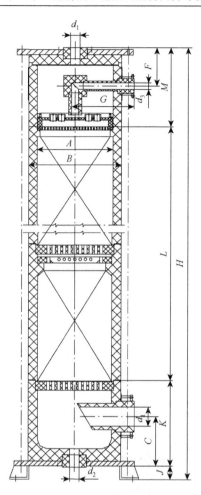

图 8-138　标准型石墨填料塔

表 8-21　标准型填料塔系列

型号	ST-25	ST-30	ST-35	ST-40	ST-50	ST-55	ST-70	ST-85	ST-100
A	250	300	350	400	485	560	700	850	1000
B	330	400	450	510	610	700	850	1000	1200
C	300	330	350	400	480	520	550	550	700
F	300	300	300	320	400	470	500	550	600
G	280	320	350	380	430	480	550	630	730
H	4600	5550	5620	6260	6460	7110	7240	8340	8610
J	101	101	101	151	151	151	181	181	210
K	450	500	550	600	700	750	800	850	1000
L	3600	4500	4500	5000	5000	5500	5500	6500	6500
M	443	443	463	503	603	703	753	803	903

型号	ST-25	ST-30	ST-35	ST-40	ST-50	ST-55	ST-70	ST-85	ST-100
d_1	76	76	102	102	127	152	203	203	254
d_2	51	64	64	76	102	102	127	127	152
d_3	25	25	38	38	51	51	64	64	76

8.6.2　泡罩塔

　　泡罩塔是一种鼓泡的板式塔，气体（或蒸汽）穿过塔板上的泡罩，呈分散相而与塔板上的液体接触。它是一种结构较复杂的塔器，用石墨材料制造、加工及安装都显得更麻烦。目前国内还很少采用，但是在磷酸行业还是以此型塔为主。

　　泡罩塔结构上最重要的特征是设有升气管及罩于升气管上的泡罩。利用升气管使下部气体升过塔板，并由泡罩上的小孔及齿隙喷入塔板上的液体进行传质或传热，故属鼓泡型。利用二者的组合，既保证塔板上有一定的液位及良好的液封，又保证有良好的配气。

　　泡罩塔由塔体、泡罩、溢流堰和降液管及气液进出口等部分组成（图8-139），塔板上的泡罩是该塔的主要零件。石墨泡罩有圆形泡罩和条形泡罩两种，圆形泡罩应用较广泛，条形泡罩一般用于大液气比的场合。

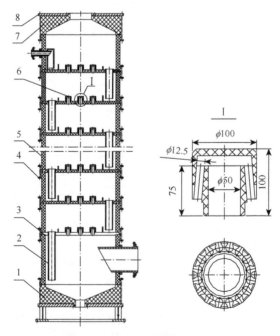

图 8-139　石墨泡罩塔（mm）

1. 下封头；2. 降液管；3. 塔盘；4. 活套法兰；5. 塔节；6. 泡罩；7. 封头；8. 压板

塔体与填料塔的结构基本相同，一般塔径不大于 DN 2200mm。

法国罗兰（LORRAINE）公司生产的圆形泡罩塔如图 8-140 所示，塔盘系列的主要参数列于表 8-22，该系列采用 ϕ100mm 和 ϕ160mm 两种规格的泡罩，其结构尺寸如图 8-141 所示。泡罩的排列除了直径很小的塔外，均采用正三角形排列，泡罩、塔板及溢流管之间的连接为黏接结构。塔盘支承于塔体的凸缘上，塔板与塔体之间的密封采用耐温耐酸橡胶或聚四氯乙烯。

表 8-22　石墨泡罩塔系列资料（mm）

塔体	外径	310	40	500	610	720	830	950	1150	1450
	内径	250	330	420	500	610	700	800	970	1200
泡罩直径（d）		100	100	100	100	160	160	160	160	160
泡罩数量（n）		3	4	7	9	7	9	12	17	20
泡罩中心矩（t）		115	120	120	120	190	190	190	190	190
降液管	d_H/d_{B1}	40/25	40/25	50/35	50/35	70/50	70/50	100/80	100/80	130/100
	长度（H_1）	235	240	250	250	390	390	390	390	410
塔板间距（H_g）		225	230	240	350	360	360	360	360	380

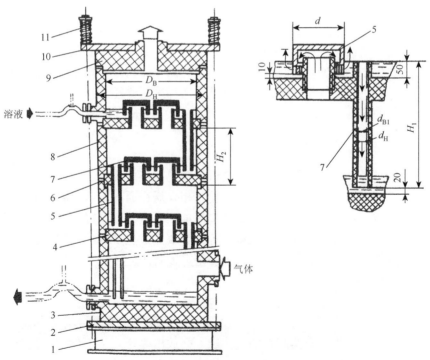

图 8-140　圆形泡罩塔结构示意图

1. 底座；2. 金属盖板；3. 塔体；4. 塔板；5. 溢流管；6. 衬垫；7. 泡罩；8. 筒体；
9. 上封头；10. 金属压板；11. 压缩弹簧

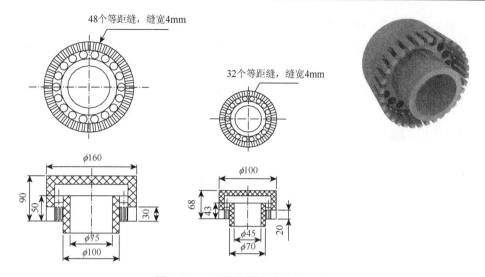

图 8-141　石墨泡罩结构图（mm）

　　对于两种介质都具有强腐蚀性的情况，采用全石墨（包括壳体）就具有其极大的优越性。

　　条形泡罩塔的结构如图 8-142 所示。

　　条形泡罩塔盘结构如图 8-143 所示，塔板上开有互相平行的长孔，其上是黏接的矩形石墨框制成的升气管与罩子，罩子两侧有锯齿缝。罩子与塔板间用石墨螺栓固定。升气管与塔板、降液管与塔体之间均采用黏接连接。条形泡罩塔宜用于大液气比的场合。

8.6.3　筛板塔

　　筛板塔是最早应用的塔设备之一。近年来已发展成为化工生产中主要的传质设备。本塔的塔板上钻有密集的小孔，使气相介质在通过筛孔时将板上液体鼓成气泡进行传质。它具有较多优点，如结构简单、制造方便、成本低于泡罩塔及浮阀塔，且处理量及板效率均高于泡罩塔等。其缺点是生产的弹性较小、不适宜低气液负荷条件及筛孔小时易堵塞，致使石墨筛板塔的应用很少，只是在某些温度较高且腐蚀性较强的场合仍有使用价值。

8.6.4　组合塔

　　石墨塔用来吸收具有溶解热的气体时，会放出热量，为了保证工艺要求，需要将热量移走，可以将石墨塔和降膜吸收器组合为一台设备，见图 8-144。

　　也可以将泡罩塔结构和填料塔结构合并在一台塔里，充分利用填料塔和泡罩塔的优点，达到更佳的吸收效果。这种组合塔的结构见图 8-145。

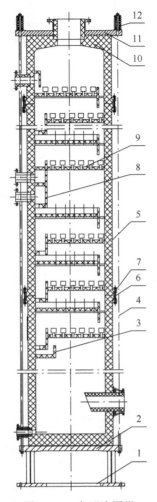

图 8-142　条形泡罩塔

1. 支座；2. 底盖；3. 液封槽；4. 拉杆；5. 塔节；6. 凸台；7. 凸台法兰；8. 降液管；
9. 塔盘；10. 顶盖；11. 压板；12. 弹簧

图 8-143　条形泡罩塔盘（SGL 样本）

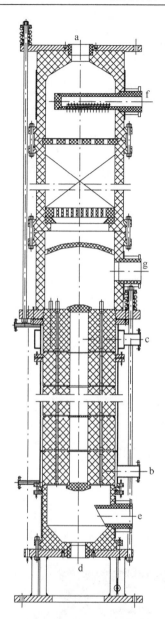 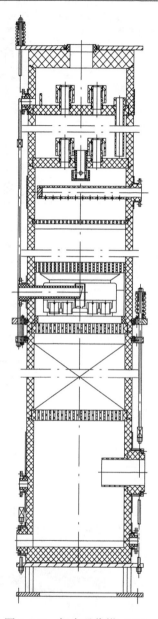

图 8-144 组合吸收塔（一）　　　　　图 8-145 组合吸收塔（二）

a. 气体出口；b. 冷却水进口；c. 冷却水出口；d. 成品酸出口；e. 气体进口；f. 吸收水进口；g. 防爆口

8.7 石 墨 泵

该泵配有动力装置（一般是电动机），用以对腐蚀性流体进行输送或抽吸。与其他非金属泵相比，优点在于石墨不仅具有优良的耐腐蚀性，而且具有高的热导率和低的膨胀系数。因此在既有强腐蚀性又可能出现急冷急热的场合，石墨泵具有明显的优势。

不管结构型式如何，石墨泵中仅与腐蚀性物料相接触的零部件才使用人造石墨制造，而其余构件则主要仍采用金属制作。

根据结构及作用的不同，目前主要可将石墨泵分为离心泵、轴流泵、喷射泵。

8.7.1　石墨离心泵

与其他离心泵的原理相同，石墨离心泵工作原理也是在叶轮的高速旋转下，利用离心力将腐蚀性液体进行输送。其中涡轮箱体、叶轮、前盖、轴套等与被输送液体接触的零部件，均用不透石墨制成。机械密封中的动、静环也采用耐腐蚀材料。轴封一般也使用机械（端面）密封。因密封要求较高，故密封结构型式稍有不同，但大多离不开端面机械密封。

石墨泵的叶轮是决定泵性能的主要零件。一般均直接模压成型，其强度高于制造换热器等静设备用的浸渍石墨。有的厂家在压制时加有纤维性材料（如石棉、玻璃纤维等），提高了强度，并可添加改性材料使之具有较好的韧性，可延长其使用寿命。

结构上做到设计合理、性能可靠、运行稳定、使用维护方便。尽可能减少泄漏，提高泵的效率。石墨离心泵的结构基本相似，典型的石墨离心泵的外形见图 8-146。

图 8-146　石墨泵外形图

石墨离心泵已广泛应用于腐蚀性介质的流体输送。从介质的性质上看，大多数应用于盐酸工业，其次为硫酸、磷酸（及它们的盐类溶液）系统，氢氟酸、苯及其衍生物等；从工业生产领域来看，则包括无机化工、有机合成、农药、冶金、化纤、医药、轻工、原子能、环保等。

使用温度大多在 40～60℃，有的可达 100～110℃（盐酸系统），135℃（磷酸蒸发浓缩），甚至高达 700～800℃（原子能工业中熔融铋的输送）。

国内罗兰泵阀生产的石墨离心泵已形成专利系列产品——IH 系列石墨离心泵。IH 型石墨离心泵为单级单吸悬臂式离心泵，是采用 ISO 2858 标准，并结合石墨的特殊性能和加工工艺而精心设计制造的产品。

IH 型离心泵内所有与输送介质接触的过流部件均为压型石墨材料制造。由于优良的选材和独特的结构设计，所以泵具有极强的耐腐蚀性、机械强度高、抗高温、不老化、无毒素分解等特点，该产品适用于–20～250℃温度条件下输送各种有机、无机的酸、碱、盐溶液。对于强氧化性酸、碱用户需求，该公司另有新材料处理。

1. 结构特点

（1）该泵的外观如图 8-146 所示。

（2）泵体是卧式，轴向吸入径向排出，外部采用金属制造的前后夹板夹紧以作保护，进、出口管直接在夹板上，使泵体不受外部压力。该类型的泵为中心支撑方式，通过前后夹板上的凸块固定在底座上。

（3）泵的密封为精心设计制造的高精度的内装式双端面机械摩擦动密封，由冷却水冷却和润滑。

（4）泵的叶轮通过螺纹及胶固定在轴上，一体式制造。

（5）泵的轴承箱下部设有冷却水通道，通过冷却水来降低轴承温度。

（6）为装拆方便，采用了后开门式（背面抽出）的结构设计。检修时，只要拆下加长联轴器的中间连接件及冷却水软管，而不需要拆卸进口及出口连接管道、泵体和电机，就可退出转子部件，从而检查所有的零部件。

（7）叶轮及轴、轴承架及轮胎联轴器等部件，设计独特，制造精确，运转平稳，无噪声，只要定期（每隔 3600h）加注润滑油脂，无需检修。

2. 性能范围

（1）流量 6.6～800m³/h。

（2）扬程 5～125m。

（3）工作温度–20～+250℃。

（4）耐腐蚀性能见表 8-23。

表 8-23　石墨泵耐腐蚀性能表（在下列介质条件下稳定）

类别	介质	浓度/%	温度/℃
酸类	硝酸	≤30	50
	硫酸	≤80	120

续表

类别	介质	浓度/%	温度/℃
酸类	磷酸	≤90	110
	亚硫酸	0～100	120
	混酸（硫酸+盐酸）	0～100	110
	乙酸	0～100	110
	硼酸	0～100	110
	硬脂酸	0～100	110
	氢氟酸	≤60	100
	铬酸	≤10	20
	盐酸、草酸、油酸、甲酸、乳酸、脂肪酸、柠檬酸、酒石酸	任意	沸点
碱类	氢氧化钠	0～100	100
	氢氧化钾	0～100	120
	氢氧化钙	0～100	110
	氢氧化铵	0～100	100
	氢氧化铝	0～100	100
	氨水、乙醇胺	0～100	沸点
盐类	硫酸钠、硫酸氢钠、硫酸铵、硫酸铝	任意	沸点
	硝酸铵、氯化铵、氯化铝、氯化铜、氯化铁	任意	沸点
	三氧化二砷、铬酸钾、亚铁氰化钾、硫酸铜	任意	沸点
	硫酸锌	≤27	沸点
卤素	氟	100	25
	干氯	<100	25
	溴水	饱和	25
有机化合物	汽油、氯化苯、二氯乙烷、四氯乙烷、氯仿	≤100	沸点
	丁醛	0～100	66
	乙醇	≤100	20
	甘油	≤95	沸点
	三氯乙醇	≤33	20
	二氯乙醚	—	100
其他	尿素	70	25
	蛋白质水解液（味精生产）	—	120

3. 安装和使用

（1）按泵座外形尺寸做好混凝土基础，同时预埋好地脚螺栓。

（2）要将泵座安放于水平位置，泵本身不得承担任何管路质量（在泵的进出口法兰与管道法兰连接处适当位置应在管道上加支承）。

（3）泵的进出口法兰与管道法兰连接时，法兰间需加密封垫，确保连接处密封良好。

（4）开车前，检查轴承处，使之保持有足够的润滑油（20#机油），油质应保持清洁。盘动电动机轴检查泵内有无异声及杂物，确认一切正常后方可启动电机。

（5）泵的转向应同泵体标牌上标注的方向一致。正常运转时，轴承温度不得超过 75℃。

（6）使用介质中可含有一定量微小固体颗粒，为确保泵正常运转，可在泵入口管道中安装过滤器。

（7）发现故障应立即停车检查，消除故障后才能再开机运转。

4. 维护和保养

（1）定期检查泵和电机，更换易磨损零件。

（2）长时间停机不用时，应清洗泵内流道和机械密封，以免介质结晶堵塞、机械密封失灵引起泄漏。

（3）轴承室定期更换新润滑油。

5. 机械密封的使用及注意事项

（1）一般机械密封适用于清洁的无悬浮硬质颗粒的介质，新装的系统管路和储液罐应认真冲刷干净，防止硬质固体颗粒进入密封端面造成密封损坏。

（2）在易结晶的介质中机械密封运转时，应用常温清洁水进行冲洗与冷却，停车后要将密封端面的结晶冲洗干净，以备再用。

（3）拆卸机械密封应细致，不许用手锤、铁器等物敲击，以免破坏动、静环密封面。

（4）如果机械密封长期使用后，污垢凝聚，拆不下来时，不要强行敲击，应设法冲净后再进行拆卸，以保证元件完好无损。

（5）安装机械密封前，应首先检查所有密封元件是否失效和损坏。如有则应重新更换或修复，严格检查动、静环密封面的损坏情况，叶轮、压盖密封腔等在装机前应冲净，尤其是动、静环端面，用清洁柔软布认真擦干净后，涂上一层清洁的油脂。

（6）装配时，注意静环端面与泵盖的平行度，清除偏差，避免偏斜，以防影响密封效果。

（7）正确调整弹簧的压缩力，使其不要太紧或太松，用手转动泵轴感觉密封作用有一定压缩力，而又能轻快自如灵活转动则可，如没有此感觉，应调整弹簧的压缩力以保证密封效果。

（8）发现密封滴漏，应及时将动密封环（叶轮）后移。

石墨离心泵同样可制成液下泵，如图 8-147 所示。用以对储槽等低位液体进行提升、输送。既可耐腐蚀，对密封要求又不高，结构紧凑且操作环境也得到改善。

8.7.2　石墨喷射泵

喷射泵用于抽吸和稀释酸或碱等腐蚀性介质。它由变截面的喷嘴、等变截面的混合室及变截面的扩散室组成。它的工作原理为：当高压水或蒸汽从喷嘴喷出，在混合室形成真空，随即将需引流的物体抽吸进来，在混合室混合均匀，从扩散室喷出，从而达到抽吸或稀释的目的（图 8-148）。

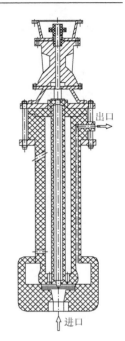

图 8-147　石墨液下泵

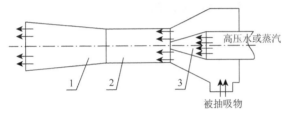

图 8-148　石墨液下泵的工作原理图

1. 扩散室；2. 混合室；3. 喷嘴

1. 结构

1）喷嘴部分

喷嘴为一圆锥体，为了减少液体在喷射中的阻力降，喷嘴锥角一般在 12°～25°内选取，为了减少磨损，可在其出口直径处设计一段 3～5mm 的直线部分。

在喷射泵中，喷嘴直径的决定与工作压力和流速有关，一般工作流体压力不低于 0.17MPa，流速在 15～30m/s 内选取。

2）混合室

混合室的形状其始端可加工成锥形或圆柱形，主要根据其用途来决定。如需要排出压力较高，可加工成圆柱状；若作稀释器用，则应加工成锥状。因为喷嘴喷出的带压水与从吸入口吸入的介质二者间的速度相差很大，在加工成锥状的混合室中，二者流速差值减少，形成涡流，有利于二者间的混合。

3）扩散室

经过混合室进入扩散室的流体，随着扩散室截面的增大，其速度逐渐减小，压力逐渐提高，在扩散室的出口处大于大气压力排出。

扩散室的扩散角度不能过大，角度过大会使流体在扩散管内的流动在全部断面处不均匀，在沿扩散壁面形成强烈的旋涡，出现回流区，对于压力恢复不利；如扩散角度过小，则在扩散部分摩擦力增加，但对稀释作用有利，因此要视具体使用情况而定，一般取 2°～10°。

图 8-149 为石墨喷射泵简图，各部件主要尺寸见表 8-24。

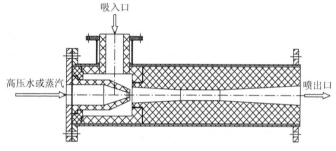

图 8-149　石墨喷射泵简图

表 8-24　喷射泵各部位主要尺寸

部件名称	零件名称	尺寸/mm
喷射嘴	进水管径	65
	喷水管径	18
	喷枪锥度	14°10′
	全长	260
混合室	混合室内径管	96
	吸酸孔径	12
	一段喷出管径	33
	一段喷腔锥度	38°50′
	二段喷出管径	2°
	二段喷腔锥度	3°45′
	全长	283
扩散室	稀酸喷出管径	65
	稀酸进入管径	20
	扩散管锥度	4°30′
	全长	338
吸酸管	吸酸管内径	12
	全长	114

2. 类型

石墨喷射泵多制成水喷射真空泵，或作水喷射冷凝器。后者既可为真空蒸发系统产生负压，又可同时将含酸二次蒸汽冷凝，一举两得。图 8-150 及表 8-25 即为 L.C.L 公司石墨喷射泵的结构与系列尺寸。

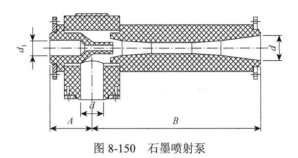

图 8-150　石墨喷射泵

表 8-25　石墨喷射泵系列尺寸（mm）

尺寸	E_0	E_1	E_2	E_3	E_4	E_5	E_6	E_7
D	20	25	32	50	65	80	100	125
d_1	15	15	20	25	40	50	65	80
A	116	122	132	148	165	180	200	225
B	167	226	313	438	609	825	1195	1177

石墨水喷射泵也要求喷嘴处的喷水速度为 15～30m/s。设计性能好的水喷射泵，也可达到 97kPa 的真空度。随着真空度的提高，喷射泵的效率逐渐降低，其效率一般在 30% 以下。

将石墨喷射泵改用作文氏管以用作除尘或对腐蚀性气体的抽吸处理，已取得很好的效果。在我国冶炼厂烟气处理中已得到应用。此时多将不透性石墨材料作衬里用，尤其是喉管部分。这种衬里准确地说应称为镶嵌，因是用整块（或拼接成整块）石墨材料车成喉管内衬再衬到铸铁外壳内的。其性能取决于设计的合理性及加工精度。

8.8　石墨机械类设备

该类设备配有动力装置（一般是电动机），用于对物料的浓缩（蒸发）、混合、反应等，如转鼓式真空过滤机、括板式薄膜干燥机、搅拌机等。这些设备国内尚未推广，但确是具有高效、长寿等优点的设备。

8.8.1　刮板式石墨薄膜干燥机

刮板式薄膜干燥机则用于对盐类溶液的盐析（结晶）与烘干。

其原理为：母液由顶部进入机内，被安装于转轴上的甩盘向四周甩向石墨圆筒内壁，成膜状流下，并被石墨筒外的加热蒸汽的热量烘去水分而逐渐析出结晶。达到一定厚度时，即被转轴上不断旋着的刮板刮落至底部，并被导出、检验、包装，见图 8-151。

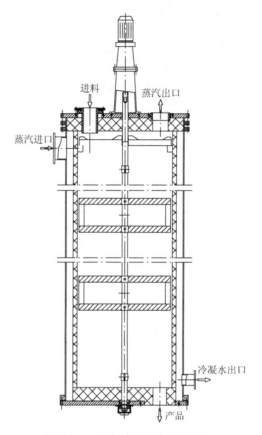

图 8-151　刮板式石墨薄膜干燥机

　　内筒由金属改为石墨，不仅提高了耐腐蚀程度、减少了金属离子对产品的污染（这对那些纯度要求较高的产品是很重要的），而且物料不易黏附于石墨壁，刮板很容易将盐析出的晶粒刮下。采用筒径同样是 400mm 的两台设备进行对比实验表明了这一点。钼三钛不锈钢筒内壁的垢层厚而坚硬，常迫使设备停机或碰落刮板，而石墨壁却不结垢。

　　虽然目前这种设备应用不广，但值得重视。

8.8.2　石墨搅拌机

　　主要由搅拌釜、搅拌器（即搅拌桨）、电动机（可附变速箱）等组成。可用于：①互溶液体的调匀或加速二者间的反应；②增加互不相溶液体的紊流接触，以加速传质效率或反应速率，如釜式反应器；③加强气液两相的接触，以提高传质系数，如用搅拌釜作化学吸收设备；④加强传热；⑤促进固液两相混合均匀或加速固相溶解。

石墨搅拌机的搅拌釜由不透性石墨制作。根据釜内压力及直径大小，可为裸体设备，也可为钢壳衬石墨设备。前者又可为整体式石墨釜，或为嵌拼黏结式，其外用铁箍箍紧。

搅拌轴可以位于釜中心线上，也可倾斜插入。搅拌轴通常是在钢轴上加石墨套管防护，也可采用其他防腐材料防护，如涂料、玻璃钢、衬橡胶等。

桨叶可以是数片浸渍石墨（小型釜、螺旋桨式），也可以在金属芯片上衬贴不透石墨板、玻璃钢或衬橡胶（大型釜）等。此时搅拌器可以是锚式、框式或其他型式。

8.9　石墨管道、管件

在化工、石油等工业生产中，作为输送腐蚀介质的必要手段之一的石墨制管道、管件，由于腐蚀介质种类繁多、工况各异，因而要求管道、管件的品种规格众多，但因为其制造要求严格、生产厂家多、批量小的特点，国家制定了一系列相关标准，并将防腐蚀压力管道制造安全注册为 A 级，把防腐蚀管道元件列为 A 级注册产品。

8.9.1　石墨管

不透性石墨管的技术要求、试验方法、检验规则、包装、运输方式需符合标准 HG/T 2059—2014《不透性石墨管技术条件》的规定。

1. 适用范围

本标准适用于公称直径为 DN 22~254mm，压力不大于 0.3MPa 的化工、石油等工业用不透性石墨管。

2. 引用标准

GB/T 13465.1—2002《不透性石墨材料力学性能试验方法　总则》；
GB/T 13465.2—2014《不透性石墨材料抗弯强度试验方法》；
GB/T 13465.3—2014《不透性石墨材料抗压强度试验方法》；
GB/T 13465.6—2009《不透性石墨管水压爆破试验方法》；
GB/T 21921—2008《不透性石墨抗拉强度试验方法》。

3. 术语、符号、代号

不透性石墨管公称直径——管内径。

YFSG ——压型酚醛石墨管。YFSG1（成型后在 130℃下热处理），YFSG2（成型后在 300℃下热处理）。

JSSG ——浸渍树脂石墨管。JSSG1 代表用石墨材料加工制成的石墨管；JSSG2 代表用石墨粉和沥青黏接剂，经配料、混捏、压型和高温焙烧热处理并经石墨化工序制成的人造石墨管。

4. 技术要求

1）外观质量

不透性石墨管、管件内外表面应光滑，无气泡、砂眼、凹坑、裂纹等缺陷。

2）不透性石墨管、管件基本参数

许用压力≤0.3MPa。

3）石墨粉粒度

用于压型酚醛石墨管，石墨粉粒度必须通过 100 目，含碳量大于或等于 95%，灰分含量小于 2.5%，挥发分含量小于 0.5%，并不得混有铁屑、铜屑等外来杂质。

4）基本参数

不透性石墨管的规格、尺寸偏差、挠度和设计压力应符合表 8-26 的规定。

表 8-26　不透性石墨管基本参数

公称直径/mm	内径/mm	外径/mm	壁厚/mm	壁厚偏差/mm	挠度/（mm/m）	设计压力/MPa
22	22	32	5	±0.5	≤2.5	≤0.3
25	25	38	6.5	±0.5	≤2.5	≤0.3
30	30	43	6.5	±0.5	≤2.5	≤0.3
36	36	50	7	±0.5	≤2.5	≤0.3
40	40	55	7.5	±0.5	≤2.0	≤0.2
50	50	67	7.5	±0.5	≤2.0	≤0.2
65	65	85	8.5	±0.5	≤2.0	≤0.2
75	75	100	10	±1.0	≤2.0	≤0.2
102	102	133	12.5	±1.0	≤2.0	≤0.2
127	127	159	15.5	±1.0	≤2.0	≤0.2
152	152	190	16	±1.0	≤1.5	≤0.2
203	203	254	19	±1.0	≤1.5	≤0.2
254	254	330	25.5	±1.0	≤1.5	≤0.2

5）力学性能

不透性石墨管力学性能应符合表 8-27 中的规定。

表 8-27　不透性石墨管力学性能

性能	YFSG1	YFSG2	JSSG1	JSSG2
体积密度/（kg/m³）	1800	1800	1900	1740
导热率/[W/(m·K)]	31.4～40.7	31.4～40.7	104.6～116.0	16.0～120.0
线膨胀系数/℃⁻¹	24.7×10^{-6}（129℃）	8.2×10^{-6}（129℃）	2.4×10^{-6}（129℃）	—
抗拉强度/MPa	19.6	16.7	15.7	30.0
抗压强度/MPa	88.2	73.5	75.0	90.0
抗弯强度/MPa	55.0 （ϕ32mm/ϕ22mm）	50.0 （ϕ32mm/ϕ22mm）		
	45.0（ϕ38mm/ϕ25mm）			
	35.0（ϕ50mm/ϕ36mm）			
水压爆破强度/MPa	7（ϕ32mm/ϕ22mm×300mm）			6～10（根据直径）
	6（ϕ50mm/ϕ36mm×300mm）			
水压试压	不透性石墨管每根均以1.5倍的设计压力进行水压试压，保持30min不渗漏			

6）不透性石墨管、管件连接

（1）不透性石墨管、管件螺纹应按 GB/T 193 加工。石墨管管件螺纹允许有断缺或齿形不全，但断缺长度总和不得超过螺纹规定长度的 10%，相邻两扣的同一部位不得同时断缺。

（2）不透性石墨管、管件采用法兰或其他方式连接时，应保证密封元件具有不低于不透性石墨管、管件的耐温、耐压、耐腐蚀性能。

石墨管道的连接可采用法兰连接、螺纹连接，也可采用对黏接，外部用玻璃钢增强和套筒黏接。

（a）法兰连接。法兰连接可用金属法兰和玻璃钢法兰。石墨管两端应制成凸缘，凸缘有两种结构：①用不透性石墨加工成带螺纹的套环（凸缘），旋紧螺纹时要涂上胶泥，以便黏接，基本结构、参数及尺寸可参见标准 HG/T 3200—2009；②用带有角度的钢模、浇灌泥在管端成型，角度一般取 30°，见图 8-152。

这种结构的凸缘根据石墨管口的大小可以和本体一起加工，也可以加工后与本体黏接。

石墨管凸缘连接结构及尺寸参见 HG/T 3207—2009。

对开法兰一般用钢板制作，如与模塑凸缘法兰配合使用应考虑加工成 30°锥角，以便同凸缘配合。钢板制对开法兰结构及尺寸参见 HG/T 3203—2009。

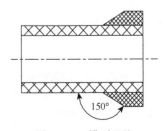

150°

图 8-152　模型凸缘

（b）螺纹连接。石墨管道的螺纹组装时以胶泥黏接。螺纹配合应松些，以便黏接。螺纹连接结构、尺寸参见标准 HG/T 3204。

8.9.2　管件

管件一般用浸渍石墨制作。由于石墨的强度低，所以采用块材机加工的方法，也可采用模压法压制。由于其笨重，耐压强度低，一般不推荐使用。石墨管件的结构和尺寸参见相关标准：HG/T 3192—2009《石墨直角弯头》、HG/T 3193—2009《石墨 45°弯头》、HG/T 3194—2009《石墨三通》、HG/T 3195—2009《石墨四通》、HG/T 3196—2009《石墨外接头》、HG/T 3197—2009《石墨丝堵头》、HG/T 3198—2009《石墨管端盖》、HG/T 3199—2009《石墨丝管埋头》、HG/T 3201—2009《石墨内接头》、HG/T 3202—2009《石墨温度计套管》、HG/T 3205—2009《石墨管道补偿器》、HG/T 3206—2009《石墨管道视镜》。

8.10　石墨衬里

由于石墨质量轻，仅为耐酸陶瓷砖板的 0.6～0.7 倍；导热性能优良，其导热系数很高，比不锈钢大 6～7 倍，比钢大 3～3.5 倍，比陶瓷材料大 100 倍。因此，在传热设备的防腐蚀措施中，采用石墨砖板衬里就能得到理想的效果。

选用石墨衬里时主要考虑：①浸渍剂的性能（防腐蚀性能、耐温性能等）；②胶结剂的性能（一般选用与浸渍剂相同的树脂）；③衬里结构；④施工方法；⑤原料来源及整个设备的成本。

衬里设备使用压力一般不超过 0.6MPa，在真空下操作，真空度可达 98.7kPa。对于酚醛树脂胶泥，最高使用温度不超过 150℃，水玻璃胶泥可达 400～500℃。

如有不透性底层，还应考虑层底材料的受热情况。

8.10.1　材料

1. 砖板材

砖板材料可分为透性石墨砖板和不透性石墨砖板。透性石墨砖板为电极石墨按所需尺寸加工成砖、板、条。

不透性石墨砖板为透性石墨用酚醛树脂、呋喃树脂或水玻璃等浸渍加工而成，通常用酚醛树脂浸渍。另一种为压型石墨制成。

近年来，我国磷肥生产中应用的石墨砖板衬里，有部分采用透性石墨砖板，得到了良好的效果。但在衬里的最后一层石墨板上，应分几次涂上厚度为 1.5～

2mm 的胶泥，防止渗漏。

衬里用石墨砖板的规格应根据设备的结构、大小及生产工艺的要求进行选择，推荐规格见表 8-28。

表 8-28　石墨砖板推荐规格（mm）

长度	宽度	厚度
100	50	10
150	70	10
170	40	6/8/10
200	90	12
250	125	65

不透性石墨砖、板材料物理机械性能见 8-29。

表 8-29　不透性石墨砖、板材料物理机械性能

名称	酚醛浸渍石墨	改性酚醛浸渍石墨	呋喃浸渍石墨	酚醛压型石墨	改性酚醛压型石墨	水玻璃浸渍石墨
体积密度/（g/m³）	1800～1900	1800	1800	1800～1850	1800～1850	—
吸收率/%	—	1.25～1.75	—	<0.5	<0.5	—
抗压强度/MPa	60～70	40～55	50～60	>97	>75	41.5
抗拉强度/MPa	12～13	8～10	12～14	>20	>13.5	5.1
抗弯强度/MPa	24～28	22～25	24	>35	>28	—
抗冲击强度/（J/m²）	2800～3200	1500～1700	—	>1800	>1800	—
导热系数/[W/(m·K)]	116.3～127.9	116.3～127.9	116.3～127.9	31.4～40.7	—	—
渗透性（水压）/MPa	0.6	0.6	0.6	1.0	1.0	0.3
膨胀系数/℃⁻¹	$5.5×10^{-6}$	—	—	$24.7×10^{-6}$	—	—
最高使用温度/℃	180	<180	<180	<180	<180	450
长期使用温度/℃	−30～170	−30～180	−30～180	−30～170	−30～170	−30～420

2. 管件

在衬制设备接管时可采用压型石墨管。

3. 黏结剂

提高黏结剂强度和降低黏结剂的收缩率。

4. 改性剂及辅助材料

用以改善黏结剂的施工性能和固化后的理化性能。

8.10.2　设备结构

正确地设计设备衬里的结构型式，对设备的使用期限有很大的影响。

（1）设备衬里为手工操作，故结构设计时必须便于施工。

（2）由于设备衬里后，自重增加。因此设计时必须保证设备有足够的刚性和强度，以保证衬里后不致变形。

（3）整个设备除应符合有关规定外，还要求设备内壁平整，内表焊缝凸起高度不超过 2.5mm。所有伸入设备内部的焊接件如接管等应与内表面齐平。衬里施工前，所有的焊接工作必须完毕。

（4）为了便于衬里施工及检修，对于不可拆卸的设备（一般 DN≥800mm）应开设两个以上的人孔；对直径较小（一般 DN＜800mm），长度较长可分节组装，每节长度以 1500～2000mm 为宜。

（5）工艺尺寸设计时，还必须考虑由于衬里而减少的有效容积。

（6）接管应避免斜插，否则易形成死角，增加施工困难。

（7）接管直径不应过小，一般 DN≥50mm。衬里接管可按表 8-30 选择。

表 8-30　衬里接管选择

内径/mm	适宜长度/mm	衬里方法
50	≤100	衬套管，灌注胶泥或灌注胶泥后钻孔
50～100	≤100	衬套管，衬小石墨板条
100～200	≤100	衬套管，衬小石墨板条

注：衬套管除有石墨管外，还可选用陶管、瓷管、塑料管、玻璃钢管、玻璃管等。

（8）设备内部构件应考虑施工和维修时的方便。

（9）设备内直通蒸汽加热时，蒸汽出口应避免直冲衬里层，应设置弯头，蒸汽出口与衬里间距不得小于 200mm，如底部装有冷却管或加热管，为避免由于振动而损坏衬里，应设有支承座或采取相应的加强措施。

8.10.3　衬里结构

衬里结构应根据操作时的介质、温度、压力、工艺过程、物料特点、胶泥性能及经济合理性等因素加以考虑。

1. 结构型式

按衬里结构型式可分为单一衬里与复合衬里两种。

单一衬里是指底层材料与面层材料相同的衬里，如水玻璃胶泥衬里、酚醛胶泥、呋喃胶泥、环氧-酚醛胶泥衬里等。

复合衬里是指底层材料与面层材料不同的衬里，如玻璃钢底层+衬石墨砖板作面层，不透性底层+衬石墨砖板作面层等，详见表 8-31。

表 8-31　复合衬里型式

底层衬里材料/面层衬里材料	特点
水玻璃胶泥/酚醛胶泥	抗渗性较好，不耐碱
水玻璃胶泥/呋喃胶泥	抗渗性较好，耐酸碱
酚醛胶泥/呋喃胶泥	与钢壳黏结较好、耐酸碱
环氧玻璃/酚醛胶泥	与钢壳黏结较好，防渗性好，不耐碱
环氧（酚醛）玻璃钢/水玻璃胶泥	与钢壳黏结较好，防渗性好，使用温度较高，不耐碱
环氧（酚醛）玻璃钢/呋喃胶泥	与钢壳黏结较好，防渗性好，使用温度较高，耐酸碱
不透性底层/酚醛胶泥	适用于易渗透介质，不耐碱
不透性底层/水玻璃胶泥	适用于易渗透介质，不耐碱，成本低
不透性底层/环氧呋喃胶泥	适用于易渗透介质，耐酸碱

注：不透性底层有衬胶、塘铅等。

使用复合衬里还应考虑以下因素：①隔离底层材质的耐蚀性；②介质温度经石墨砖板传到隔离层表面的温度是否在隔离层材质的温度许可范围内；③底层与面层之间的黏结强度是否良好。

2. 衬里层数

衬里层数，应视介质、压力、温度等因素决定。如介质的腐蚀性、渗透性强，压力较高，则衬里层数应当增加。一般情况下，水玻璃胶泥因抗渗性差，应衬二层或三层，如衬三层，此时不应有重缝。酚醛胶泥在一般场合下，衬二层即可，如能保证施工质量，也可衬一层。

3. 其他

（1）在衬里设计时应注明同一层上下砖缝、内外二层砖缝必须错开。砖缝形式有两种施工方法，一种是挤缝；另一种是勾缝。挤缝施工方便，效率高，防腐蚀效果好，但劳动强度大，胶泥单耗大；勾缝施工麻烦，效率低，易发生渗漏，但省胶料，缝隙较美观。

（2）衬里胶泥的缝隙、稠度与施工方法、衬里结构有关。

（3）除不透性底层外，一般可不作表示，但要求在图面上技术要求中说明。

参 考 文 献

[1] 许志远，等. 化工设备设计全书. 石墨制化工设备. 北京：化学工业出版社，2005：45-160.

[2] 李士贤，姚建，林定浩. 防腐蚀与防护全书. 石墨. 北京：化学工业出版社，1991：146-151.

[3] 李士贤，姚建，林定浩. 防腐蚀与防护全书. 石墨. 北京：化学工业出版社，1991：188-270.

[4] 程殿彬，陈伯森，等. 离子膜法制碱生产技术. 北京：化学工业出版社，1998：229-231.

[5] 仇晓丰，潘海清，马玉生. 正压式盐酸合成炉. 中国专利，ZL00265961.1，2001-11-07.

[6] 季新忠. 正压石墨氯化氢合成炉. 中国专利，ZL200520069932.8，2006-5-3.

[7] 夏斌，张进尧，孙建军，等. 一种副产高压蒸汽的组合式氯化氢合成炉. 中国专利, ZL200920278883.7，2010-09-01.

[8] 许杰. 一种副产蒸汽 HCl 合成炉. 中国专利，ZL201220173406.6，2013-01-02.

[9] 赵桂花. 副产高压蒸汽的氯化氢合成装置. 中国专利，ZL201520341399.X，2015-10-28.

[10] 季新忠. 热回收型氯化氢合成装置. 中国专利，ZL200920233442.5，2010-05-19.

[11] 姚建，姚松年. 两段取热型副产蒸汽或热水的三合一盐酸合成炉. 中国专利，ZL201220363691.8，2013-02-13.

[12] 姚建，姚松年. 两段取热型副产蒸汽二合一盐酸合成炉. 中国专利，ZL201220097176.X，2012-12-05.

[13] 姚建，姚松年. 两段取热型副产蒸汽或热水的四合一盐酸合成炉. 中国专利，ZL201220363690.3，2013-02-13.

[14] 姚建，姚松年. 强化传质传热开发的高效节能型石墨设备. 化学工程中心站建站 40 周年论文集，2012：299-308.

[15] 姚建，姚松年. 翅片式石墨合成炉筒. 中国专利，ZL200720042815.1，2008-08-13.

[16] 仇晓丰，王茂喜. 水冷壁式石墨合成炉筒的盐酸合成炉. 中国专利，ZL201210493746.1，2013-02-06.

[17] 张进尧，张艺，夏斌，等. 一种氯化氢合成炉石墨底盘排酸结构. 中国专利，201120078747.0，2011-10-12.

[18] 仇晓丰，吴春森. 新型 ZSH 正压式二合一石墨合成炉生产氯化氢和盐酸. 中国氯碱，2001，（12）：26.

[19] 王云龙. 一种盐酸合成炉的石英灯座及制作方法. 中国专利，201010103377.1，2010-07-28.

[20] 张小军. 一种氯化氢合成炉灯头. 中国专利，201120052693.0，2011-06-08.

[21] 张进尧，张艺，夏斌，等. 一种副产蒸汽氯化氢合成炉炉内换热器. 中国专利，201120085308.2，2011-10-12.

[22] 程殿彬，陈伯森，等. 离子膜法制碱生产技术. 北京：化学工业出版社，1998：234-236.

[23] 刘明箴. 采用石墨硫酸稀释冷却器降低磷酸温度. 磷肥与复肥，1999，（6）：30.

[24] 刘少武，齐焉. 硫酸工作手册. 南京：东南大学出版社，2001：33-37.

第9章 不透性石墨制设备的制造

9.1 不透性石墨加工制造工艺[1]

不透性石墨制设备及其元件的加工制造工艺，随设备结构的不同而异。不透性石墨的机械加工性能与铸铁相似，它比铸铁硬度小，一般采用金属切削工具或木工工具就能进行加工，如进行车、刨、铣、钻、锯、磨等加工。由于石墨本身的强度较差、性脆，一般采用两次浸渍和两次加工的方法，以提高其强度，保证加工精度。

不透性石墨制设备的加工、制造，应执行《石墨制化工设备技术条件》（HG/T 2370—2005）等相关标准，严格控制各制造环节，保证制造质量。

不透性石墨零部件制造工艺过程见图9-1。

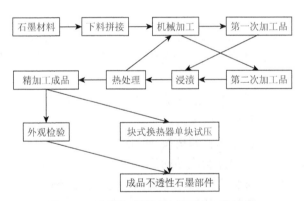

图9-1 不透性石墨零部件制造工艺流程

石墨料质硬但性脆，极易碎裂。因此，石墨材料及其任何元件和制品，在任何搬运过程中，要做到轻搬轻放，严禁乱扔乱摔。在机械加工过程中，需要夹紧时，用力要均匀，避免局部受力过大。在机械加工和装配过程中，严禁用金属锤敲打，在必须敲打的场合，应采用包有橡胶的木槌敲打。

9.1.1 材料的选择与拼接

1. 材料的选择

制作不透性石墨设备，首先是选择材料。我国当前制作不透性石墨设备主要以人造石墨（如电极石墨）为主。人造石墨在制造过程中，由于高温焙烧而逸出挥发物，以致形成很多细微的孔隙，有时石墨电极材料在焙烧过程中还会产生纵、横方向的裂纹，所以在选材时要注意以下几点。

（1）不要误把炭素材料当作石墨材料。因为炭素材料的导热系数为10.47W/(m·℃)，而石墨材料的导热系数为 116.3～151.19W/(m·℃)，两种材料的导热系数相差十几倍。所以，选择制作换热设备的材料时应严格把关。炭素材料性硬，极不易加工。

（2）要注意石墨毛坯材料纵、横方向是否含有裂纹，有裂纹的材料不能选用，特别是有纵向裂纹的材料更是不能选用的。横向有裂纹的材料要在下料时避开裂纹，选取有用部分。

（3）石墨材料孔隙率大于 32%或有过多的大于 5mm 的火砂眼时不宜采用。因孔隙率过大势必在浸渍时树脂浸入量太大，这样制作出来的不透性材料的导热系数就小，在换热设备中用作传热元件是不妥当的。

（4）要根据不同的石墨设备或不同的零部件的要求，选用不同品种和规格的石墨材料。

2. 材料的拼接

当零件的最大尺寸超过石墨毛坯的最大尺寸时，石墨件需要进行拼接。在石墨件拼接时，需要注意以下几点：①在拼接时，黏结面不得有灰尘、油污、残余树脂等杂物，黏结的表面要进行机械加工及除尘处理；②黏结缝要严密，黏结剂要满缝，接缝的宽度不大于1mm；③在拼接时要尽量采用阶梯形拼接，当多层拼接时，拼接缝要交叉，避免有通天缝。

制造石墨设备的关键是选材和拼接（包括若干元件的黏结）。控制好原材料的质量和拼接的质量，就为保证制成品的质量打下良好的基础。因此，必须认真对待石墨设备制造前的选材和拼接工作，否则，将直接影响到制成品的质量。

国外的专业厂，在石墨块的拼接过程中，将黏结面进行仔细的精加工，甚至磨光，使两黏结面充分接触，而黏结剂匀且薄，从而获得了良好的拼接效果，拼接缝与母体的强度基本相同。

1）单层平板的连接

单层平板的连接有对接、阶梯形搭接和榫槽连接三种（图9-2）。其中，搭接效果较好，使用最普遍；对接只用于不受压的场合；榫槽连接加工较麻烦，仅用于要求较高的零件。

黏结时先除去黏结面上的灰尘、油污等杂物，然后黏结面进行机械加工处理，再将黏结剂均匀地涂抹在黏结面上，而后将拼接件的两黏结面对接，最后用夹具夹紧，待固化后再拆去夹具。在夹紧时要注意对接面不要移动、错位。

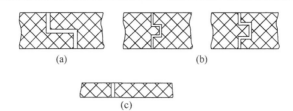

图 9-2　石墨件拼接形式

（a）阶梯式；（b）榫槽式；（c）对接

2）多层平板黏结

对大规格换热器的管板、封头和折流板等石墨件，都要采用多层拼接（图 9-3）。多层拼接的方法和要求同单层平板的拼接，但相邻两层的接缝应相互错开，不得有通天缝。

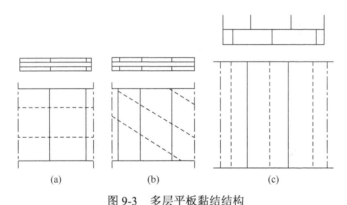

图 9-3　多层平板黏结结构

（a）三层错缝黏结；（b）三层错缝黏结；（c）双层错缝黏结

拼接的方法和拼接的工艺对机械强度都有很大的影响（图 9-4）。因此，在拼接时要特别注意。

3）板与板的垂直黏结

板与板的垂直黏结有两种方法，一般采用阶梯形搭接，常压设备或介质渗透性不强的场合也可采用平接，见图 9-5。

4）筒体拼接

（1）环向黏结。石墨筒体较大时，需采用多块平板拼接成多边形断面，然后加工成筒体。平板之间的接缝，一般采用平接，要求较高的场合，可采用榫槽连接。成批生产时，可采用由六块梯形断面的石墨板拼接并用专用工具固定，黏结质量高，节省石墨材料，见图 9-6 和图 9-7。单件生产时，一般采用四块石墨板拼成正方形断面后，加工成筒体，制作简便，辅助工具少，但石墨材料用量较大，见图 9-8。

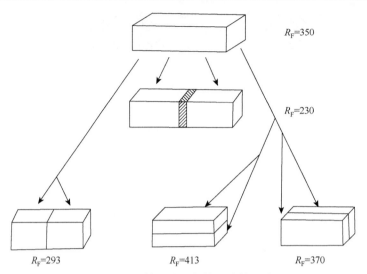

图 9-4　拼接方法时机械强度的影响

R_F 表示试件的抗弯性能

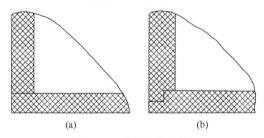

图 9-5　垂直黏结结构

（a）平接；（b）搭接

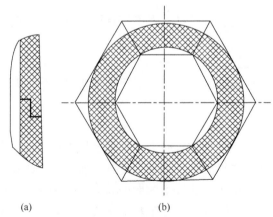

图 9-6　六边形黏结断面的筒体毛坯

图中圆环部分系机械加工后的断面
（a）环向黏结面；（b）纵向黏结面

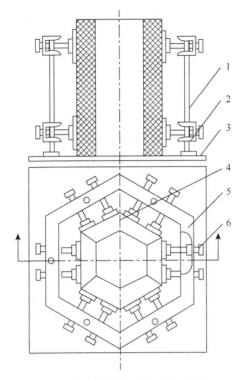

图 9-7　石墨筒体拼接（六边形）

1. 支撑杆；2. 六角形家具；3. 平板小车；4. 黏结缝；5. 石墨块；6. 顶杆

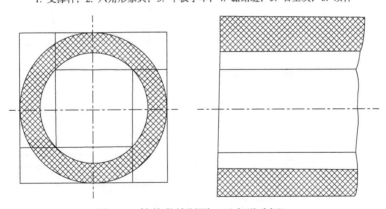

图 9-8　筒体黏结断面（正方形毛坯）

（2）轴向黏结。限于石墨材料的长度，对于较大的石墨筒体，如采用黏结结构，一般是先制成较短的筒节，然后是数段短节互相黏结成一个长筒体，环向接缝宜采用凹凸面或锥面连接结构，一般多采用凹凸面连接。

（3）接管与筒体的黏结。接管与筒体的黏结有多种形式。当筒体壁厚较薄时，为保证足够的黏结面积，还可在筒体的内外表面加补强圈，以增加其强度与刚度。

（4）接管与封头或平盖板的黏结。接管与封头或半盖板的黏结如图 9-9 和图 9-10 所示，安装时在螺纹上抹上黏结剂，将接管拧于封头或平板上。这种连接方法较为麻烦，只用于要求较高的设备上。

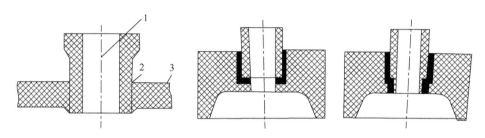

图 9-9　接管与平盖板的螺纹黏结　　　　图 9-10　接管与封头的黏结结构

　1. 接管；2. 黏结缝；3. 平板

（5）管子与管件的黏结。管子与管件（如外接头、弯头、三通、四通等）的黏结，在使用压力较低时，可用锥面黏结，结构较为简单，加工方便。黏结面的锥角一般为 $10°\sim15°$，如图 9-11 所示。用于要求较高的场合，则采用阶梯形的黏结或带螺纹的黏结。

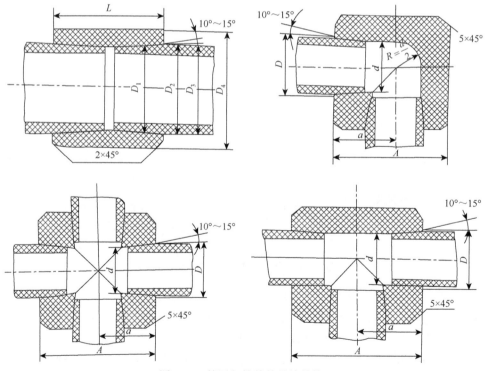

图 9-11　管子与管件的黏结结构

9.1.2　石墨零部件机加工

石墨零部件的机加工手段，如锯、车、铣、刨、镗孔、钻孔、研磨等，只要将金加工技术稍加修改就可以用于石墨加工，为了适应石墨制品的特性，也使用一些专用的机床设备。

石墨材料的切削速度和硬木一样，用车床粗加工微粒结构石墨材料时，切削速度可稍高（300～500m/min），进刀量 0.2～0.3mm/r，在同一台车床上进行精加工时，切削速度为 200～300m/min，最小进刀量 0.1mm/r，切削深度小于 10mm。

石墨材料浸进树脂后，其硬度增高，具磨损很大，淬火工具钢只能用于加工几个工件，较大的零件需要高速钢和碳化钨刀具。刀具的切削角和后角可设计得和木工刀具一样。

石墨设备的零件表面加工，大部分是采用车削与铣刨，加工方法和金属加工方法一样。与金属加工所不同的是，加工石墨的设备必须具有：①适当的灰尘收集装置，以改善操作工人的劳动保护条件；②通风罩和防护措施，以防止灰尘飞进滑轨齿轮箱和进刀螺杆等，避免由于粉尘引起磨损，影响设备精度；③石墨粉尘是导电物质，因此，所有电气设备要全部密封，以防止引起电器线路短路事故。

石墨设备零部件中大部分都需要钻孔，特别是块孔式换热器，介质孔和水孔都是钻在石墨块体上的，为了实现良好的换热效果，缩小设备体积，提高石墨材料的体积利用率，常把孔径和相邻两孔间的距离定得很小，这样给机械加工带来了难题。

过去常用普通麻花钻头将钻杆接长的方法在普通钻床上钻孔，用这种方法钻 ϕ18mm 以下的孔，效率很低，极不易保证质量，特别当异相孔间壁厚较小时，易将相邻两孔钻通。钻孔深度在 200mm 以内，还要三次退屑，两面对打，劳动强度增加，质量极不易保证。

为了提高钻孔加工质量，近年来在钻孔设备及刀具上做了一些改进，许多制造厂自行设计制造了一些自动化程度高、加工精度较高、操作简便的卧式深孔钻床，可以钻深度为 450mm 左右的全孔，自动进刀、退刀，自动定位，孔间偏差较小，加工质量也大大提高。

加工刀具的改进，也是提高产品质量和生产效率的一个重要保证，下面介绍的是某制造厂设计改进的深孔钻头，见图 9-12，用高速工具钢制成。钻杆用无缝钢管制成，钻杆外径比钻头直径小 2mm，钻头与钻杆用磷酸氧化铜胶结剂结成一体。工作时向钻杆的另一端引入压力为(4～5)×10^5Pa 的压缩空气，将石墨屑从钻杆与孔壁的环隙中吹出，从而达到自动排屑与连续进刀的作用。吹出的石墨屑由引风机抽走。采用这种加工方法，可以减轻操作工人的劳动强度并改善操作条件、提高劳动效率。

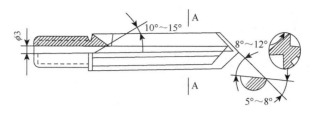

图 9-12　钻头结构

　　矩形块孔式换热器的上下盖板是在刨成所需形状后的石墨块材上加工成槽形容器状，这就要用立式铣床，利用立铣刀和锥度铣刀分别进行加工，先用立铣刀铣出大致的边框，然后再利用锥度铣刀换边移动，铣出带有斜度的周边。对于具有复杂表面的零部件，须在具有靠模的仿型铣床上加工。

　　石墨换热设备中，列管式换热器所占比例较大，石墨管板上孔的加工量比较大，所以寻找一种合适的加工方法，对降低工时定额、提高劳动效率、降低成本、提高产品质量是非常关键的。为了使加工出来的骨板和折流板相同位置上孔的同心度达到要求，做一个金属的样板固定在必须钻孔的管板上，按着样板孔来加工管板和折流扳，这样相同位置上的孔同心度和同方向公差基本上达到了要求。

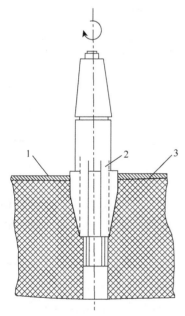

图 9-13　锥孔铰刀工作图形
1. 金属样板；2. 专用成型铰刀；3. 石墨管板

　　管板上 $\phi22$mm 孔钻削加工是在浸渍前进行，钻头采用普通的长杆麻花钻，麻花部分长 150～200mm，转数达 1000～1200r/min，钻削过程中需经常提起钻头，让引风机将石墨屑吸走。当 $\phi22$mm 孔加工完后，采用同样的方法用专用锥孔铰刀（图 9-13），对锥孔进行粗加工，其直径尺寸比图纸要求小 2～3mm，孔深小 5～10mm。粗加工后，进行浸渍及固化处理，然后对锥孔进行精加工，刀具形状如图 9-13 所示，成型铰刀尺寸大于粗加工铰刀尺寸，加工速度控制在 420r/min，进刀量 1.2mm/r。刃磨一次可以钻约 500 个孔，比一般钻头使用寿命长，所加工的孔壁表面质量较高。

　　石墨设备中的其他零部件加工，除特殊结构外，加工方法与机械加工完全相似，在这里就不叙述了。

9.2 换热设备的制造

9.2.1 列管式换热器

1. 制造工艺

制造工艺过程见图 9-14。

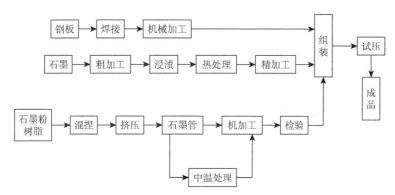

图 9-14 列管式换热器制造工艺流程

2. 组装

组装方法目前有两种，一种是将管板、管束、折流板等在支架上先用黏结剂黏结成一体，然后待黏结剂固化后再装进钢壳体内，通常称为壳外组装，这种方法运用比较方便，一般换热面积在 200m² 以内的列管式换热器采用此法组装。另一种是直接在壳体内试装后用黏结剂在壳体内黏结。换热面积大于 200m² 的换热器管束质量大大超过 5t，如在支架上预组装后，再往钢壳体中送入就非常困难，采用钢壳内组装则避免了这一工序。目前国内制造换热面积在 200m²、400m² 的列管式石墨换热器，限于制造厂没有大型起吊设备，都是在钢壳内直接组装成型的。壳内组装在抹石墨管两端的黏结剂时，不太方便，一般小型换热器不采用此法组装。现将两种方法介绍如下。

1）壳外组装

（1）用样板长尺、专用塞规检查管子长度和管子两端的锥度，检查管板孔锥度和深度。

（2）折流扳、管板和辅助管板按图纸尺寸依次排列在专用支架上，穿入换热管，检查相同位置孔中心是否正确，如穿石墨管时较困难则说明折流板和管板相同位置孔中心不正，应用专用大圆锉，修理折流板的孔径，直至石墨管在多块折流板中抽动比较轻松为止，然后固定管板，浮动管板套上管束，检查两管板端面间的距离是否符合图纸要求。如符合要求，则在管板上做好标记，准备黏结。

（3）经过试装的管子和管板，用吹尘器吹净黏结部位的粉尘、浮灰等杂物。用乙醇擦净油渍痕迹，然后用油灰刀和专用工具（图 9-15），分别在管锥和管板锥孔内均匀地抹上黏结剂。抹好后应仔细地检查一遍，防止黏结剂漏抹。如全部合格，先上固定管板，借助辅助管板调整；装浮动管板，然后选择合适位置，从管心穿上拉杆螺丝锁紧，量好尺寸，使管子和管板紧紧结合成一个整体。黏结剂的厚度不宜太厚，一般为 0.3～0.5mm。

在黏结剂没有失去流动性前，用专用工具（图 9-16）掏净管内挤出的黏结剂。

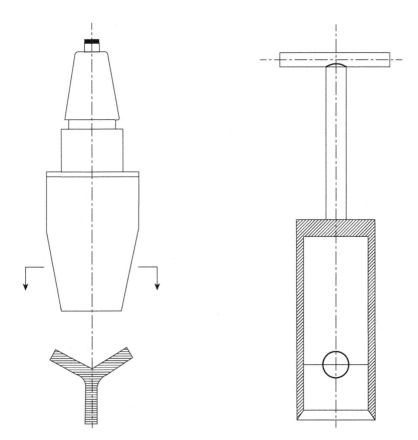

图 9-15　抹管板锥孔黏结剂用工具　　　　图 9-16　清理石墨管内黏结剂工具

国外专业生产厂，管板与管子的黏结，是采用专用的注射枪，将黏结剂均匀地注射到管端与管板之间预留的空腔内（石墨管端是锥面，管板孔是直圆孔），代替人工涂抹黏结剂，以获得良好的黏结效果。

（4）在室温下放置 2～3 昼夜，待黏结剂基本固化后，送入烘房，在 120～170℃温度下热处理 12h，冷却后取出。热处理温度应高于该设备的最高使用温度。

（5）检查所用钢制筒体的法兰与筒体是否垂直、符合要求，即将热处理好的换热器的管束套进筒体，在填料箱中装上填料和压兰，对称、均匀地压紧填料，按图纸要求进行水压实验，合格后装上两头石墨封头和金属零部件，整台设备组装结束。

（6）换热器经外观检查、气密实验、耐压实验、尺寸检查，全部合格即为成品。

2）壳内组装

（1）先将折流板用定位管和支承管在筒体内定位。为了保证组装时管子能顺利地进入管板孔眼，定位管两端套入辅助管板，然后穿入所有管子，要保证管子在折流板中抽出、穿入自如，最后将固定管板和浮动管板慢慢地套在管束两端，检查管板与管束的接触情况，如有不妥，进行调整。试装结束后做好标记，标好管板的方位，准备黏结。

（2）卸下固定管板和浮动管板，用吹灰器吹去管板孔和管子两端的灰尘等杂物，如有油污渍，用棉花蘸乙醇擦抹干净，然后用专用工具在管板孔内和管子两端黏结面上涂抹黏结剂，黏结剂的涂抹要均匀。黏结剂全部涂抹结束，先上固定管板，用木棍从浮动管板端将管子一根根推入固定管板孔内，最后将浮动管板套上，用拉杆螺栓紧固到规定尺寸。

在黏结剂没有失去流动性之前，用专用工具清理干净管内被挤出的黏结剂。

（3）装入填料，用压兰拼紧，放置 2 天后，进烘房进行热处理。对于一些大规格换热器，无法进烘房热处理，应放置一星期后，直接在筒体内用高温蒸汽（约120℃）进行体内热处理。

（4）热处理结束，等待降温后即可进行水压实验，合格后即为成品。

3. 零部件及成品检验

（1）石墨零件浸渍后，要对石墨件上的树脂瘤和影响密封与安装的树脂膜进行清理，这样可以保持制品的外形美观，提高密封效果。

（2）管板与管端的连接结构与尺寸见图 9-17，其中固定管板上平而应对 $\phi 22mm$ 孔端倒角（2×45°）。

（3）管板、折流板上管孔直径、中心距离偏差应符合表 9-1。

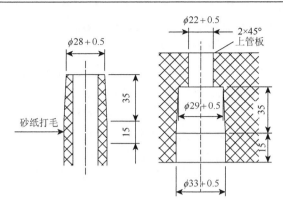

图 9-17　管板与管端的连接结构与尺寸（mm）

表 9-1　管板、折流板孔径及管孔中心距偏差要求（mm）

管径	管板孔				折流孔		管孔中心距偏差	
	孔径	偏差	孔深	偏差	孔径	偏差	相邻孔	任意孔
$\phi32 / \phi22$	$\phi22$ $\phi29$ $\phi33$	+0.5	+0.5	+0.5	$\phi34$	+0.5	+0.6	+1.2

（4）浮动管板与折流板的名义外径和下偏差应符合第 8 章中（表 8-7）规定，上偏差以不妨碍管束的顺利装配为限。

（5）上封头、下封头与石墨接管浸渍后，用水压进行渗透性实验，实验压力为设计压力的 1.5 倍，保持 0.5h 不漏即为合格。

（6）组装过程中，应检查管板与简体中心不垂直度大于管板外径的 0.1%，且最大不允许超过 4mm。

（7）设备组装后水压实验压力不低于 1.25 倍设计压力，保持 0.5～2h 不泄漏。

（8）成品外观整洁美观，各部尺寸应符合图纸要求。

4. 检修

列管式换热器黏接组装良好，一般不易发生渗漏。但由于制作所用的三种材料的线胀系数差异很大，在一定温度下使用，会出现管子断裂或黏结缝渗漏，根据具体情况，可采用相应的补救办法。

（1）堵孔法。利用比管板孔略小的不透性石墨塞，涂上黏结剂，将损坏的管子两端管板孔堵死，如图 9-18 所示。这种方法适用于管子损坏较少、不影响生产的情况下进行的临时性小修处理。

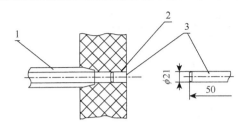

图 9-18　换热器堵孔示意图（mm）

1. 石墨管；2. 黏结缝；3. 石墨塞

如生产中停车不允许过长或一时没有不透性石墨棒和黏结剂，在所用介质情况允许的条件下，可用橡胶塞堵塞已坏换热器两管板对应的两孔。

（2）换管法。在某些情况下，设备的换热面积与工艺生产所需的换热面积相近，不允许堵孔，这时应采用换新石墨管的方法来处理。

换管步骤如下：利用手提电钻装置特制的长杆钻头，将损坏管的两端管板孔扩大，比管子的外径大 1.5～2mm，取出损坏的管子，再将加工好、经过试压的管子穿入管板，然后用黏结剂在两端管板孔内黏结。

9.2.2　块孔式换热器

块孔式石墨换热器有两种：一种为矩形块孔式石墨换热器，它由数块带有纵向孔（为介质通道）和横向孔（为非介质通道）的矩形石墨换热块、垫片、上下矩形石墨封头及其盖板（一般为铸铁件）及侧面水箱盖板，用长螺栓拉杆拉紧而成；另一种为圆块孔式石墨换热器，它由数块钻有轴向孔（为介质通道）和径向孔（为非介质通道）的圆形石墨换热块垫片、上下封头（可以是石墨，也可以用其他防腐蚀材料）装在圆筒形壳体内（一般为碳钢材料）构成，通过上下铸铁盖板用长螺栓拉紧而成。无论是矩形的，还是圆形的，其传热过程都在石墨换热块中进行。

1. 加工工艺流程

块孔式石墨换热器，按几何形状分为矩形和圆柱形两大类。它们的加工方法基本相同，密封结构有采用平垫片密封，也有采用 O 形圈密封口，加工工艺流程见图 9-19。

2. 换热块体的加工

圆柱形的换热块，先在车床上加工外表面，尺寸大于图纸要求 2～3mm，再送到卧钻和立钻钻好水孔和介质孔，然后块体和加工好的上下石墨盖帽进行浸渍和热处理，最后按图精加工后进行单块试压即为成品石墨零件。

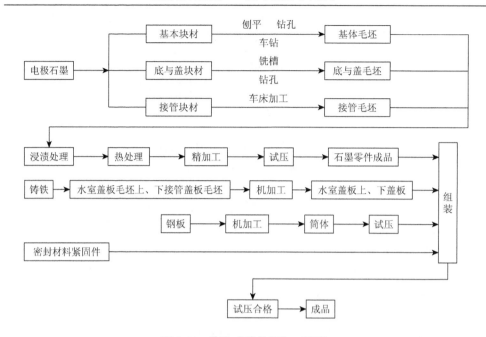

图 9-19　块孔式换热器加工流程

　　矩形块体是在刨床或铣床进行四面加工，符合图纸尺寸后，在卧钻上钻孔，块体经浸渍热处理和试压即为成品块体。

　　加工好的石墨零部件组装前还要检查以下几项指标。

　　（1）换热块任意两相交表面的垂直度允许偏差 0.2%。

　　（2）换热块上对应密封面上平行度允许误差 0.2%。

　　（3）在图面上无特殊要求时，换热块高度允许误差为圆块形 0.6mm，矩形 0.8mm。

　　（4）换热块上同向相邻两孔中心距允许误差为 ±0.6mm，任意两同向孔中心距允许误差为 ±1.2mm。

　　（5）孔间壁厚：推荐的设计壁厚为同向孔 ≥3mm，异向孔 ≥5mm，并要求制造中壁厚偏差不大于 1mm。用微颗粒或超微颗粒石墨材料块材时，壁厚可适当减小。

　　（6）同一孔两端对钻应保证直径为 $d=$孔径-0.4%孔深度（mm）的检验棒能顺利通过。

　　（7）换热块浸渍后，不得有影响密封与安装的树脂膜，其孔道内表面不应有严重的树脂膜。

　　（8）石墨件在组装前应对单件进行水压实验，实验压力为 1.25 倍设计压力，压力实验要保持 0.5h 不漏。如发现个别异相孔有渗漏，可用堵孔的办法补救，但单块上的堵乱率不得大于 1%。

圆块孔式石墨换热器的加工制造，与管壳式石墨换热器相比，没有什么特别之处。在圆块孔式石墨换热器的加工制造过程中，一般不用黏结剂，当换热块规格较大时，需要使用深孔钻。由于圆块孔式石墨换热器结构紧凑，用聚四氟乙烯垫圈密封，要求零件加工精度较高，尺寸和形位公差比列管式石墨换热器的零件相对要高。

3. 组装

矩形块孔式石墨换热器的组装方式，近似于搭积木。先安放好下支座；放好橡胶垫片；放上石墨下盖；在下盖的密封面上放好涂有厚白漆的密封衬垫；之后放上所需数量的石墨换热块，而块与块之间放上涂有厚白漆的密封衬垫；放上石墨上盖；放上橡胶垫片；然后放上铸铁上盖板；再用长杆螺栓穿入上下铸铁盖板的孔内，上下对称、均匀地紧周螺母；夹紧后即进行水压实验；实验结束，将两侧水箱铸铁盖板和密封垫片按上并紧紧螺栓；经检验合格后即完成了矩形块孔式石墨换热器的组装。

圆块孔式石墨换热器的组装程序与矩形块孔式差不多，只是圆块孔式石墨换热器如果采用聚四氟乙烯 O 形圈密封时，在紧螺栓前应通入少量蒸汽，这样 O 形圈的密封效果将更好。

除此以外，圆块孔式石墨换热器在组装时，还应着重注意以下几点。

（1）在叠装石墨换热块时，要保证换热块的对中"就位"。否则，换热块的偏心，有可能压不紧 O 形圈，甚至压坏石墨块，尤其当石墨块采用凹凸面定位并密封时，可以通过旋转上面一块石墨块来判断是否准确就位（俗称"落槽"）。

（2）要注意上下两块换热块的纵向孔应上下直通，对于切向式的要注意上下两换热块的切线旋向的一致性。

（3）为保证壳体套装时不碰移石墨块，在吊装壳体时应做到垂直，在下落时，可以边旋转壳体边慢慢下落进行套装。

（4）壳体上的压紧弹簧不得紧死，以保证其自动补偿作用。在紧螺栓时（包括拉杆），应对称均匀施力，不得偏心施压。

4. 检修

块孔式石墨换热器的检修方法比较简单，如换热块微渗漏，可将换热块清洗、烘干后，进行浸渍、热处理。如有少量孔壁泄漏，则可用石墨棒加黏结剂堵塞（一般堵水相孔），堵孔后经常温硬化再进行热处理，使之完全固化。但如果某一单元块的渗漏孔太多而影响换热效果，就必须更换单元块。如垫片密封处渗漏，则更换垫片。

在检修时应注意以下几点。

（1）在拆卸前必须将设备各部残留的介质清洗干净。

（2）在壳体起吊时要保持垂直，且边旋转边慢慢起吊，以免卡住外折流板而损坏石墨块。

（3）如更换石墨换热块上的密封垫片，则必须将处于同一平面上的内外两个 O 形垫圈同时更换。

9.3　吸 收 设 备

9.3.1　组装

吸收设备组装，其工艺过程与列管式石墨换热器完全一样。膜式吸收器比列管式石墨换热器多了吸收部分的安装，在整台设备换热部分组装结束后，让其自然固化一段时间，再放入烘房进行热处理，热处理结束后让其自然冷却，进行水压实验。水压实验合格后，可以进行吸收部分的安装。其步骤如下。

（1）用专用刀具在管板孔径上进行扩孔，扩成外径为 33mm、深为 4～5mm 的孔。

（2）用吸尘器吸去石墨屑，并在扩出的孔的范围内涂抹上配制好的黏结剂；同时在制造好的吸收堰底部外表也涂抹上配制好的黏结剂，并插入扩好的孔内。

（3）用略小于吸收堰内径的塑料管包上纸插入黏结好的吸收堰内，要插到管板孔内，使吸收堰定位。

（4）待固化后拔去塑料管，装上上封头，经检验合格后，整台设备组装即告完毕。

9.3.2　零部件及成品检验

（1）浮头列管式石墨降膜吸收器检验标准，基本与 9.2 节列管式石墨换热器一样。

（2）吸收堰 V 形切口必须与管内壁成切线，切线的延长线与切点间的偏差距离 h 应小于 0.5mm（图 8-99），V 形切口的下沿，也在垂直于轴线的同一水平面上。

（3）吸收器吸收堰上调节部分的螺纹配合，不能过松或过紧，应能在调节时用手即可旋动，切口下端应在同一水平面上。

9.3.3　安装注意事项

（1）吸收器安装的垂直度不得大于设备高度的 0.1%。

（2）吸收堰安装必须与管板表面垂直，V 形切口必须在同一水平面上，高度偏差不得大于 0.5mm，吸收器全部安装后，必须进行盛水实验，进一步调整 V 形切口高度。

9.4　设备衬里的施工

石墨材料具有良好的耐腐蚀性能，常被用作设备衬里的材料。当确定采用石墨砖/板作为设备衬里材料后，按要求认真施工是保证设备衬里取得良好的防腐蚀效果的关键。

在施工时，一般应注意以下几点：①原材料的规格和质量；②根据生产的工艺条件和施工现场的具体情况，正确选择配方，胶泥的最佳配比应通过小样实验来确定；③合理的施工步骤；④热处理的方式、温度和时间；⑤酸化剂的选择和处理的方法等事项。

石墨衬里的基体，一般为金属设备，也有钢筋混凝土设备。下面重点介绍酚醛胶泥及水玻璃胶泥的衬里方法。

9.4.1　酚醛胶泥衬石墨砖板的施工

施工顺序：

1. 设备表面处理

表面处理的好坏对防腐效果、使用寿命都有十分密切的关系，因此，必须重视设备的表面处理。

1）对设备壳体的要求

对金属材料制作的容器应符合有关规定，焊缝应经过打磨，打磨后不应有 2.5mm 以上的局部凹凸处，同时不应有焊瘤、焊渣和缝隙。铸件表面应平整，不应有气孔和砂眼，毛边和凹凸部位均应打磨平整，转角处应加工出半径不小于 2.5mm 的圆弧。铸钢设备的砂眼、气孔较多，不宜作衬里设备的基体。

表面处理的方法主要有手工方法、机械方法和化学方法三种。目前常用机械方法中的喷砂处理。

金属基体表面经处理后，应符合下列要求：①金属表面应除尽氧化物及其他油污等附着物；②金属表面，经处理后应呈现出均匀一致的灰白色金属色泽。

处理后金属表面应严格保持干燥和洁净，不得有污染。

经表面处理符合上述要求后的金属壳体，应在 3～6h 内涂上底漆，如天气潮湿，则更应缩短时间。如处理后表面不符合要求，应返工重新处理。

2）金属表面处理方法

金属的表面处理以机械法中的干喷砂法应用最为广泛。干喷砂法具有效率高、质量好、设备简单等优点。但操作时尘埃弥漫，劳动条件较差，有时飞散的尘埃还会对喷砂区域附近的机械设备有一定的影响。在一些表面处理要求较低或形状复杂的场合，可采用化学法，其中以酸洗最为常用。酸洗后必须立即进行水洗磷化处理，否则极易生锈。故经表面处理、水洗磷化干燥后应立即涂上底漆。

3）金属基体表面旧漆膜的处理方法

（1）用喷灯火焰将旧漆膜烘软后用铲刀铲除。

（2）用平口锤将旧漆膜敲除后，再用钢丝刷刷掉。

（3）碱液处理，用旧布蘸浓度为 5%～10%的氢氧化钠溶液，涂拭在旧漆膜表面，重复几次后再用水洗净。由于残碱较难洁净，对今后施工不利，故较少使用。

（4）用某些溶剂进行涂拭。此法成本高，劳动条件差。

4）混凝土表面处理

混凝土设备在石油、化工生产中作衬里设备基体日趋广泛。混凝土设备的设计、捣制除应符合有关规定外，还应符合防腐蚀施工要求，并加以必要的处理。其基本要求如下。

（1）接触地层部分或地下设备应根据地下孔地表水的情况，在外壁设置防潮层或防水层。

（2）混凝土表面的砂浆层必须平整，无凹凸不平处、无气孔、无裂缝。目前不少施工单位在捣制混凝土选用质量较好、制作细致的模板进行施工，使混凝土在拆下模板后表面平整，可直接进行防腐蚀施工，避免了水泥砂浆层易裂的缺点。

（3）混凝土表面要干燥，在表面层厚 20mm 范围内的水分含量不得超过 5%（在内贴衬表面分区取样测定），水分超过 5%时，必须继续干燥养护，必要时可用间接蒸汽加热或电加热干燥。

（4）混凝土表面在防腐蚀施工前须用钢丝刷或喷砂处理，使其表面毛糙，然后除去表面粉尘；如采用喷砂，则喷嘴与处理的表面距离要适当增加，压缩空气的压力适当减少。混凝土表面严禁用酸处理，否则会使混凝土设备基体被腐蚀。

（5）旧混凝土或使用后已遭腐蚀的设备进行防腐蚀施工时，先要清除污染杂物并修补加固，重新抹面后，才能施工。如基础已下沉、引起设备严重开裂者，即使修复后，也不宜作衬里设备。

2. 打底层

设备经表面处理后，暴露于空气中极易锈蚀和污染，涂上底漆可防止锈蚀，同时也可提高衬里层和设备基体间的黏结力，用以防止酚醛和呋喃胶泥的酸性固化剂对基体的腐蚀作用。

1）底漆

底漆可选用热固性酚醛树脂漆、环氧底漆、苯酚-间苯二酚-甲醛树脂快干漆等。涂刷要均匀，一般涂两遍，防止漏刷。底漆配比见表9-2～表9-6。

表 9-2　热固性酚醛树脂漆配比

组成	规格	质量比/%
酚醛树脂	2130	100
石墨粉	100～200（目）	20～30
乙醇	无水	<20

注：（1）底漆中也可不用填料，石墨砖板衬里中为传热设备时，一般应加入石墨粉，以利于传热。
（2）热处理条件为 130℃、8～10h。

表 9-3　冷固化环氧底漆配合比（质量比）（%）

组成	配方Ⅰ	配方Ⅱ
E-44	100	100
650 聚酰胺	—	60～70
乙二胺	6～8	—
稀释剂（乙醇或丙酮）	适量（5～10）	适量
填料	适量（也可不加）	70～100

注：（1）固化条件：25℃，7d；80℃，3h。
（2）此漆黏结力强，但耐温不高。

表 9-4　苯酚-间苯二酚-甲醛树脂快干漆配合比（质量比）（%）

树脂液	石墨粉 100～200（目）
100	20～50

注：（1）固化条件：25～30℃，7～8h。
（2）要求施工温度为 15～30℃，0.5h 内用完。

表 9-5　树脂液配方

组成	规格	加入量
苯酚	工业用>99%	46.9g
间苯二酚	医药用>99%	37.0g
甲醛	40%	62.5g
氨水	25%	31.0mL

注：配制时先将间苯二酚与苯酚投入反应釜中搅拌均匀，加热至 70～80℃，使其完全熔融，冷却至 50～60℃，加入氨水后再冷却至 20℃，随后边搅拌边加入甲醛（5～6min），在常温下静置 10min，和填料混合后即可使用。

表 9-6　酚醛树脂薄胶泥打底层配合比（%）

组成	第一层	第二层	第三层
酚醛树脂 2130	100	100	100
石墨粉 200	100	80	60
固化剂	8～10	8～10	8～10
稀释剂	适量	适量	适量

2）其他底层

在腐蚀性强及易渗透介质的条件下，采用不透性底层作为复合衬里，其本身也就是起着打底层作用。如衬胶、衬聚异丁烯板、衬玻璃钢等，也可涂刷酚醛薄胶泥 2～3 层作为不透性底层（表 9-6）。

固化剂可用苯磺酰氯、对甲苯磺酰氯、硫酸乙酯或石油磺酸。一般以苯磺酰氯、硫酸乙酯较常用。

热处理条件：25～100℃，24h。

由于酚醛胶泥的固化剂为酸性物质，故使用时应先进行打底隔离，以防止由于酸性物质与钢铁直接接触引起腐蚀，如不加固化剂，可不必涂覆隔离层，但应在 130℃经 8h 进行固化。

3. 衬里施工

（1）将干燥洁净的石墨砖板放在盘上，在砖板贴面上均匀抹上一层胶泥，同时在设备表面也均匀抹上一层胶泥，由于胶泥黏度较低，为防止衬砌后砖板下滑，又要保证有一定的防渗性，层与层之间一般要求胶泥厚度为 2～3mm，但第一层砖板与设备基体之间的胶泥厚度不应小于 4～5mm，然后将石墨砖板紧贴设备表面，用力揉贴，使其与设备器壁紧密贴合，要求胶泥饱满，无空气存在，板缝间必须有胶泥挤出，刮去多余的胶泥，其时，胶泥缝应在 1～1.5mm，越小越好（这有利于防止渗漏）。

（2）立式设备先衬底部后衬器壁，并应由下向上顺序贴衬。

（3）衬完第一层后，在室温下固化 1～2 天后（指触干 12h 后），对已衬层进行表面处理；将多余胶泥的凸出、尖角等清除，不得有大于 2.5mm 的突出物，然后再进行第二层衬里，衬法同第一层，但要注意，石墨板的上、下、内、外二层的缝隙必须错开。

（4）衬接管：一般在衬砖板前进行（如采用小板条衬管可在设备衬好后进行）。衬管材料除石墨管外，还可视使用的具体情况选择以下管材：瓷管、陶管、玻璃管、塑料管等。如管径大（DN＞100mm），可采用小板条衬里，管径小，可贴衬玻璃钢或用胶泥浇注入管内（有两种方法：①待胶泥固化后再钻孔；②用一个内模将胶泥填满模具与管子间的空隙，待固化后将内模抽出即可）。

（5）衬顶盖：一般将顶盖倒置后衬砌，衬砖后再行组装。顶盖上可衬石墨板、小瓷板条等，也可贴衬玻璃钢或涂抹胶泥，如涂抹胶泥，为增加强度可预先将铁丝网点焊在顶盖上，点焊的间距为 50～100mm，然后进行多次涂抹，直至所需厚度，一般厚度为 10～15mm 即可。

（6）法兰平面：一般认为组装时在法兰平面上抹上胶泥，效果较好；也可分几次涂抹胶泥，直至所需厚度。

（7）衬砖板方式，可分为立式与卧式两种，大多采用卧式施工，其特点为：①可使用黏度较低的胶泥，用料省，黏结力强，抗渗性好；②施工方便，可降低劳动强度，施工质量可靠；③大型设备施工时较麻烦。

进行卧衬时，整个设备分两次施工，先衬下半部分（设备本体的 1/2），待其固化后将设备转动，再衬其余部分，全部衬完后，常温固化 24～48h 后，方可进行热处理。

4. 热处理

热处理是防腐蚀施工中一个很重要的步骤，因此必须认真对待。

设备全部衬好后，在常温下放置 24～48h 后，可进行热处理。如无条件加热固化，可采用临时加热措施，如间接蒸汽、红外线灯、红外线加热板、吹热风、电炉等直接在设备中加热，但要尽量防止局部过热；如在室温下固化时间较长，在 20～30℃时需要 30 天才能完全固化，固化的胶泥呈深红色，热处理条件见表 9-7。

表 9-7　热处理条件

温度/℃	30～50	50～80	80～120
时间/h	24	24	24

待其自然降至室温时，方可从烘房中取出。否则，由于温差，衬里层与基体的收缩率不同，衬里会产生裂纹，影响衬里层防腐蚀效果。

5. 质量检查

（1）检查胶泥固化是否完全的方法：因固化后的胶泥外观颜色呈深红色，因此用脱脂棉花蘸丙酮擦抹胶泥，如棉花上无颜色，胶泥也不变色，则可认为胶泥表面已固化。

（2）检查石墨砖板衬里是否完全合乎要求，可用小木槌轻击砖板，发出声音清脆为好。严禁有中空、脱层、裂纹、气泡等现象。如有，应予修补。

（3）检查衬里结构尺寸是否符合图纸要求。

9.4.2　水玻璃胶泥衬石墨砖板的施工

施工顺序：

水玻璃胶泥衬里施工应注意固化剂的用量、施工现场的相对湿度、温度等；衬里层热处理方式及准备工作；酸化处理等环节。在整个施工过程中，每个环节都应严格把关，如一环节有疏忽，就会影响整个衬里层的防腐蚀效果。

1. 施工前的准备

（1）原材料的规格和质量：检查各种原材料如水玻璃的密度、模数，氟硅酸钠，石墨砖板等规格、质量是否符合要求，合格的原材料应存放于密封干燥处，填料应过筛后烘干密封存放。

（2）施工现场的温度要求不低于15℃，如低于此温度，应采取相应措施。如露天施工，应搭有挡风雨的棚，以保证施工质量。

（3）准备好测定水玻璃用的比重计、温度计，配制胶泥的器具、筛子、胶泥拌和机等施工工具及用具。

（4）根据施工现场的具体情况，选择适当的热处理方式（电炉、电热板、蒸汽盘管、热风等）及所需器具。

2. 设备表面处理

设备表面处理及要求同酚醛胶泥石墨砖板的施工。

3. 胶泥配制

配制胶泥应根据施工时的具体条件、要求及原材料的质量规格等因素，选用胶泥的最佳配比并调配最佳的稠度。最佳配比和稠度应通过小样实验确定，以利于施工。

配制方法：

$$辉绿岩粉+氟硅酸钠 \xrightarrow[\text{混合}]{\text{均匀}} 过筛 (100\sim120目)+水玻璃 \xrightarrow{\text{拌和}} 胶泥$$

（1）配制胶泥时温度不得低于 15℃，否则应采取加热保温措施。

（2）配制胶泥时，要称量准确：水玻璃的模数、密度如不合要求，应及时调整。将干燥的填料和氟硅酸钠均匀混合过筛后，再加入水玻璃。氟硅酸钠加热干燥时，其温度不得大于 60℃。

（3）要根据施工时的具体条件确定配比，拌和要均匀、迅速，如有条件，最好采用机械拌和，这样质量好、效率高，可大大降低劳动强度。

4. 衬里施工

1）打底层

这里介绍两种方法，可以单独使用，也可以复合使用。

（1）涂水玻璃胶泥打底，用薄涂与厚涂交错涂覆，是目前常用的方法。胶泥配比见表 9-8。

表 9-8　水玻璃胶泥参考配合比

		组成/%		
		辉绿岩粉	氟硅酸钠	水玻璃
配方	1 薄	100	14～16	80～90
	厚	100	7.0	45～50
	2 薄	100	15	100
	厚	100	10.5	70
	3 薄涂二次	100	15	100
	胶泥	100	5.5～6.0	35～40

涂覆顺序：

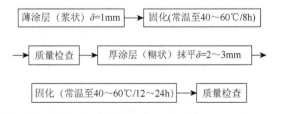

薄涂时，涂刷要均匀，不得有漏刷。厚涂时要求刮得平正，转角处应刮出不小于 $R2.5$ 的弧度，以便于衬里。

固化以加温固化为好，如固化剂氟硅酸钠量增至填料量的 15%时，也可常温固化 12～24h。

质量检查是否有气泡、裂纹、漏刷等现象，如有，应加以修补。

也可对欲衬设备进行一次涂覆，也可进行二次薄涂打底，厚度为 2mm 左右。

（2）不透性底层打底。为了进一步防止水玻璃的渗透，可采用如玻璃钢（环氧、环氧-酚醛、酚醛等，其中玻璃纤维可用纱布、麻布等代替）、衬胶、搪铅等方法。

2）衬接管

接管衬里是防腐蚀设备衬里的薄弱环节，施工时应特别注意。一般先衬接管、后衬筒体。

衬管插入接管内，管间的缝隙用胶泥浇灌或用浸过水玻璃薄胶泥的石棉绳塞紧，两端用胶泥找平。

其余同酚醛胶泥施工。

3）衬砖板

衬砖板方法一般同酚醛胶泥，其不同之处如下。

（1）考虑到胶泥黏度和抗渗性能，砖板与设备间胶泥厚度 6~8mm，胶泥缝宽度为 1~2mm，越小越好。

（2）衬器壁时，为保证施工质量，每次层数不宜过多，一般砌衬 3~4 层后，即加温固化或自然固化一段时间，再继续施工。

（3）衬完第一层后，在其表面可薄涂一层胶泥，天热时可厚涂一层，待其固化后，再进行第二层衬砌。衬砌时，必须杷砖板缝错开，不许重缝，否则会影响防腐蚀效果。

5. 衬里层的热处理

（1）每衬完一层后应在常温至 60℃下固化 36~48h，升温应缓慢，控制在每小时 10℃为宜，升温时一定要注意到整个设备受热要均匀，否则要产生裂纹。

（2）整个设备衬里施工完毕后，在 40~60℃下处理 48~72h。

（3）热处理方法可用加热盘管、红外线灯、红外线加热板、吹热风、电炉等其中的一种，放在设备中直接加温，但要避免造成局部过热，以免造成衬里层脱水过快，引起膨胀、起壳、裂纹等缺陷。

（4）如无条件进行加温处理，可采用增加氟硅酸钠用量至填料量的 15%，此时可常温固化，但要求每衬完一层后在常温下固化 12~24h，设备衬里全部完成后，在常温下，固化 5~7 天即成。但这种常温固化的防腐蚀效果不如热处理的好。

6. 质量检查

同酚醛树脂胶泥衬里。

7. 酸化处理

酸化处理是水玻璃胶泥施工中必不可少的重要一环。它可使胶泥表面未参加固化反应的多余的水玻璃分解为不溶性硅胶，提高衬里层的抗水性及对稀酸的稳定性。若施工后不进行酸化处理（介质为浓酸除外）或处理不当，在使用过程中往往会发生表面层被溶解、发酥、起毛等现象，使防腐蚀效果受到影响。

酸化处理时，一般在衬层表面胶泥缝上用酸涂刷 3～5 次，第 1、2 次用浓硫酸处理，其浓度以 40%～60% 为宜，每次间隔 24h。以后几次用稀硫酸，浓度为 30% 左右，每次间隔为 8～12h。从刷第 2 次开始，每次酸处理前应先刷去胶泥灰缝表面所析出的白色结晶物后再行刷酸，酸化处理完毕后，即可投入使用。如介质是浓酸，则可直接投入使用。如有条件，也可将酸液放入设备中，在 40～60℃下蒸煮 6～10h。酸化处理也可用盐酸进行。

9.4.3　施工注意事项

（1）施工现场温度以 15～25℃ 为宜，否则应采取相应措施。

（2）施工用的原材料应存放在干燥处，同时必须保持洁净，整个衬里在固化、酸化（水玻璃胶泥衬里）前，严禁受潮、淋雨。如在室外施工，应搭设施工棚，空气中湿度过大（相对湿度＞80%）也不宜施工。

（3）部分原料有一定毒性和刺激性；喷砂处理时，尘埃弥漫，因此，在操作时，必须戴好个人劳保防护用品，施工现场应有良好的通风设施。

（4）胶泥一次不宜配制过多，应随配随用。配好的胶泥，一般应在 30min 内用完，以免凝固。

（5）施工现场及设备内部，严禁使用明火。照明灯应有防爆措施或使用低压电（36V）照明。

（6）配制硫酸乙酯时，应将硫酸缓缓倒入乙醇中（注意：千万不能将乙醇倒入硫酸中！），同时要充分搅拌，以免灼伤。

（7）水玻璃胶泥严禁与普通混凝土直接接触，必须采取隔离措施。

（8）水玻璃胶泥衬里设备抗渗性较差，如长期处于稀酸介质中或常用水冲洗设备，为提高抗渗性，可采用下列措施：①在胶泥配方中加入 3%～4% 的一氧化铅，促使反应效能提高，降低孔隙率；②改变热处理条件，固化温度提高 20℃，时间增加 0.5～1 倍；③增加酸化处理的次数为 5～6 次。

参 考 文 献

[1]　许志远，等. 化工设备设计全书——石墨制化工设备. 北京：化学工业出版社，2005：234-248.

第 10 章　石墨设备的应用

石墨设备因具有优良的耐腐蚀性能和较好的导热性能，使用领域广泛，如石油化工、氯碱工业、医药、磷酸与磷肥工业、三废处理等，详见表 10-1。本章对涉及石墨设备的几大重点领域的工艺和石墨设备的应用给予介绍。

表 10-1　石墨设备的应用领域举例[1]

应用领域	工艺与产品	工艺概要	石墨设备与制品	备注
氯碱工业	合成盐酸	H_2 与 Cl_2 反应生成 HCl；HCl 气体的冷却、吸收	"二合一"合成炉 "三合一"合成炉 副产蒸汽合成炉 HCl 气体冷却器 降膜吸收器 尾气净化塔	副产蒸汽小于 0.6MPa 压力的为全石墨合成炉
	食盐电解饱和盐水精制	饱和盐水的调温、精滤	加热器、冷却器 多孔碳过滤器	
硫酸工业	接触法硫酸	SO_2 气体脱水、冷却、洗涤、循环硫酸冷却器	冷凝器、冷却器、离心泵、衬里填料塔、净化塔	低温情况下塔也可以采用玻璃钢材料
	稀硫酸	硫酸稀释	组合式硫酸稀释器	硫酸稀释系统自动配置稀酸
	稀硫酸	硫酸提浓	加热器、蒸发釜、三效蒸发系统	0.5%提浓到75%多效自控蒸发系统
	硫酸分离	硫酸净化	加热器、蒸馏塔、冷凝器、预热器、冷却器	硫酸与有机分离、酸盐分离
磷酸与磷肥工业	热法磷酸	黄磷燃烧、P_2O_5 的水合	燃烧炉、燃烧水合塔、气冷器、离心泵	
	湿法磷酸	萃取、加热浓缩	萃取槽、硫酸稀释冷却器、蒸发器、蒸发罐、蒸汽喷射器、泡罩塔、轴流泵	含有磷酸精制设备
	磷肥	萃取、稀释	萃取槽、硫酸稀释冷却器、管道反应器	管道反应器也可用于复合肥装置上
其他无机酸、有机酸、无机盐工业	氢氟酸 氢溴酸	氢氟酸的冷却、吸收；H_2 和 Br 合成 HBr	冷却器、吸收器、离心泵；合成塔、冷却器、吸收器、尾气塔	
	氯磺酸	副产 HCl 吸收	降膜吸收器、尾气塔	
	柠檬酸	柠檬酸浓缩	加热器、蒸发罐、冷凝器	有耐酸不锈钢平行工艺
	草酸	草酸浓缩	加热器、蒸发罐、冷凝器	

续表

应用领域	工艺与产品	工艺概要	石墨设备与制品	备注
其他无机酸、有机酸、无机盐工业	亚硫酸氢钠	SO_2 气冷、循环液冷却器	冷却器、尾气塔	
	氯化铁	$FeCl_2$、$FeCl_3$ 溶液浓缩	蒸发器、蒸发罐、管道	三效蒸发自控生产线
	氯化铝	盐酸加热	氯化塔、加热器、冷却器	氯化铝自控生产工艺
	活性炭	$ZnCl_2$ 溶液加热	加热器	
金属精炼表面处理	铜、锌、镍、锰、锆	硫酸盐电解液调温，循环盐酸液浓缩	加热器、蒸发器、泵	电解工艺配套
	钢丝绳、钢管、钢板、酸洗	酸洗液（盐酸、硫酸）加热 酸洗液循环利用	加热器	
			蒸发器、蒸发罐	三效蒸发系统
			盐酸盐、硫酸盐焚烧烟气净化	盐酸循环利用、硫酸循环利用、回收金属氧化物
	不锈钢酸洗	酸洗液（$HF+HNO_3$）加热	加热器（PTFE 浸渍）	碳化硅加热器更佳
	电镀	铜、镍、铬电镀液加热	加热器	
石油化工	甲烷氯化物	反应气体冷却 副产 HCl 吸收	冷凝器、吸收器	
		副产酸醇分离净化	加热器、预热器、净化塔、解析塔、冷却器、冷凝器	酸脱醇回用、盐酸深解析全自控系统
	二氯乙烷 氯乙烯单体	反应气体的凝缩 副产盐酸的回收无水 HCl 精制	冷却器、吸收器、解析塔、加热器、冷凝器、离心泵、喷射泵	乙烷加成反应、二氯乙烷裂解生成氯乙烯，乙炔法生成氯乙烯
	苄基氯	高浓度盐酸制备	再沸塔、解析塔、吸收器、尾气塔	
	双酚 A	HCl 精制	再沸塔、解析塔、吸收器、尾气塔	
	全氯乙烯 四氯化碳	四氯乙烯、四氯化碳制造	氯化反应炉、冷却器、加热器、降膜吸收器、冷凝器、衬里塔	
	氯化丙烯	丙氯仲醇加热	加热器	
	三氯乙烯	乙烯法、乙炔法生成三氯乙烯系统	冷却器、冷凝器、再沸器、降膜吸收器、离心泵、氯化反应塔	乙炔法运行装置多于乙烯法
	AC 和 ECH	氯丙烯（AC）环氧氯丙烷（ECH）制造系统	冷凝器、冷却器、降膜吸收器、再沸器、蒸发器、反应器、石墨塔	甘油法制 ECH
	TDI 和 MDI	甲苯二异氰酸酯（TDI）、二苯基甲烷二异氰酸酯（MDI）与光气反应工艺	冷却器、吸收塔、降膜吸收器、尾气塔	与电解盐酸氯资源循环利用配套
	异丁烯及异丁酸酯	异丁烯、异丁烯酸酯生成系统	冷凝器、冷却器、降膜吸收器、再沸器、蒸发器、硫酸稀释器	
	丁酮	甲乙酮生成系统	冷凝器、再沸器、分馏塔、离心泵、管道	

续表

应用领域	工艺与产品	工艺概要	石墨设备与制品	备注
树脂、纤维工业	环氧树脂	参考双酚 A 与环氯丙烷	参考双酚 A 与环氯丙烷	
	黏胶纤维	纺丝液加热、浓缩	加热器、蒸发器、冷却器	换热器需耐酸又耐碱
	有机硅树脂	制 HCl、回收 HCl	水解塔、再沸器、冷却器、解析系统	酸醇分离环保项目
		硫酸净化回收	分馏塔、加热器、冷却器、循环泵	环保项目
	氟树脂	副产 HCl 回收	冷却器、尾气塔、降膜吸收器	
	制冷剂	副产 HCl 回收	冷却器、尾气塔、降膜吸收器	
燃料工业	萘酚染料	HCl 吸收、酸液处理	降膜吸收器、加热器	
	直接染料	盐氯溶液处理	冷却器、加热器	
	分散染料	稀硫酸溶液处理	冷却器、加热器	
其他有机合成工业	氯代乙酸	反应液加热、副产 HCl 回收	再沸器、降膜吸收器、尾气塔	
	氯化苯	产品馏分，副产 HCl 回收	蒸馏塔、降膜吸收器、冷凝器	
	氯化石蜡	副产 HCl 回收	冷却器、降膜吸收器、尾气塔	设备密封材料四氟或柔性石墨，光催化工艺，酸需脱蜡
制药、农药、食品工业	维生素 B_1、C	盐酸肼的处理，古龙酸浓缩	冷却器、加热器	
	神经系、呼吸系统药	赖氨酸、麻黄碱等盐酸处理	冷却器、加热器	
	氨基甲酸系杀虫剂	副产 HCl 处理	冷却器、降膜吸收器	
	氯苯杀虫剂	副产 HCl 处理	冷却器、降膜吸收器	
	氨基酸	蛋白质原料水解（含盐酸）	换热器、蒸发器	
	敌百虫，敌敌畏	三氯乙醛合成，三氯化磷	氯化塔、冷凝器	三氯乙醛合成塔部分部件需中温处理
	草甘膦	氯乙酸，三氯化磷，合成水解工艺	冷却器、加热器、合成塔、氯化塔、加热器	氯乙酸工艺需呋喃树脂浸渍
	味精	谷氨酸钠溶液浓缩反应	加热器，干燥机	
三废治理安全设备	含氯有机物液体焚烧	焦油废液，有机氯化物废液焚烧回收盐酸	焚烧炉、冷凝器、吸收器、填料吸收塔、尾气塔、高温管道	焚烧炉副产蒸汽
	稀硫酸回收	废硫酸的蒸发，提浓，冷凝，冷却	蒸发器、冷却器、冷凝器、吸收塔	
	废塑料	焚烧时发生的 HCl 回收	填料塔、冷却器	
	冶炼烟气处理	含 SO_2 烟气脱硫回收硫酸	填料塔、冷却器、冷凝器、尾气塔	
	爆破片	化工装置防爆	爆破片	
密封材料工业	机械轴密封和法兰密封	液体输送，反应、混合等过程中的气、液密封	碳质密封环、柔性密封元件	

续表

应用领域	工艺与产品	工艺概要	石墨设备与制品	备注
各领域	分离、过滤	悬浮液的过滤、洗涤、分离	转鼓真空过滤机 碳素过滤管	
		分子，原子，离子，细菌，病毒分离	碳（石墨）质超滤、纳滤膜	
地下设施	阴极保护系统	对地下输油管道、电缆等保护	石墨保护阳极	

10.1　盐　酸　工　业

10.1.1　氯化氢及盐酸合成系统

1. "二合一"氯化氢合成炉及盐酸吸收系统

1）工艺流程

石墨设备在氯产品中的应用是最为典型的，尤其是在盐酸生产（包括副产盐酸）中，几乎独揽了市场。工艺原理在第 8 章已经介绍。正压式"二合一"氯化氢合成炉生产高纯盐酸及制 HCl 系统工艺流程如图 10-1 所示。

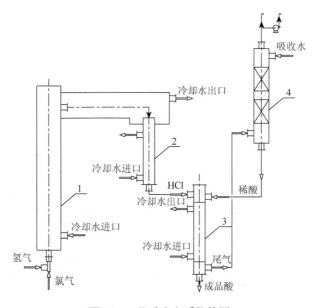

图 10-1　盐酸生产系统简图

1. 合成炉；2. 冷却器；3. 降膜吸收器；4. 尾气塔

　　界区外来的氯气、氢气在经过稳压系统后按比例调节进入正压式"二合一"氯化氢合成炉进行合成反应，氯气、氢气在合成炉中特殊设计的高纯石英灯头中充分混合并充分燃烧，反应生成的热量通过合成炉夹套中的循环水带走，反应生成的氯化氢气体经冷却器进一步冷却进入降膜吸收器，吸收放热被吸收器分壳程冷却水带走。没有被吸收的气体进入尾气塔进一步吸收，吸收水进入尾气塔先吸收部分尾气，吸收得到的稀酸进入降膜吸收器作为吸收液进一步吸收，最终得到浓度大于 31% 的高纯酸从降膜吸收器底部排出。根据用户的需要，该流程也可以副产氯化氢气体。

　　氢气、氯气稳压系统见图 10-2。

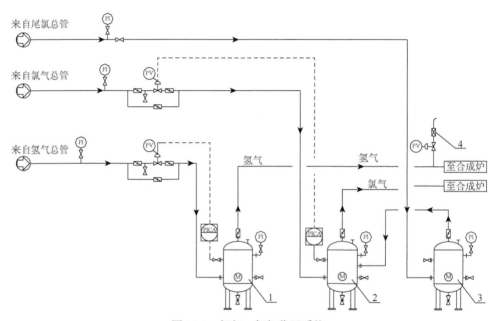

图 10-2　氢气、氯气稳压系统

1. 氢气稳压罐；2. 氯气稳压罐；3. 尾氯稳压罐；4. 阻火器

　　2）工艺特点[2]

　　（1）生产能力和操作弹性大。正压式"二合一"氯化氢合成炉，正压式输送 HCl 气体，而且操作的弹性较大，在正常负荷的 20%～120% 均能得到稳定合格的氯化氢气体。

　　（2）产品质量好。由正压式"二合一"氯化氢合成炉制得的盐酸外观无色透明，纯水吸收可达到高纯酸标准。制得的 HCl 气体，气体纯度高，不含游离氯。

　　（3）安全性强。与传统的负压式合成炉相比，正压式"二合一"氯化氢合成炉生产 HCl 过程中助燃性气体无法进入系统，因此整个系统具有较高的安全性能。

（4）导热系数高、结构强度大、耐温性能高。石墨设备材质选用化工专用石墨，浸渍剂选用相匹配的树脂工艺配方生产、浸渍、固化过程都按相关标准进行。浸渍后的石墨设备从导热系数、结构强度到耐温性能都比国内同类产品高，并达到国际先进水平。表 10-2 列举了一些新型树脂浸渍石墨与普通不透性石墨的性能。

表 10-2　树脂性能对比表

性能	普通树脂浸渍石墨	新型树脂浸渍石墨
密度/(g/cm³)	1.75～1.86	1.85～1.92
使用温度/℃	165（特殊处理 180）	200
导热系数/[W/(K·m)]	70～90	>120
抗压强度/MPa	60～70	70～80
抗拉强度/MPa	24～28	25～35
抗弯强度/MPa	8～10	15～20

（5）采用了无纵缝拼接的专用石墨制作炉体。它与新型树脂浸渍的不透性石墨炉体在强度、耐温性能和导热性等方面满足了正压式"二合一"氯化氢合成炉的特殊要求。

（6）由于不透性石墨基体材质上取得的突破，采用变径快速传热方式顺利地被应用于正压式"二合一"氯化氢合成炉。快速传热，就是将热量快速有效地转移，本结构比传统结构传热效率提高 15%。

（7）采用独有的高纯石英灯头，首先从材质上保证了灯头能长期稳定地运行。其次，灯头结构的特殊设计使生产的可调节幅度加大，适应了我国氯碱产品市场的需要。最后，灯头独特的湍流设计，使得氯氢的混合均匀，燃烧彻底，提高了 HCl 的纯度，不留残氯。确保正压式"二合一"氯化氢合成炉的先进性和优越性。

以上设备及部件的结构可参见第 8 章相关附图。

2."三合一"盐酸合成炉系统

在离子膜生产烧碱时，螯合树脂塔在除去盐水杂质过程中，树脂逐渐达到饱和状态，交换能力下降，这时必须用高纯盐酸进行树脂的再生和反洗，以恢复螯合树脂的交换能力[3]。

在电解进行过程中，阴极室 OH⁻的渗透，使之与阳极液中溶解氯发生化学反应，造成氯中含氧高，阳极效率下降。为了防止上述副反应的发生，需向阳极液中加入高纯盐酸，以获得高质量的氯气。由于高纯盐酸是加到阳极液中，而阳极液中杂质含量高，尤其是多价金属离子含量高时对离子膜危害极大，不仅影响电解电流效率，而且会使离子膜受损。因此，阳极液中的金属离子含量越低越好，对高纯盐酸中的这些金属阳离子的含量，必须按指标要求加以控制。图 10-3 为副产高纯盐酸的工艺流程。该工艺中的合成炉也就是第 8 章所讲述的"三合一"盐酸合成炉，炉体采用全石墨制作，在一台设备上实现合成、冷却及副产盐酸。"三合一"盐酸合成系统的稳压系统同图 10-2，工艺流程如图 10-3 所示。

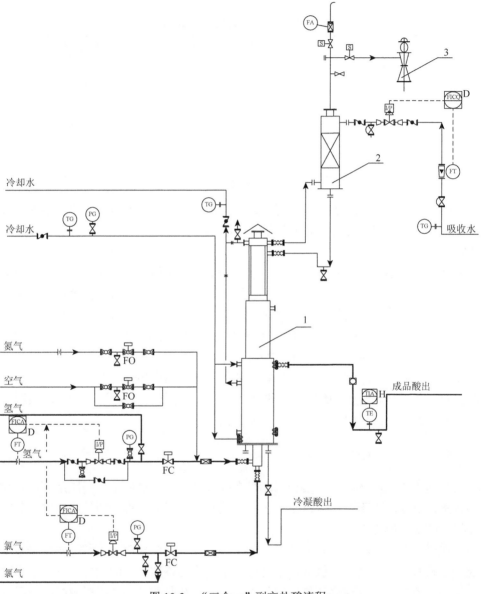

图 10-3　"三合一"副产盐酸流程

1. "三合一"石墨合成炉；2. 尾气塔；3. 水力喷射泵

工艺系统中包含氯气、氢气及氮气的稳压全自动控制系统，氯气和氢气的比值自动调节系统，吸收水自动控制系统，正负压切换系统，合成炉自动点火系统，氮气吹扫系统（停车置换系统、停车充氮控制），系统连锁控制系统，火焰检测系统（霍尼韦尔火焰探测器、视频监测系统）。以上系统的完美组合，使整个流程操作简单，运行稳定，应用示例如下。

1）设计基础

（1）设计能力：31%盐酸 30t/（d·台），折合 1.25t/h。

（2）年操作时间为 8000h（连续操作）。

（3）原料及规格。

氯气、氢气规格要求

氯气：$\psi(Cl_2)\geqslant95\%$，$\psi(H_2)\leqslant1\%$，压力 0.08~0.15MPaG；

尾氯：$\psi(Cl_2)\geqslant65\%$，$\psi(H_2)\leqslant4\%$，压力 0.04~0.09MPaG；

尾氯：原料氯=1∶7（体积比）；

氢气：$\psi(H_2)\geqslant95\%$，$\psi(O_2)\leqslant0.5\%$，压力 0.075MPaG；

（4）吸收水。

水温：1~22℃

色度：15FTU

浊度：3FTU

总硬度：1mmol/L

总碱度：0.9mmol/L

pH：6.5~8

溶解氧：5mg/L

电导率：115μS/cm

（5）循环水水温。

供水压力：0.35MPaG

供水温度：≤33℃

回水压力：0.2MPaG

回水水温：≤41℃

（6）产品规格和数量。

HCl 浓度	Ca+Mg	Fe	游离氯	灼烧残余物	氯化物
31%	≤0.3mg/L	≤0.1mg/L	0（氧化还原法）	≤25mg/L	≤10mg/L（含氯有机物）

（7）合成炉操作弹性大，在正常负荷的 30%~110%内均能正常生产。

2）设备组成

（1）石墨合成炉。

冷却水夹套（壳体）：材质 Q235B。

炉体：合成区材质为不透性石墨，壳体材质 Q235B。

合成炉壁温设计温度≤200℃，设计压力≥0.10MPa。

（2）燃烧器：采用高纯石英灯头纯度 99.99%。

（3）尾气塔材质不透性石墨。

设计温度≤120℃，设计压力 0.05MPa。

3）验收及检验

"三合一"石墨合成炉按照 HG/T 2370—2005《石墨制化工设备技术条件》有关要求进行检验。气压≥0.10MPa，保压 0.5h 不渗漏为合格。

外观检查无缺陷，漆膜均匀无鼓泡、无损伤。

根据上述条件设计的"三合一"盐酸合成炉，石墨炉筒内径 500mm，总高度 11000mm；尾气塔内径 300mm，总高 4000mm，运行后各项指标均已达标。

"三合一"合成炉是集合成段、冷却段、吸收段于一体的高产量合成炉，它具有结构紧凑，流程简单，合成强度高，传热效率高，价格便宜，生产弹性大，生产盐酸纯度高，对氯气、氢气无特殊要求，安装、操作、维修方便等诸多优点。整个工艺可以达到氯气零排放。"三合一"合成炉为整个系统节约了大量的防腐管道，节约了成本，为企业带来更高的经济效益。设备外形可参见第 8 章相关附图。

3. 副产蒸汽"二合一"合成炉系统

1）工艺流程叙述

合成炉为单台直立设备，底部地面支撑，合成炉下部为石墨制炉底，外加钢制夹套通水冷却，炉底安装有石英制燃烧器，氯气、氢气通入炉内在石英制的燃烧器内混合反应燃烧，反应后的高温氯化氢气体向上流；合成炉中部为钢制水冷壁炉筒，其结构为鳍片锅炉钢管焊接成的封闭圆筒，上下有环形集水箱，水冷壁炉筒与闪蒸罐通过管道连接，组成热水自循环系统，水冷壁炉筒钢管内软水吸收氯化氢气体的反应热后上升，经上端环形集水箱汇集进入闪蒸罐，部分水气化成蒸汽产出，其他软水通过下降管进入水冷壁炉筒下端环形集水箱，再次进入水冷壁炉筒钢管内，不断完成循环；循环软水在吸收热量产生蒸汽的同时，也将高温氯化氢气体冷却下来。将氯气、氢气燃烧所释放的大量热量，利用合成炉中部高温段（钢制段），产生 0.8～1.2MPaG 蒸汽。工艺流程图见图 10-4。

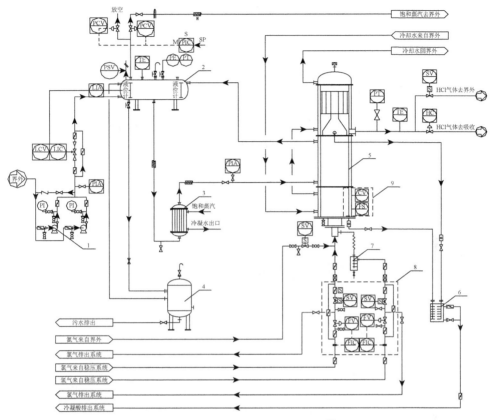

图 10-4　副产蒸汽氯化氢合成工艺流程[4]（一）

1. 给水泵；2. 闪蒸罐；3. 预热器；4. 排污罐；5. 副产蒸汽合成炉；
6. 冷凝酸罐；7. 分水器；8. 氯氢配比系统；9. 点火装置

图 10-5 的工艺流程与图 10-4 基本相同，不同的是副产蒸汽合成炉是全石墨
材料。

氯化氢（盐酸）合成系统副产蒸汽是利用 HCl 合成反应热来副产蒸汽的，是
一个自动化程度要求较高的节能装置。具体体现在如下几个方面。

（1）自动点火系统。自动点火系统包括点火程控柜、高压发生装置、点火枪
燃烧器、燃气控制装置、助燃气控制装置及其他监测装置等，并配合系统安全连
锁装置，既安全又便捷，操作简便。

（2）自动连锁保护系统。该装置设有自动连锁保护系统：①氢气或氯气压力
低、冷却水流量低时会自动连锁停车保护程序；②火焰在线探测连锁保护系统，
如果监测不到火焰则连锁停车；③上下工序故障连锁保护，收到上一工段或下一
工段的停车信号后，本工段可连锁停车并转换到氯化氢吸收工序。

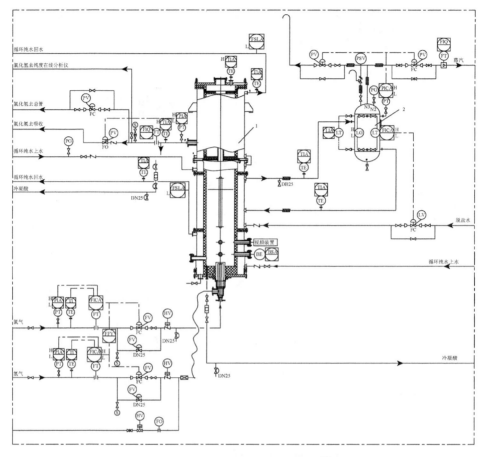

图 10-5　副产蒸汽氯化氢合成工艺流程[5]（二）

1. 副产蒸汽合成炉；2. 闪蒸罐

（3）氢气、氯气自动配比控制。实现氢气与氯气的自动配比控制，实现精确的氢气、氯气流量控制，可以根据生产控制中 HCl 的纯度分析来设定氢气、氯化氢适合的比值，在生产中若氢气、氯气的纯度在波动时，及时分析 HCl 纯度来调整比值来实现两者的自动控制，也可以用手动调节进行控制。

（4）闪蒸罐部分的自动控制。蒸汽部分的控制包括闪蒸罐液位的自动控制，蒸汽压力自动控制、闪蒸罐液位低和蒸汽压力高的连锁保护。

（5）氯化氢正压输送及盐酸吸收切换调节系统。如果用户不需要氯化氢气体，后续可以采用降膜吸收器加尾气塔的型式进行吸收生产盐酸。吸收系统也可以作为氯化氢合成炉的安全应急吸收系统。

2）物料工艺条件

（1）氢气：流量约 0.33t/h；压力 50～130kPaG（正常 60kPaG）；温度 10～30℃；

纯度≥99%。

（2）氯气：流量约 5.61t/h，氯气压力：60～150kPaG（正常 80kPaG）；温度：15～30℃，原氯氯气纯度≥96%，尾氯氯气纯度≥65%。

（3）软水：电导率≤5μS/cm（25℃）；压力≤0.4MPaG，pH：7～9.5；温度：常温。

（4）循环水：进口温度≤32℃，压力≤0.5MPaG；利用板式换热器，实现合成炉冷却水自循环系统。

（5）PVC 系统 HCl 气体管网压力：0.03～0.06MPaG。

3）系统可达到的指标

（1）装置规模：30～150t/d 氯化氢气体。

（2）年操作时间：8000h。

（3）氯化氢质量达到以下要求：①纯度≥93%；②氯化氢出口温度≤45℃；③氯化氢游离氯含量：无；④副产蒸汽压力根据合成炉本体的材质选择可在 0.4～1.2MPaG 之间调节，蒸汽产量为氯化氢气体产量的 0.7～0.75（吨蒸汽/吨氯化氢气体）。

副产蒸汽合成炉系统的工艺流程原理各个厂家大同小异，合成炉是该工艺的核心，各种合成炉的结构可参见第 8 章。其中图 8-110、图 8-111 是图 10-4 所采用的炉型，图 8-109 是图 10-5 所采用的炉型。

4）应用

以单台年产 50000t/a HCl 气体的副产蒸汽合成炉为例，合成炉石墨炉筒内径 DN1700，采用钢制蒸发段，设备总高 17m，氢气进口 DN 150，氯气进口 DN 150，该装置运行稳定，已经达到每吨氯化氢气体副产 0.8MPaG 的蒸汽 0.75t。

10.1.2　盐酸脱吸[6]

1. 浓盐酸脱吸

脱吸或称解吸，是吸收的逆过程，溶质由液相向气相传递。其目的是分离吸收后的溶液，使溶剂再生，并得到回收后的溶质。盐酸脱吸工艺技术在氯碱行业应用比较广泛。

常压下，浓盐酸（质量分数为 29%～32%）中的浓酸经双效换热器加热后进入脱吸塔的顶部和脱吸塔底部蒸发出来的氯化氢和水的混合气充分接触，气液混合物在塔内完成热量和质量交换。浓盐酸中氯化氢得到热量被解吸出来，经塔顶冷却器和再冷器冷却后，再经除雾器进一步去水，成为干燥的氯化氢气体。脱吸塔底部的稀盐酸经过双效换热器冷却后进入稀盐酸罐，使用 1.2MPaG 高压蒸汽，脱吸后的稀盐酸质量分数最低可降至 16%，流程见图 10-6。

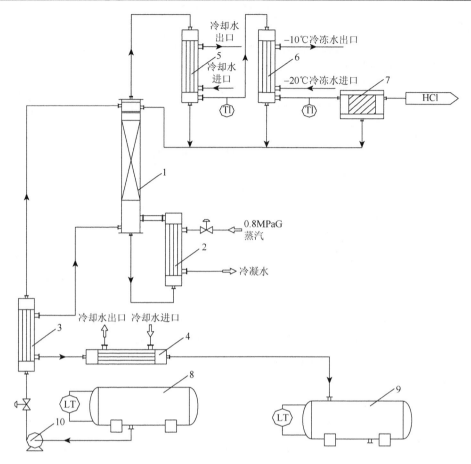

图 10-6　浓酸脱吸流程图

1. 浓酸脱吸塔；2. 再沸器；3. 双效换热器；4. 冷却器；5. 氯化氢冷却器；6. 氯化氢深冷器；
7. 除雾器；8. 浓酸罐；9. 稀酸罐；10. 浓酸泵

　　该套工艺使用的双效换热器充分利用了塔底稀盐酸的热量，加热浓酸的同时降低了稀盐酸的温度，减少了能源消耗。双效换热器的材质一般为全石墨或衬聚四氟乙烯，也有衬橡胶的，但受到橡胶耐温性能的限制，衬橡胶的双效换热器已基本被淘汰。

　　脱吸塔一般采用填料塔的型式。填料塔操作中存在着气、液相在塔横截面上分布不均的问题，即气、液产生偏流，其结果必然是减少气、液接触机会，影响传质效果，也即典型的液体偏流、勾流现象。实践证明：填料塔的塔径增大，塔内的气液分布不均现象更趋严重，这种现象称为填料塔的"放大效应"。在本系统中，要得到较高的脱吸效率，就必须解决上述问题。现采用的一般措施有：①改进塔顶液体的初始分布状态，增强原始喷淋的均匀性，多设喷淋点；②填料层中设置液体集液器、再分布器，使液体进行再分配；③合理设计塔直径与填料类型和尺寸，以达到最佳的气液传质效果。

2. 稀盐酸脱吸

受共沸点的影响，浓酸脱吸后盐酸的质量分数一般只能达到 18%～19%。有些企业对废酸采取中和排放的方式，这不仅浪费了能源，增加了污水处理的费用，而且对环境保护也有负面影响。因此稀盐酸脱吸系统开始被国内诸多企业重视。目前，国外对稀盐酸的处理有两种方法，即催化剂法和压差法，其中催化剂法又分为氯化钙法、氯化镁法和硫酸法。由于硫酸腐蚀性强，运输、仓储、操作难度大，硫酸法运用实例较少，而氯化钙法和压差法已被普遍运用。

1）氯化钙法

氯化钙法又称恒沸点破坏法，即在稀酸中加入氯化钙打破其共沸点的限制，将氯化氢蒸发出来，其流程见图 10-7。

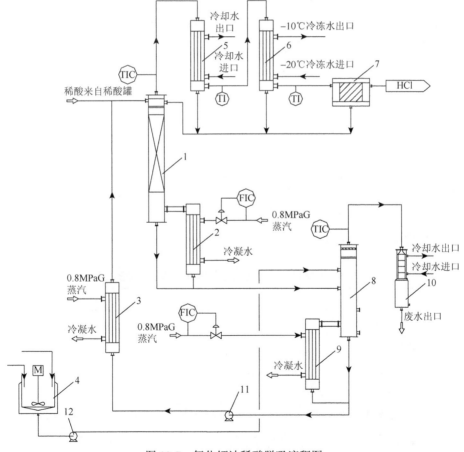

图 10-7　氯化钙法稀酸脱吸流程图

1. 稀酸脱吸塔；2. 再沸器；3. 预热器；4. 氯化钙搅拌罐；5. 氯化氢冷却器；6. 氯化氢深冷器；
7. 除雾器；8. 提浓塔；9. 再沸器；10. 冷凝器；11. 特种石墨泵；12. 氯化钙补充泵

　　来自稀盐酸罐的稀盐酸与来自经过预热的提浓塔底部的约 140℃的 CaCl$_2$ 溶液混合后进入稀盐酸脱吸塔的顶部，和来自稀盐酸再沸器的高温 HCl、水蒸气和 CaCl$_2$ 在塔内逆流传热、传质，在塔顶得到含饱和水的高温 HCl 气体，经塔顶一级冷却器和二级冷却器冷却后，经过除雾器得到干燥的 HCl 气体。在脱吸塔底得到的低浓度 CaCl$_2$ 溶液进入提浓塔，利用提浓塔再沸器提供的热量，将水蒸发出来，塔底又得到高浓度的 CaCl$_2$ 溶液。高浓度的 CaCl$_2$ 溶液经过预热器预热和稀盐酸一起进入稀酸塔，如此不断循环。考虑到稀盐酸中可能含有一定的杂质，因此本工艺中对氯化钙的回收利用一般不超过 30 次，废水中氯化氢的最终含量小于 1%。

　　2）压差法

　　压差法是根据不同压力下稀酸共沸点的差异来脱吸氯化氢气体。在高压状况下，共沸点酸中氯化氢质量分数为 16%～18%，而在真空系统下，共沸点酸中氯化氢质量分数在 22%～24%，这种差异使低浓度酸中的水被蒸发。

　　在本系统中，系统外的稀盐酸和来自高压系统的稀盐酸从脱水塔中部进入真空系统，与来自再沸器的混合气进行相互传热、传质。由于真空状况下盐酸的共沸点较高，因此在塔内热、质交换过程中，水蒸气通过塔顶冷凝器成废水后处理排放；塔底约 22%的浓酸进入储罐，经过双效换热器加热后，由浓酸泵打入脱吸塔中部进入高压系统，和脱吸塔底部被蒸发的氯化氢和水的混合气充分接触；气液混合物在塔内完成热量与质量交换，浓酸中的氯化氢得到热量被解吸出来，经塔顶冷却器和再冷器冷却后，再经过除雾器进一步去水，变成干燥的氯化氢气体。脱吸塔底部约 18%的稀酸经双效换热器冷却后，进入稀酸罐再循环，见图 10-8。

　　3）氯化钙法和差压法经济比较

　　氯化钙法和差压法经济比较见表 10-3。

表 10-3　盐酸深解吸氯化钙法与压差法的技术经济比较

序号	项目	氯化钙法配置	差压法配置
1	处理量 20% HCl	5000kg/h	5000kg/h
2	产品 HCl 产量	950kg 压力：0.15MPa	
3	蒸气消耗	0.8MPa；5800kg/h	0.6MPa；2510kg/h
4	冷却水 32℃	350t/h	300t/h
5	脱吸助剂	有	无
6	脱吸塔工作状态	压力：0.15MPa 温度：142℃	
7	脱水塔（提浓塔）工作状态	压力：0.1MPa 温度：120℃	压力：−0.09MPa 温度：85℃

续表

序号	项目	氯化钙法配置	差压法配置
8	脱吸塔	ϕ 850mm/ϕ 1050mm×13500mm	
9	再沸器	260m²	160m²
10	脱水塔（提浓塔）	ϕ 1200mm/ϕ 1400mm×6500mm	ϕ 1400mm/ϕ 1600mm×12000mm
11	再沸器	360m²	260m² 二台
12	预热器	35m²	70m² 双相耐腐
13	废水冷凝器	200m²	320m²
14	CaCl₂ 循环泵	Q=30m³；H=55m T=158℃	无
15	进酸泵	Q=5m³；H=55m T=32℃	Q=5m³，H=85m T=150℃
16	蒸汽真空喷射泵	无	2 台
17	投资	650 万元	420 万元

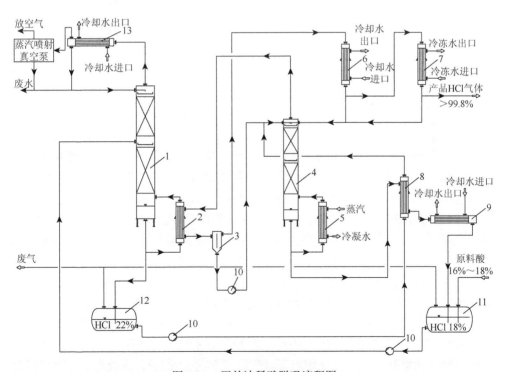

图 10-8　压差法稀酸脱吸流程图

1. 脱水塔（负压）；2. 双效再沸器；3. 缓冲罐；4. 脱吸塔（正压）；5. 再沸器；6. 氯化氢冷却器；
7. 氯化氢深冷器；8. 双效换热器；9. 冷却器；10. 泵；11.18%稀酸罐；12.22%盐酸泵；
13. 酸气冷却器

4）氯化镁法[7]

钟侃如、张永健等对盐酸加盐解吸进行过研究。他们的研究表明，LiCl、CaCl$_2$、ZnCl$_2$、MgCl$_2$ 等易吸湿的氯盐都能提高盐酸的解吸效率，其效果按 MgCl$_2$、LiCl、CaCl$_2$、ZnCl$_2$ 的次序下降。

（1）解吸残液 HCl 含量与 MgCl$_2$ 浓度的关系。如图 10-9 所示，当 MgCl$_2$ 浓度为 32%及 35%时，HCl 含量可降至 1.0%及 0.5%以下，HCl 的含量随 MgCl$_2$ 浓度的提高而降低。将曲线外推至 MgCl$_2$ 浓度为零处，HCl 含量相当于恒沸酸的组成（20.24%）。由此看出，MgCl$_2$ 的加入使恒沸酸不复存在，避免了稀盐酸的形成。

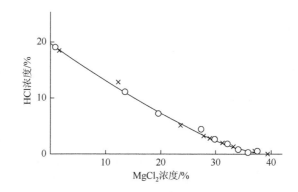

图 10-9　残液 HCl 浓度与 MgCl$_2$ 浓度的关系

x. 冷凝温度 27℃，柱顶温度 100℃；○. 冷凝温度 33℃，柱顶温度 100℃

（2）解吸效率与 MgCl$_2$ 浓度的关系。温度和不同解吸温度下的残液 MgCl$_2$ 浓度与 HCl 解吸率的关系如图 10-10 所示。从图中看出，冷凝温度和解吸温度对解吸效率影响不明显。解吸率与残液 MgCl$_2$ 浓度关系最大。在各种冷凝温度和解吸温度下，解吸率都随残液 MgCl$_2$ 浓度的提高而提高。这与残液中 HCl 含量和 MgCl$_2$ 浓度的关系是一致的。与纯盐酸解吸相比，当加盐解吸残液含 MgCl$_2$ 35%~38%时，解吸效率提高 85%，充分显示了加盐解吸的效果。

（3）冷凝气体中 HCl 含量与冷凝温度的关系。冷凝后气相 HCl 含量仅与冷凝温度有关，与残液成分无关。从冷凝温度与 HCl 含量关系图（图 10-11）可以看出，在较低温度条件下，随着温度的降低，HCl 浓度提高的变化率增大。因此，在工业实践中，应使冷凝温度保持在 25℃以下，才能保证冷凝气体中 HCl 含量达到 99.8%（质量分数）以上（相当于体积浓度 99.5%以上）。这说明工业中可以尝试用氯化镁来脱吸。

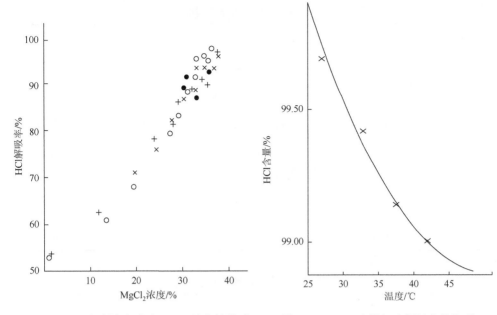

图 10-10　HCl 解析率与残液 MgCl$_2$ 浓度的关系

○. 冷凝温度 27~29℃，解吸温度 80℃；+. 冷凝温度 27~29℃，解吸温度 100℃；×. 冷凝温度 32~33℃，解吸温度 80℃；●. 冷凝温度 32~33℃，解吸温度 100℃

图 10-11　HCl 含量与冷凝温度的关系

3. 应用实例

1）规模

浓酸脱吸 1350kg/h（100% HCl 气体）；稀酸脱吸 300kg/h（100% HCl 气体）；年操作时间 8000h。

2）公用工程

（1）循环冷却水。供水压力 0.5MPaG，供水温度 32℃，回水压力 0.25MPaG，回水温度 38℃，污垢热阻值 3.44×10^{-4}[(m^2·K)/W]，腐蚀率碳钢小于 0.125mm/a，不锈钢小于 0.005mm/a。

（2）蒸汽压力 0.8MPaG。

（3）仪表空气。

仪表空气压力 0.6MPaG，温度为环境温度，灰尘 ≤3μm，含油 ≤8ppb（1ppb=10^{-9}），露点 <−40℃（在常压下）。

3）设备配置

以上规格的浓酸脱吸和稀酸脱吸设备配置分别见表 10-4 及表 10-5。

表 10-4　浓酸脱吸设备清单

序号	设备名称	设备参数或面积	数量	材质
1	双效换热器	SYKB4-35m^2	1	石墨
2	脱吸塔	ϕ 900mm/ ϕ 700mm×12000mm	1	碳钢+石墨
3	再沸器	YKB 600-50m^2	1	碳钢+石墨
4	一级冷却器	YKB 600-50m^2	1	碳钢+石墨
5	二级冷却器	YKB 600-50m^2	1	碳钢+石墨
6	稀酸冷却器	YKB 600-50m^2	1	碳钢+石墨
7	浓酸进料泵	Q=20m^3/h，H=35m	2	PE+碳钢

表 10-5　稀酸脱吸设备清单

序号	产品名称	设备参数或面积	数量	材质
1	脱吸塔	ϕ 740mm/ ϕ 910mm×11500mm	1	碳钢+石墨
2	预热器	YKB 40-15m^2	1	碳钢+石墨
3	再沸器	YKB 10-150m^2	1	碳钢+石墨
4	提浓塔	ϕ 1000mm/ ϕ 1200mm×5000mm	1	碳钢+石墨
5	提浓再沸器	YKB 100-150m^2	1	碳钢+石墨
6	冷凝器	YKB 700-90m^2	1	碳钢+石墨
7	一级冷凝器	YKB 600-35m^2	1	碳钢+石墨
8	二级冷凝器	YKB 600-35m^2	1	碳钢+石墨
9	搪瓷搅拌罐	3m^3	1	搪瓷
10	CaCl$_2$ 初始进料泵	Q=5m^3/h，H=50m	2	四氟
11	特种石墨耐高温泵	Q=10m^3/h，H=50m	2	四氟
12	废水泵	Q=4m^3/h，H=50m	2	四氟
13	稀酸进料泵	Q=3m^3/h，H=50m	2	四氟

4）能耗

浓酸脱吸和稀酸脱吸的大概能耗分别见表 10-6 及表 10-7。

表 10-6　浓酸脱吸能耗

原料	消耗量/（t/t 100% HCl 气体）
0.8MPaG 的蒸汽	<1.6
31%的盐酸	6.75
冷却水	38.46
乙二醇冷冻水	5.92

表 10-7　稀酸脱吸能耗

原料	消耗量/（t/t 100% HCl 气体）
0.8MPaG 的蒸汽	<6.8
20%的盐酸	5
冷却水	300
乙二醇冷冻水	5.92
CaCl$_2$ 固体	1.2kg
电	18

10.1.3　试剂盐酸的生产

试剂盐酸的生产方法主要是从工业盐酸中提纯得到，目前工业盐酸提纯的方法主要有蒸馏法和树脂法。图 10-12 为一种试剂盐酸的生产方法。试剂盐酸的规格见附录。

10.1.4　节能型无水 HCl 制造装置系统[8]

在氯制品中，常需使用纯净的 HCl 气体，图 10-13 提出了一种新的节能型氯化氢生产系统，能使氯化氢气体含水率小于 10ppm（1ppm=10^{-6}）。

该节能型氯化氢生产系统，包括副产蒸汽氯化氢合成系统。副产蒸汽氯化氢合成系统与盐酸脱吸系统组合，盐酸脱吸系统与氯化氢干燥系统组合，溴化锂制 3～7℃水系统与盐酸脱吸系统组合。

副产蒸汽氯化氢合成系统副产 0.65～1.5MPaG 蒸汽，为脱吸系统提供热源。副产的氯化氢气体进入降膜吸收器副产 31%的盐酸。31%盐酸进入脱吸系统副产高纯度氯化氢气体。而氯化氢气体的深冷水来自溴化锂制 3～7℃水系统（溴化锂制冷机）。氯化氢干燥系统包括二级浓硫酸干燥塔和除雾器。从第一台除雾器出来的氯化氢气体可以达到含水率小于 50ppm，从第二台微量水分除沫器出来的氯化氢气体含水率可以小于 10ppm。

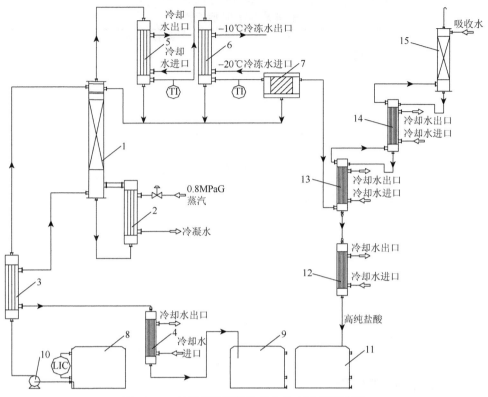

图 10-12　盐酸脱吸和吸收组合生产试剂级盐酸

1. 浓酸脱吸塔；2. 再沸器；3. 双效换热器；4. 冷却器；5. 氯化氢冷却器；6. 氯化氢深冷器；7. 除雾器；8. 浓酸罐；
9. 稀酸罐；10. 浓酸泵；11. 高纯酸罐；12. 冷却器；13. 一级降膜吸收器；14. 二级降膜吸收器；15. 尾气塔

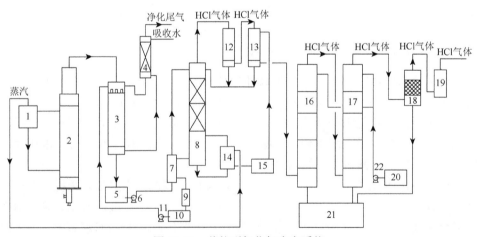

图 10-13　节能型氯化氢生产系统

1. 闪蒸罐；2. 合成炉；3. 降膜吸收器；4. 尾气塔；5. 浓酸罐；6. 浓酸泵；7. 双效换热器；8. 脱吸塔；9. 冷却
器；10. 稀酸罐；11. 稀酸泵；12. 氯化氢冷却器；13. 氯化氢深冷器；14. 再沸器；15. 溴化锂制冷机；
16、17. 硫酸干燥塔；18. 除雾器；19. 除沫器；20. 浓硫酸罐；21. 稀硫酸罐；22. 浓硫酸泵

10.1.5　VCM 过量氯化氢全回收工艺[9]

1. 工艺流程

关于 VCM 中过量 HCl 的处理，国内大多数厂家采用如下工艺：粗 VCM 由转化器出来，进入除汞器用活性炭吸附汞蒸汽（主要含有氯高汞化合物）后再进入合成气石墨冷却器将气体冷却至 40℃左右，最后进入由 1～2 台筛板塔组成的脱酸系统回收合成气中的过量 HCl，制得 25%～30%的副产盐酸。制酸后的合成气先后进入水洗塔和碱洗塔净化，吸收余下的 HCl、CO_2 等杂气，获得精制的 VCM 供聚合用。水洗、碱洗塔要保持一定的液体循环量，以满足净化需要，新鲜水从水洗塔连续加入，废液也连续排放，少部分流入筛板塔系统制酸，碱液则定时更换，当其中氯化钠浓度超标后必须更换一定浓度的氢氧化钠溶液作为吸收液。

该工艺的不足之处：①水洗塔须向外连续排放废水（稀酸），废水中还溶解有 VCM，不仅造成可观损失，而且污染环境，构成安全隐患，增大治污投入；②HCl 无法循环回收作为合成 VCM 的原料气，只能副产难以直接销售的低浓度盐酸；③工艺流程长，设备多，筛板塔操作弹性小，压力降高，过程操作控制难；④开车阶段有大量氯化氢进入系统，极易引起过程超温，损坏设备；⑤碱洗塔非连续操作，需定期更换碱液，这对氯乙烯精制质量有一定影响。

VCM 中 HCl 的量占气体总量的 5%～10%，该工艺具有大流通量、小吸收的工艺特征，应采用综合吸收工艺，即多种吸收方式同时使用方能达到最佳效果。氯化氢组合塔，塔内可分为 4 个区，氯乙烯冷却区、浓酸吸收区、稀酸吸收区、清水吸收区，塔底得到合格的 31%盐酸。所吸收的氯化氢经脱吸还原成生产原料氯化氢气体，整个工艺废水含 HCl 小于 1%，最佳值达 0.05%。该装置已经在国内多家单位实施，运行稳定。流程图如图 10-14 所示。

温度较高的含 HCl 5%～10%的 VCM 混合气（开车阶段浓度允许远高于此比例），进入组合吸收塔下部，由下而上经过各区域冷却、吸收后，99%以上 HCl 被除去，脱 HCl 的 VCM 气体从塔顶排出，送组合碱洗塔进一步精制，清水从顶层塔板连续加入，浓度为 31%～35%的浓盐酸由下段出料口连续排出。此酸可作为脱吸装置原料脱吸制 HCl 气体返回合成岗位供合成 VCM 用。脱吸所得 19.5%稀盐酸部分回组合塔浓酸区作为氯化氢吸收剂。其余稀酸进入深脱吸装置制得的 HCl 送合成工序以增加 VCM 产量，提高工厂效益。深脱吸另一产品含 0.7%以下的 HCl 水溶液作为综合净化塔微量 HCl 吸收剂达到水循环使用。真正做到了 HCl 全回收、水零排放。由于吸收、脱吸不断循环，原含汞酸不断累积，可采用碳纤维过滤器帮助汞聚集形成汞泥，集中回收取得了初步成

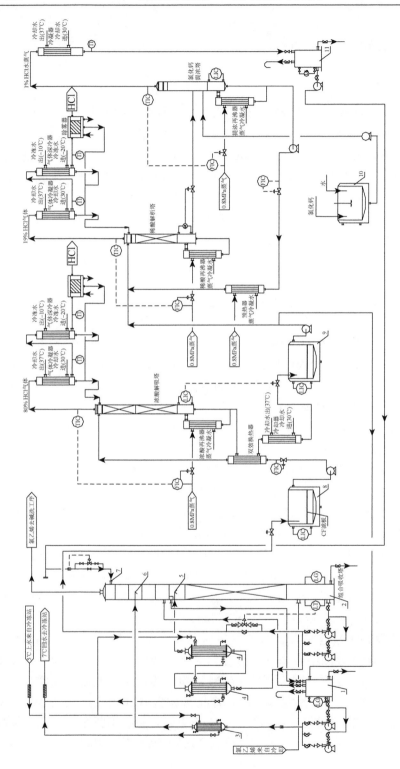

图 10-14　VCM 组合吸收和全脱吸工艺流程

1. 19%盐酸罐；2. 组合吸收塔；3. 稀酸冷却器；4. 循环冷却器；5. 循环酸进口；6. 19%稀酸进口；7. 1%稀酸进口；8. 31%浓酸罐；9. 稀酸罐；10. 氯化钙配制罐；11. 废水罐

效。该工艺的特点：①多工况操作，可将全部 HCl 吸收后经脱吸转化为合成原料气；②零排放，系统不排废水；③流程简化，设备少，占地面积小，投资省；④操作压降低，装置操作弹性大，过程控制方便；⑤开车阶段允许大量 HCl 流入设备，且不会引起过程超温；⑥组合碱洗塔，提高了碱洗效果，降低碱使用量。

2. 应用实例

1）设计依据

满足 100000t/a PVC 生产线的转化合成 VCM 气中 HCl（体积分数 5%～8%）的吸收装置 2 套。

满足 200000t PVC 生产线 10000t/a HCl（常规+深度）脱析装置一套。

2）年工作时间

8000h（连续操作）。

3）达到的技术指标

（1）吸收装置酸浓度≥31%，吸收塔后部有水洗装置，保证水洗塔出口净化气 pH 5～6，系统阻力降 40～50mmHg。

（2）浓酸脱吸后盐酸浓度≤19%～21%。

（3）深度脱吸后盐酸浓度≤1%。

（4）脱析 HCl 气纯度≥99.5%，压力≥80kPa。

（5）HCl 气体含水量<500ppm。

（6）氯化钙在经过处理后可反复使用。

（7）装置（设备）操作弹性范围 25%～110%。

（8）吸收及脱析装置界区无废水排放。

（9）泄漏情况：零泄漏。

4）工艺说明

由转化器出来的合成气（含 HCl 5%～10%）经冷却至 40℃后进入 VCM HCl 组合吸收塔，先后流过 VCM 组合吸收塔填料段和塔板段，两段分别用 31%浓盐酸与 21%稀盐酸和清水吸收气流中的 HCl，几乎将其全部吸收，然后流入碱洗塔，进一步吸收混合气中所含的少量氯化氢和二氧化碳等有害组分。组合塔填料段是用浓盐酸循环吸收，为提高吸收率、循环酸浓度，循环过程酸必须进行冷却，以排出 HCl 的吸收热、降低流入塔板段气流温度、维持进塔酸温不高于一定值；从浓酸槽排出的浓盐酸经脱吸、冷却后得到 21%盐酸，回组合塔稀酸区作为氯化氢吸收剂。

5）设备配置

组合吸收设备配置见表 10-8 及表 10-9。

表 10-8　100000t/a 组合吸收配置

设备名称	规格	材质	数量
VCM 盐酸组合吸收塔	ϕ 2000mm×14000mm	高耐蚀 FRP、泡罩 CPVC	1
31%酸循环泵	Q=90m³/h，H=25m	钢衬 PTFE	2
31%酸冷却器	YKB800-120m²	石墨+碳钢	2
31%酸储槽	8m³	PVC/FRP	1
19%酸加料泵	Q=10m³/h，H=25m	钢衬 PTFE	2
19%酸冷却器	YKB600-40m²	石墨+碳钢	1
19%酸储槽	5m³	PVC/FRP	1

表 10-9　200000t/a PVC 全脱吸配置

		规格	材质	数量
常规解析	浓酸解吸塔	ϕ 1020mm/ ϕ 850mm×12000mm	石墨+碳钢	1 台
	双效换热器	SYKB600-40m²	全石墨	1 台
	再沸器	YKB800-120m²	石墨+碳钢	1 台
	HCl 气体冷凝器	YKB600-60m²	石墨+碳钢	2 台
	稀酸冷凝器	YKB600-50m²	石墨+碳钢	1 台
	浓酸储槽	15m³	PVC/FRP	1 台
	浓酸进料泵	Q=12m³/h，H=40m	钢衬 PTFE	2 台
深度解析	稀酸解吸塔	ϕ 820mm/620mm×11000mm	石墨+碳钢	1 台
	氯化钙预热器	YKB400-15m²	石墨+碳钢	1 台
	再沸器	YKB800-120m²	石墨+碳钢	1 台
	氯化钙提浓塔	ϕ 1200mm/ ϕ 1000mm×4800mm	石墨+碳钢	1 台
	提浓再沸器	YKB800-120m²	石墨+碳钢	1 台
	HCl 气体冷却器	YKB600-40m²	石墨+碳钢	2 台
	废水冷凝器	YKB800-100m²	石墨+碳钢	1 台
	氯化钙配制槽	3m³	钢衬搪瓷	1 台
	稀酸储槽	10m³	PVC/FRP	1 台
	稀酸泵	Q=3m³/h，H=50m	钢衬 PTFE	2 台
	废水泵	Q=3m³/h，H=50m	钢衬 PTFE	2 台
	氯化钙补充泵	Q=4.5m³/h，H=50m	钢衬 PTFE	2 台
	特种石墨泵	Q=10m³/h，H=50m	石墨泵	2 台
	除雾器	DN800	PVC/FRP	1 台
	1% HCl 水储槽	5m³	PVC/FRP	1 台

10.1.6　含醇盐酸净化工艺[10]

　　含醇盐酸大量存在于有机硅工业、农药工业、染料工业、制药工业，全国总量约 700000t/a。将酸醇有效分离、净化，利用好此酸可以解决相关企业的环保问题，对降低相关企业消耗、提高企业效益具有明显的作用。下面介绍几种处理含醇盐酸的方法，分析其技术经济性与具体工艺的适用性，以期得到更广泛的运用。

1. 蒸馏法酸醇分离

1）工艺叙述

通过含醇盐酸在低压高温的解吸塔内与经过再沸器加热的高温甲醇和水蒸气及氯甲烷进行连续与回流液接触，逆流传质、传热、精馏，含甲醇盐酸靠重力沿填料表面下降，与上升的气体接触，从而使上升气体中甲醇与氯甲烷含量不断增加，在塔顶得到含饱和甲醇的氯化氢气体，经常温冷却水冷却至 58.6℃，冷凝循环液中甲醇含量合格后从系统中排出，而塔底得到的 19%的恒沸酸。

2）工艺流程

工艺流程如图 10-15 所示。

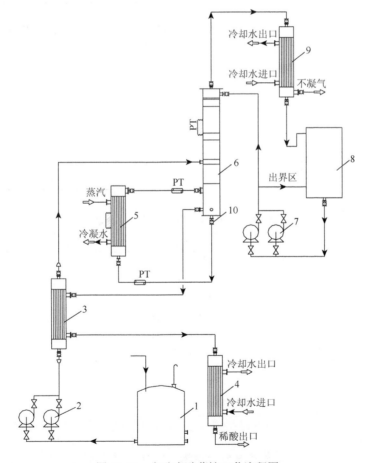

图 10-15　含醇废酸蒸馏工艺流程图

1. 原料罐；2. 原料泵；3. 预热器；4. 冷却器；5. 再沸器；6. 脱醇塔；7. 醇液循环泵；
8. 含醇罐；9. 冷凝器；10. 膨胀节

此工艺在有机硅行业已大量使用，此工艺关键点：①分离塔压力稳定控制；②塔顶回流温度控制；③塔底温度控制；④蒸汽压力需保持恒定。

优点：分离效率高，精度高。

缺点：能耗高，投资大，公用工程要求高，工艺控制要求高。

3）应用实例

某厂家 60kt/a 特种有机硅材料项目配套 20%盐酸（5515kg/h）脱甲醇系统装置。设计能力：5500kg/h 20%水解酸 1 套。

原料及产品情况见表 10-10，定额消耗见表 10-11，设备配置见表 10-12。

表 10-10　原料及产品物料表

原料	产品 1	产品 2
HCl：931.48kg/h	CH$_3$Cl：62.32kg/h	HCl：931.48kg/h
H$_2$O：4260.89kg/h	H$_2$O：6.27kg/h	H$_2$O：4254.62kg/h
CH$_3$Cl：62.32kg/h	CH$_3$OH：262.52kg/h	
CH$_3$OH：262.52kg/h		

表 10-11　含醇废酸蒸馏工艺定额消耗

原料	消耗量/（t/t 原料酸）
0.9MPaG 的蒸汽	＜0.24
冷却水	21.75
电	15kW·h

表 10-12　含醇废酸蒸馏工艺设备表

序号	设备名称	规格	数量	材质
1	脱醇塔再沸器	YKB500-35m^2	1	石墨+碳钢
2	双效换热器	YKB400-20m^2	1	石墨+碳钢
3	稀酸冷却器	YKB700-75m^2	1	石墨+碳钢
4	脱醇塔	ϕ 600mm/800mm×14000mm	1	石墨+碳钢
5	冷凝器	YKB800-90m^2	1	石墨+碳钢
6	冷凝液循环罐	12m^3	1	石墨+碳钢

2. 复合蒸馏法酸醇分离

1）工艺说明

通过稀盐酸在高温解吸塔内与一定浓度氯化钙溶液混合，经过再沸器加热的高温氯化氢与水蒸气及氯化钙进行连续接触，逆流传质、传热，在一定温度与压力下打破稀盐酸恒沸点，盐酸、氯化钙靠重力作用沿填料表面下降，与上升的气体接触，从而使上升气体中氯化氢含量不断增加，在塔顶得到含饱和水的氯化氢气体，在塔底得到小于 1%的稀酸，解吸的氯化氢气体经冷冻脱水，而稀氯化钙溶液经再蒸发提浓回用。由于该废酸中含有烧蚀残留物，为保证氯化钙溶液长期稳定运行，减少氯化钙的消耗，同时确保整个脱吸系统的长效稳定运行，经长期研究将含醇盐酸以气相形式进入深脱析系统，即在原来深脱吸系统上增加一个汽化塔，对深脱析系统中的脱吸塔进行高效传热/传质的特殊设计，使整个脱吸系统适用此类废酸的循环利用。

2）工艺流程图

该复合蒸馏法分离含醇有机物并获得氯化氢循环再利用工艺的流程图如图 10-16 所示。

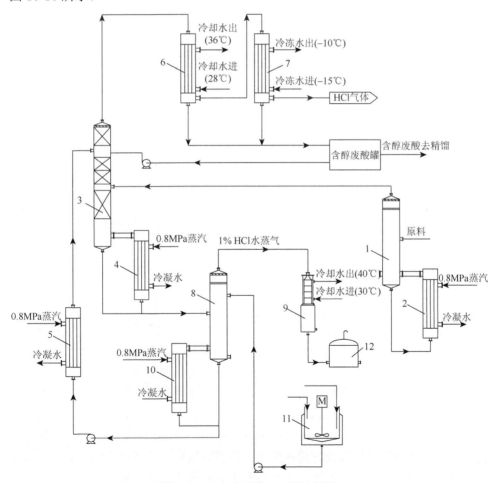

图 10-16　复合法脱醇工艺流程图

1. 汽化塔；2. 汽化再沸器；3. 脱吸塔；4. 再沸器；5. 预热器；6. 一级冷却器；7. 二级冷却器；
8. 提浓塔；9. 冷凝器；10. 提浓再沸器；11. 氯化钙罐；12. 废水罐

该工艺有如下特点：①无废气排放，液相排放中 HCl≤1%的水溶液可作为 HCl 气体循环吸收液；②安全连锁控制报警装置可靠有效；③全套装置采用 DCS 控制。

优点：可以得到氯化氢气体，酸醇分离效率高。

缺点：投资大、设备要求高、公用工程要求高、能耗高，有含酸小于 1%的废水产生。

3）应用实例

混酸原料氯化氢浓度 29%～31%（质量分数）；醇类≤10%（质量分数）；醛类≤5%（质量分数）；水为平衡量。

该系统为浓盐酸一步法脱析装置，原料混合盐酸浓度为 29%～31%，醇类≤10%，醛类≤5%，流量 56t/d，出装置废水 HCl 含量≤3%（质量分数）。装置的消耗定额见表 10-13。

表 10-13　复合法脱醇工艺定额消耗

原料	消耗量
0.8MPaG 的蒸汽	<5.2t/t100% HCl 气体
冷却水	300t/t100% HCl 气体
乙二醇（−35℃/−15℃温差循环）	6.5t/t100% HCl 气体
氯化钙	2kg
电	42kW·h
仪表空气	50Nm^3
氮气	20Nm^3

3. 阻滞型酸醇分离法

1）工艺原理

酸阻滞技术是一种很成熟的废酸回收方法，现已广泛用于冶金/电镀和金属表面处理行业。树脂可以吸附酸而不吸附相应的金属盐，从而实现盐和酸的分离，在这里除了水以外，不需要任何化学试剂，吸附了强酸的树脂床。只需要用水冲洗就可以实现酸的洗脱和树脂的再生，树脂不需要再生就可以用于下一个循环操作，操作成本低，而且操作周期极短，一般在几分钟就可以完成一个分离循环。

酸阻滞技术在分离含醇盐酸应用中有了实质性进展，它采用三塔串联净化方法，要求采用细颗粒比表面积的树脂，三塔串联依据含醇量的不同对进下一塔的阻滞流程进行温度控制，利用换热器进行换热达到所需的温度，并达到最佳分离效果。我国已有多家公司进行酸醇分离实验，其中实验小型工业化装置已具备实用条件，目前实验结果显示酸醇分离成本优于蒸馏法，约 30 元/t 废酸。该工艺的优点是分离效率高、精度高、运行费用低、投资省；缺点是具体个案具体工艺、工艺参数建立在具体实验数据的基础上。

2）工艺流程

工艺流程如图 10-17 所示。

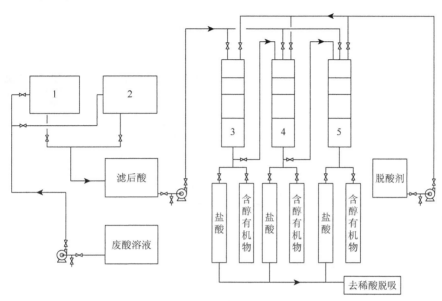

图 10-17　酸阻滞技术在分离含醇盐酸流程图

1、2. 过滤器；3、4、5. 分离塔

4. 三种方法经济技术分析

蒸馏法酸醇分离的优点是分离效率高、精度高；缺点是能耗高、投资大、工艺控制要求高。复合蒸馏法酸醇分离的优点是可以得到氯化氢气体，酸醇分离效率高；缺点是投资大、设备要求高、公用工程要求高、能耗高，有含酸小于1%的废水产生。阻滞型酸醇分离法的优点是分离效率高、精度高、运行费用低、投资省；缺点是具体个案具体工艺、工艺参数建立在具体实验数据的基础上。

以上三种处理含醇废酸的经济分析见表 10-14。

表 10-14　经济分析

序号	消耗指标	蒸馏法	复合蒸馏法	酸阻滞法
1	0.8MPa 蒸汽	0.24t/t 混合酸	1.7t/t HCl 气	0.05t/t 混合酸
2	电/（kW·h）	15t/t 混合酸	42t/t HCl 气	10t/t 混合酸
3	常温冷却水	21.7t/t 混合酸	300t/t HCl 气	

续表

序号	消耗指标	蒸馏法	复合蒸馏法	酸阻滞法
4	深冷水		5.92t/t HCl 气	
5	生成含醇酸为液相,工艺流程	过滤-蒸馏 产品: ①醇 ②盐酸 19%~20%	过滤-气化+深脱吸 产品: ①醇 ②氯化氢气体 ③含量小于 1% HCl 的水 ④增加吸收工艺生产盐酸	过滤-阻滞分离 产品: ①醇 ②盐酸
6	生成含醇酸为气液混合,要求生产 HCl 气体	冷凝-汽液分离-蒸馏分离-常规脱吸-稀酸循环吸收 产品: ①醇 ②氯化氢气体	加热充分气化-复合蒸馏 产品: ①醇 ②氯化氢气体 ③含量小于 1% HCl 的水	冷凝-阻滞分离-常规脱吸-稀酸循环吸收 产品: ①醇 ②氯化氢气体
7	投资系数	1	2	0.6
8	公用工程要求	一般	高	一般

　　根据工艺的需要，产氯化氢气体如液相是混酸选择复合蒸馏法，气液混合的情况选择阻滞分离法。

10.2　硫　酸　工　业[11]

　　石墨设备在硫酸工业中应用也很成功。石墨换热器的用量与接触法硫酸生产同步提高。在硫酸工业中，石墨设备还可在硫酸浓缩中用作再沸器、洗涤塔、蒸发罐（或衬里再生塔）、冷凝器、喷射泵等，详见图 10-18 和图 10-19。

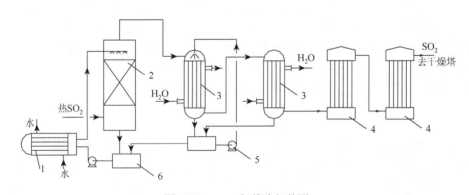

图 10-18　SO_2 气体冷却装置

1. 循环冷却器；2. 洗涤塔；3. 冷却器；4. 除雾器；5. 循环酸泵；6. 储槽

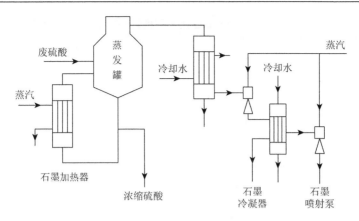

图 10-19　废硫酸的浓缩

石墨设备在 SO$_2$ 气体（包括酸冷）中的成功应用，与高压水喷冲设备及工艺的应用是分不开的。当采用 17.65MPa 高压水以 90L/min 的流量喷冲石墨管内壁时，除垢效果极佳。

至于废硫酸处理中的硫酸再沸器及蒸发罐或再生塔衬里，当硫酸浓度要求达到 50%以上时，则采用呋喃树脂作浸渍剂及胶结剂。采用酚醛树脂浸渍并经中温（180～200℃）热处理，可以延长使用寿命。

国内外对管壳式 SO$_2$ 气体石墨冷却器的使用效果均做过测试，数据参见表 10-15 和表 10-16。表 10-15 中效果低于表 10-16 的主要原因是传热管粗、管壁厚（7：5）及没有采用高压水冲洗措施，酸垢造成较大热阻。采用挤压石墨管而不是浸渍石墨管也是影响因素之一，因前者管材导热系数大幅度下降，但在对 SO$_2$ 冷却的具体条件下，管材导热系数的减小对总传热系数的影响很小。

表 10-15　我国部分 SO$_2$ 气体冷却器使用情况[①]

厂名	SO$_2$ 气参数	SO$_2$ 气温/℃	水温/℃	水量/(t/h)	Δp/Pa	K/[W/(m^2·K)]
葫芦岛锌厂[②]	22505m^3/h	60.00～22.00	17.0～32.0	—	—	171
南通磷肥厂[③]	u=7m/s	47.75～28.75	22.0～26.0	154.0	～392	140
抚顺石油二厂	170t/d 酸[④]	60.50～36.20	21.8～31.5	250.8	～490	169

①所用设备参数：换热管为挤压石墨管，ϕ 36mm/ϕ 50mm，有效长度 5000mm，数量 709 根，换热面积 F_{id}/F_{od}= 401m^2/557m^2。

②三台同样设备串联使用，所测数据为总的结果。

③日产酸 136.25t（100% H$_2$SO$_4$）时测，单台。

④日产酸 170t（100% H$_2$SO$_4$）时测，单台。

表 10-16　　ϕ 22mm/ϕ 32mm 浸渍石墨管 SO$_2$ 冷却器应用示例

	参数	单位	例1	例2	例3
实测值	SO$_2$ 气量	m^3/h	67500	90700	59400
	SO$_2$ 气温（入口）	℃	56.0	52.8	76.8
	SO$_2$ 气温（出口）	℃	32.0	34.5	36.8
	冷却水温（入口）	℃	18.2	20.0	20.5
	冷却水温（出口）	℃	32.8	26.2	30.0
	SO$_2$ 气压（入口）	kPa	−0.931	−1.177	−0.686
	SO$_2$ 气压（出口）	kPa	−1.892	−2.746	−1.324
计算值	交换热量	10^{4}kJ/h	2192.7	2118.6	8044.9
	冷却水量	m^3/h	359	843	2020
	平均温差	℃	18.1	20.0	27.6
	总传热系数	W/(m^2·K)	237.3	292	359.4
	平均 SO$_2$ 流速	m/s	12.8	17.6	9.1
	SO$_2$ 气压降	Pa	961.05	1569.06	637.43
冷凝器传热面积（多台组）		m^2_{id}	1419	1006	2250

注：传热面积为多台组合，如例1为5台并联，每台有 ϕ 22mm/ϕ 32mm×4000mm（有效）石墨管1027根，换热面积以管内径为基准计。

浸渍石墨管制管壳式石墨换热器用作循环（硫）酸冷却器时的使用实例见表 10-17。

表 10-17　　ϕ 22mm/ϕ 32mm 浸渍石墨制循环酸冷却器应用示例

项目		例1	例2
设备型式	每台换热管	3900mm×497根	4000mm×1519根
	管程数	4	6
	台数及排列	3台串联	4台并联
	换热面积（内径基准）	134m^2×3台	419.9m^2×4台
H$_2$SO$_4$	浓度	6%	3%
	流量/(kg/h)	154500	1050000
	温度/℃	32.0~47.5	40~60
冷却水（海水）	流量/(m^3/h)	278600	—
	温度/℃	28.0~36.1	30~40
交换热量/(kJ/h)		9525425	71220870
平均温差/℃		6.57	15.66
总传热系数/[W/(m^2·℃)]		1006	954

曼海姆法是最古老的硫酸盐生产方法，19 世纪末由德国曼海姆（Vereim Mannheim）首创，故称曼海姆法。这种方法技术成熟，钾的收率高，但是物料的腐蚀性和磨蚀力很强。曼海姆法工艺原理简单地讲就是利用非挥发性的硫酸同氯化钾反应，生成固体硫酸钾和气体氯化氢。通常化学反应是分两步进行的，第一步是生成硫酸氢钾，第二步是硫酸氢钾继续同氯化钾反应，生成硫酸钾和氯化氢。第一步反应在常温下就可以进行，并放出热量；第二步为吸热反应，通常在 500～600℃下才能完成。该方法生产硫酸钾放出氯化氢气体，该氯化氢气体的回收工艺见图 10-20。

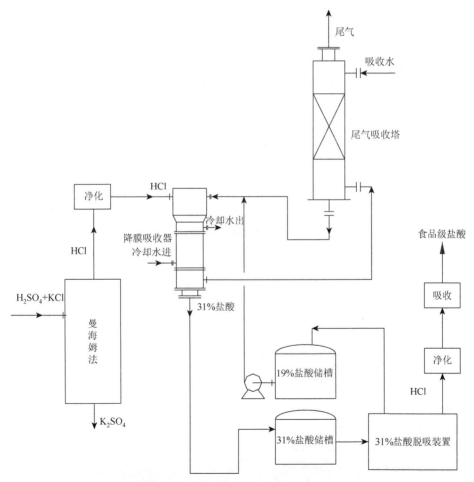

图 10-20　硫酸钾生产中 HCl 的回收利用工艺

另外，硫酸脱氯技术、脱氟技术、硫酸与有机物的分离净化工艺[12]中都大量用到石墨设备。

10.3　磷酸、磷肥工业

磷酸的工业生产方法有两大类：一类是热法生产，制得的产品称为热法磷酸，当前的热法磷酸都是采用电炉法生产元素磷，而后再氧化制成磷酸，故又称电热法磷酸；另一类是湿法生产，产品称为湿法磷酸[13]。

10.3.1　热法磷酸

热法制磷酸是将磷矿在石英（SiO_2）存在下，在电炉中用焦炭还原。磷矿还原后得到的元素磷升华成蒸气状态逸出，再将元素磷燃烧使之氧化成为五氧化二磷，用水吸收并水解成磷酸。

采用电热法制得的磷酸一般含 85% H_3PO_4，显然具有浓度高、质量纯等优点，稍经净化后即可用于食品工业和医药工业。大部分的热法磷酸用于制工业磷酸盐，其中主要的是各种磷酸钠盐。热法磷酸生产所需的元素磷目前都是靠电炉法生产的。一般地说，生产 1t 元素磷（可制 1.38t 100% H_3PO_4）需消耗 12500～15000kW·h 电，如果没有廉价的电源，热法磷酸的生产成本必然很高，同时由于它的能耗大，就使热法磷酸的发展受到一定的限制[13]。

1）水冷法流程（两步水合）

水冷法流程见图 10-21。用泵将液磷从储罐输送至燃烧炉顶上的喷嘴中，并用压缩空气（一次空气）使磷雾化，同时用鼓风机鼓入二次空气。磷焰自上而下燃

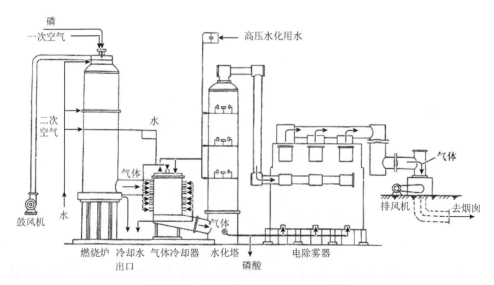

图 10-21　热法磷酸（水冷法）流程[14]

烧，气体从炉底进入气体冷却器。在炉底收集的偏磷酸与气体一起进入气体冷却器中。燃烧炉外壁淋水冷却，使壁温维持在 80～125℃。由冷却器出来的气体进入水化塔，气体在塔中冷却至 100℃以下，然后进入电除雾器。水化塔流出的磷酸浓度为 75%～95%（H_3PO_4），电除雾器回收得到的磷酸浓度为 90%～95%（H_3PO_4）。水化塔回收酸量占总酸量的 55%，电除雾器则占 45%。

　　在该工艺中也已广泛采用了石墨设备，如燃烧炉、气冷器、水合（水化）塔及石墨管道和石墨泵。

　　该法是从燃烧炉顶部将液态黄磷呈雾状喷入炉内，并与喷入空气中的氧燃烧生成五氧化二磷。炉内壁用石墨砖、板衬里，或直接用石墨筒作内壁。燃烧时将水或稀磷酸喷淋到炉内壁石墨表面，呈膜状流下，保证石墨壁温低于开始氧化温度（同时吸收炉内生成的 P_2O_5，提高酸浓度）。生成的五氧化二磷由塔底侧面被抽出进入下一道工序。如图 10-21 中所示直径 4.3m、高 11m 的燃烧炉，内衬石墨砖，可使排出的 P_2O_5 气体温度降到 800℃。

　　2）酸冷法流程（一步水合）

　　酸冷法流程见图 10-22。液态黄磷送至燃烧水化塔顶部的喷嘴中，喷嘴内还通入压缩空气或高压蒸汽，使黄磷雾化并在塔内燃烧，燃烧所需空气沿喷嘴四周的洞孔进入燃烧水化塔，当产品磷酸浓度为 85%的 H_3PO_4 时，用温度低于 40℃的循环冷磷酸沿塔内壁表面形成一层酸膜。同时稀酸在塔的中部进行喷淋，磷燃烧的火焰完全由所形成的酸膜包围，并与喷淋的稀磷酸接触，以吸收燃磷反应所放出

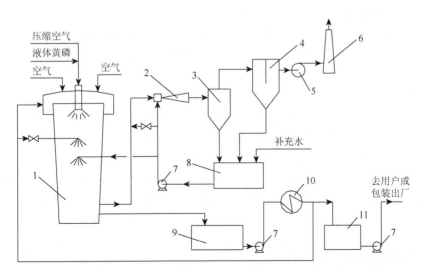

图 10-22　热法磷酸（酸冷法）流程[14, 15]

1. 燃烧水化塔；2. 文氏管；3. 除沫器；4. 气液分离器；5. 风机；6. 烟囱；7. 泵；8. 稀酸槽；
9. 热磷酸槽；10. 换热器；11. 成品酸槽

的大量热量，使燃磷气体冷却，生产的磷酐大部分（约占产酸量的 75%）被循环酸吸收，从塔下流出的热磷酸经板式换热器用冷水冷却至低于 40℃后继续循环使用，并从回流的冷磷酸中抽出部分酸作为产品，送往成品槽。出塔的燃磷气体含有大量酸雾，进入文氏管、除沫器和气液分离器将气体夹带的酸雾捕集下来，流入稀酸槽，气液分离器出来的尾气用排风机送入大气。

图 10-22 一步水合（酸洗法流程）中的燃烧水化（水合）塔（相当于"三合一"合成炉）、冷却器、配管、泵等都广泛采用了石墨材质。

在此塔内，因一般塔径较大，多采用不透性石墨砖、板衬里，取得良好效果。吸收液在系统内循环吸收后可以得到 80%～85%（高浓度）的磷酸。在我国不少工厂中也采用此法。

根据上述合成炉及"三合一"盐酸合成炉的原理，并参考上述盐酸生产的经验，设计并制造生产强度较高的磷酸水合塔是值得尝试的。

由热法生产所得磷酸的浓度可以直接达到 H_3PO_4 80%～85%，因而不再需要浓缩。在重钙、磷酸铵等的生产中，除可用于磷酸生产外，也可用于反应槽。

10.3.2　湿法磷酸

湿法磷酸工艺即由磷矿石经过无机酸（主要是硫酸或盐酸）分解，先制得肥料用粗磷酸，再经各种步骤净化除杂，最后浓缩制成纯度与热法工艺相当的工业级磷酸。目前主要的净化方法有化学沉淀法、离子交换树脂法、结晶法、溶剂沉淀法和溶剂萃取法。

在湿法磷酸及普钙的生产中，石墨硫酸稀释冷却器（图 8-127 和图 8-128）的优越性已得到证实，磷酸蒸发系统中石墨加热器（圆块式及管壳式）及石墨衬里蒸发室也已得到推广。

湿法磷酸有二水物流程、无水物流程、半水物流程，其中二水物流程应用最早，也最为广泛。二水物湿法磷酸的生产包括磷矿粉的酸解和磷酸料浆的过滤两个主要工序，其典型的工艺流程如图 10-23 所示。

在我国，磷酸萃取槽采用不透性石墨或透性石墨板衬里，取得了十分理想的效果。其中采用透性石墨板（由电解食盐水溶液用的石墨阳极加工而成）作衬里的磷酸萃取槽，最大规模已做到 ϕ13500mm×4400mm，寿命最长的已使用了 20 年，并且还在继续使用。

10.3.3　湿法磷酸的浓酸

1. 低浓度磷酸的提浓

湿法磷酸得到的磷酸浓度偏低，需要进一步浓缩。

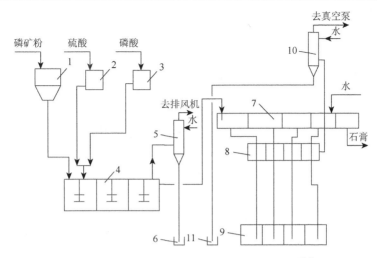

图 10-23　典型二水物流程制湿法磷酸流程图[16]

1. 矿粉仓；2. 硫酸高位槽；3. 稀磷酸高位槽；4. 反应单槽；5. 废气洗涤器；6、11. 地下液封槽；
7. 盘式过滤机；8. 气液分离器；9. 液封槽；10. 气体冷凝器

美国斯温森蒸发器公司早在 1917 年就已进行了强制循环蒸发器的研制工作，这种蒸发系统不是原来的自然循环蒸发器，而是用泵使酸液"强制循环"，即使酸液在加热管中获得一定的流速，造成酸液在管间激烈的流动，从而大大提高了加热管的液膜传热系数。在标准型式的蒸发器设计中，选用管间流速在 1.2～4.6m/s 之间。

通用的强制循环系统是斯温森的单效真空蒸发装置。用低压蒸汽加热，在 6666.12～9999.18PaA 的绝对压力下进行蒸发，将含 25%～30% P_2O_5 的稀磷酸浓缩到 55% P_2O_5，生产能力为 600～900t P_2O_5/d。

斯温森强制循环的单效真空蒸发装置如图 10-24 所示。列管加热器是立式安装的，进料稀磷酸浓度一般为 2%～30% P_2O_5，从加热器出来的酸液和二次蒸汽的混合物以切线方向进入闪急蒸发室（简称闪蒸室），经过闪蒸室内安装的折流板，混合物沿器壁导入下方，而蒸汽则转向上方，并最大限度地分离掉汽中夹带的酸液雾沫。这种闪蒸室的设计是旋风分离器的一种改进，可使蒸汽中带出的雾沫减至最低程度，不需要另设分离装置。

该套工艺的设备采用不透性石墨制作，大型磷酸蒸发列管换热器如图 10-25 所示。

应用实例：图 10-26 为某家企业设计的磷酸蒸发装置，产量为 1t/h 85%(P_2O_5)。从 50%（P_2O_5）浓缩至 85%（P_2O_5）。该套系统的仪表清单见表 10-18。冷凝器面积 50m²，加热器面积 60m²，闪蒸罐 DN 1100mm×3500mm。

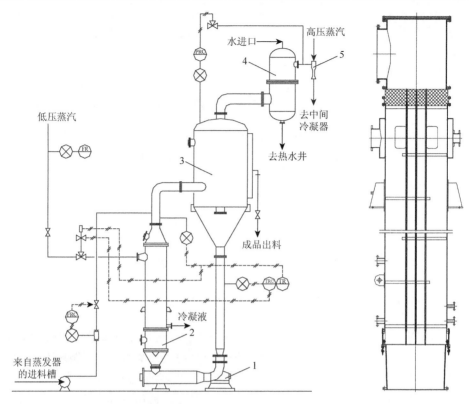

图 10-24　强制循环蒸发器的典型控制系统[17]　　　　图 10-25　大型列管
　　　　　　　　　　　　　　　　　　　　　　　　　　　　　石墨换热器[18]

T. 温度计；R. 记录器；C. 控制器；F. 流量计；1. 轴流泵；2. 石墨加热器；
3. 蒸发器；4. 气体洗涤器；5. 喷射器

表 10-18　磷酸蒸发系统仪表配置

序号	位号	测量点名称	工艺描述和名称
1	FE101	磷酸（50%）进料流量检测	电磁流量计（衬里：PTFE）
2	FV101	磷酸（50%）进料控制	气动薄膜衬氟塑波纹管调节阀
3	TE101	闪蒸器气相出口温度检测	温度传感变送器
4	TV101	蒸汽温度控制	偏芯旋转阀（耐高温）
5	TE102	蒸汽温度检测	温度传感变送器
6	LV101	闪蒸器液位控制	气动薄膜衬氟塑波纹管调节阀
7	LE101	闪蒸器液位检测	双法兰差压变送器（膜片：钽）

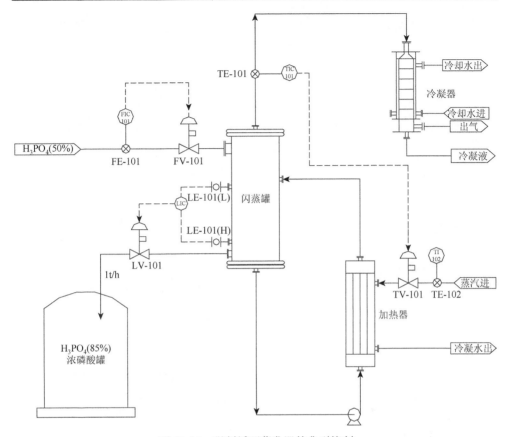

图 10-26　强制循环蒸发器的典型控制

2. 湿法磷酸的脱氟[19]

湿法磷酸生产中氟化物的回收实际上是在浓缩过程中实现的，磷矿中总氟量的 66.7% 留在含 30% P_2O_5 的过滤酸中，当过滤酸浓缩到 54% P_2O_5 时，其中有 41.9% 的氟将随蒸气逸出，并得到回收，只有 24.8% 的氟继续留在浓磷酸中。

采用真空浓缩系统浓缩磷酸时，从蒸气中回收氟就非常简单，一般是将氟化物溶解在冷凝液中。帕里许（W. R. Palish）曾介绍了磷酸工厂中通常采用的从真空浓缩器逸出蒸气中回收氟的流程及设备，如图 10-27 所示。

10.3.4　精制食品级磷酸

该技术是利用微乳技术的高效传质和混合性能来实现湿法磷酸萃取净化的。其出众之处在于能够实现极其优良快速的混合、高效传质、提高产率、反应物停留时间的窄分布、高效过程控制的快速系统反应及反应物在系统中填充量少，而

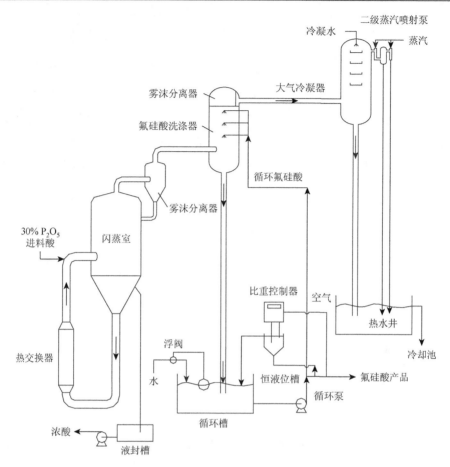

图 10-27　从湿法磷酸真空浓缩中回收氟的流程图

得到的高安全性能。利用微乳技术进行工业化生产时，无放大效应，从而大幅度缩短了产品由实验室到市场的时间。不但具有良好的传质和传热性能，还具有设备结构简单、投资省、能耗低、占地面积小、操作条件易于控制和内在安全等优点，具有传统装置不可比拟的优越性。微乳技术是瓮福集团开发具有自主知识产权的湿法磷酸净化工艺，给湿法磷酸净化带来新的革命性进步，填补国内该领域的空白。

　　利用该技术生产的净化磷酸完全达到工业级磷酸和食品级磷酸国家标准要求，项目成果已产业化实施。整个系统主设备基本是石墨设备，管道以高纯四氟材料为主。

　　食品级磷酸净化浓缩系统示意见图 10-28。

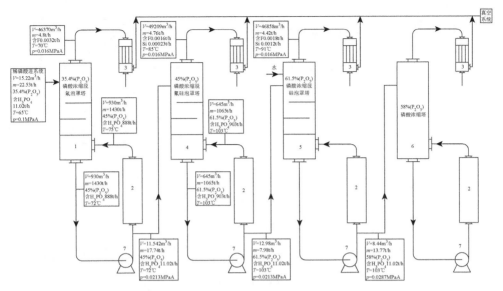

图 10-28　食品级磷酸净化浓缩系统示意图

1. 浓缩脱氟泡罩塔；2. 加热器；3. 冷凝器；4、5. 脱氟脱硅泡罩塔；6. 浓缩塔；7. 循环泵

10.3.5　电子级磷酸生产技术成果简介

电子级磷酸又可称为超高纯磷酸，它是超净高纯试剂中的一种。主要用于芯片的清洗、腐蚀，印刷电路板的腐蚀和电镀清洗。目前作为 TFT-LCD（薄膜液晶显示器）和 IC（大规模集成电路）行业中的蚀刻液，被广泛应用于集成电路及液晶显示器领域中。

以具有自主知识产权的高纯精细磷酸净化技术为基础，以食品级湿法磷酸净化酸为原料，攻克了制备高纯磷酸的关键技术，用冷却结晶和重结晶方法，对结晶法净化磷酸制备电子级磷酸，在整个工艺过程中没有采用任何净化剂和萃取剂，不会对磷化工厂设备造成腐蚀，易于实现产业化技术突破。

项目开发的工艺流程短而简单，操作简便，投资少，成本低，易于实现工业化。产品已达到国际半导体设备与材料协会 SEMI Grade2 标准。本技术是目前唯一可应用于热法磷酸和湿法磷酸生产电子级磷酸的新技术、新工艺、新方法。

10.3.6　管式反应器[20]

1973 年以来，以美国 TVA（预中和氨化粒化法磷铵生产工艺）为代表，在用管式反应器代替槽式中和反应器生产磷铵类肥料方面，做了大量的实验研究工作，并取得了可喜的成果。目前，管式反应器已广泛应用于磷酸一铵（MAP）、磷酸二铵（DAP）、硫磷铵、尿磷铵和 NPK 复合肥料的生产。图 10-29 为硫酸铵石墨管式反应器的结构，其外壳是 316L，内衬高纯石墨。

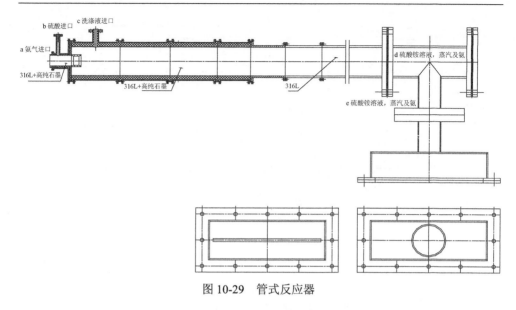

图 10-29　管式反应器

国内外的实践都已证明，用管式反应器生产 DAP、MAP 和 NPK 肥料，不仅操作方便、技术可靠，而且节省能源，在经济上具有较强的竞争性。

10.4　石　油　化　工

伴随着石油化工的发展，石墨设备得到广泛的应用。虽然石油化工是一个产品、工艺十分广泛复杂的领域，石墨设备的适用面也极广，但可以大致归纳为应用在以下几个方面。

（1）副产盐酸或 HCl 气体的回收、精制过程（这是与几乎所有使用到氯的工业所共同的）。

（2）作为反应原料或触媒的 HCl 气体的制造、处理过程。

（3）以氯为原料，把它扩散到溶剂中去的过程。

（4）触媒和溶媒（如 Al_2Cl_3、$ZnCl_2$ 等）的制造、循环、回收工程。如在丙烯酸纤维素制造过程中。

（5）高沸点（或含氯）有机物的焚烧及回收，废酸（如废盐酸、废硫酸）的处理。

在上述极为广泛而复杂的流程及装置中，石墨设备经常被选用的种类有冷却（凝）器、降膜吸收器、再沸器、加热器、解吸塔、蒸馏塔、洗涤塔、再生塔、尾气塔、离心泵、喷射泵、储槽（多为衬里槽）、管道管件等。

石油化工中一些含氯化学品的合成工艺流程可查阅相关资料。这里简单列出应用的产品，见表 10-1。对表中几个流程相对简单的产品的生产系统进行介绍。

10.4.1　环氧氯丙烷

环氧氯丙烷是一种重要的有机化工原料和精细化工产品，用途十分广泛，以环氧氯丙烷为原料制得的环氧树脂具有黏结性强、耐化学介质腐蚀、收缩率低、化学稳定性好、抗冲击强度高及节电性能优异等特点。在涂料、胶黏剂、增强材料、浇铸材料和电子层压制品等行业具有广泛的应用。此外，环氧氯丙烷还可用于合成硝酸甘油炸药、玻璃钢、电绝缘品、表面活性剂、医药、农药、涂料、胶料、离子交换树脂、增塑剂、氯醇橡胶等多种产品，用作纤维素酯、树脂、纤维素醚的溶剂，用于生产化学稳定剂、化工染料和水处理剂等。

环氧氯丙烷的合成方法过去主要是以丙烯和氯为原料直接高温氯化合成氯丙烯，氯丙烯与次氯酸盐反应合成二氯丙醇，二氯丙醇水溶液与 $Ca(OH)_2$ 或 NaOH 反应生成环氧氯丙烷。

比利时索尔维（Solvay）公司开发了由甘油生产环氧氯丙烷的 Epicerol 工艺。该工艺借助于专有的催化剂，通过甘油与氯化氢的一步反应制备中间体二氯丙醇，无须使用氯气。此外，该工艺产生极少量的氯化副产物，水消耗量及废水量也少。索尔维公司于 2007 年在法国 Tavaux 生产基地建成一套采用该工艺的 10000t/a 环氧氯丙烷工业生产装置，这也是该工艺的首次工业应用。

申请号为 201310665129.X 的专利公开了一种环氧丙烷的生产方法[21]。包括以下几个步骤：甘油氯化、二氯丙醇氯化氢水溶液分离、循环氯化氢压缩及二氯丙醇皂化、环氧氯丙烷精制。流程见图 10-30。

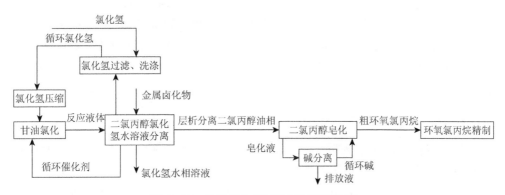

图 10-30　甘油法生产环氧氯丙烷流程图

该流程中大多设备采用石墨材料制作。

10.4.2　一氯甲烷

甲醇氯化法制一氯甲烷生产流程见图 10-31。

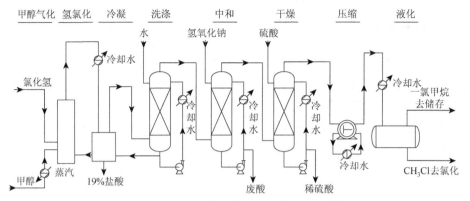

图 10-31　甲醇氯化法制一氯甲烷生产流程图

10.5　"三废"处理

在冶炼烟气（含 S）的处理、回收、对金属的酸洗或其他众多工艺过程中排出的废酸的回收、浓缩过程中，尤其是近年来大量石油化工废液（常含有氯）及废弃塑料等其他有机固体废物的处理上，由于不透性石墨的优异特性而得以采用。除上述图 10-18 和图 10-19，还可用下列的焚烧回收办法。

10.5.1　含氯废气的处理

含氯废气处理[22]的方式可参见图 10-32。含氯废气在充足氧气的作用下在焚烧炉中燃烧，有机物生成二氧化碳及氯化氢气体，反应生成的高温烟气经过旋风分离除尘后进入激冷器降温。经过急冷后的气体进入吸收冷却系统进一步吸收成盐酸，不溶性气体及部分尾气进入碱洗塔吸收。激冷器喷淋液来自吸收冷却系统中的稀盐酸，喷淋液对烟气进行冷却并吸收烟气中部分氯化氢气体。焚烧炉内气体燃烧放出的热量用来副产蒸汽。

10.5.2　含盐废水的处理

1. 刮膜蒸发工艺[23]

刮膜蒸发工艺提浓酸洗废液，用泵输送酸洗废液经利用刮膜蒸发器蒸发出来稀酸蒸汽为热源的双效换热器加热原料进入刮膜蒸发器成膜分配盘，压力控制在 0.20～0.35MPa，废酸成膜沿壁而下，在真空条件下连续蒸发，蒸发压力控制在 3～25kPa，温度控制在 85～135℃，出液浓度控制在 42%～58%进入结晶器，用 5℃水冷却结晶并进行液固分离，液体母液返回原料罐，固体为四水氯化亚铁，进入干燥包装。稀酸蒸汽冷凝为稀酸回用系统中。此流程是设备投资省、废酸回用最简便的工艺路线，产品稳定，便于控制无任何污染物排出，每处理 1t 废酸耗用蒸汽量为 390kg 左右。也可采用此技术提浓氯化亚铁，详见图 10-33。

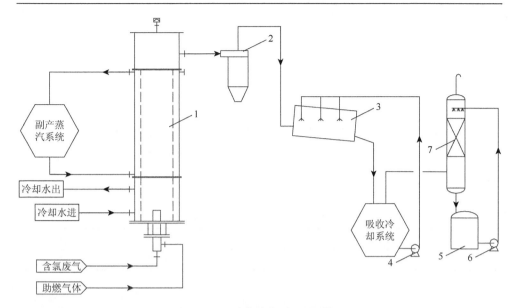

图 10-32　含氯废气处理流程图

1. 焚烧炉；2. 旋风分离器；3. 激冷器；4. 酸循环泵；5. 碱液循环罐；6. 碱液循环泵；7. 填料塔

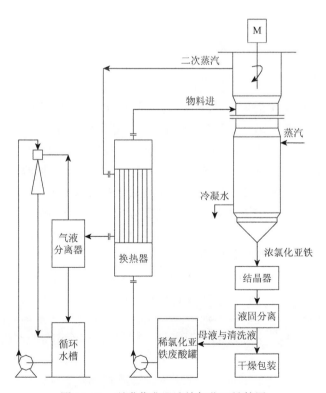

图 10-33　刮膜蒸发器浓缩氯化亚铁简图

2. 三效蒸发[24]

为了从含盐废水中得到盐的结晶物，通常采用多效蒸发的工艺。在含盐废水（如氯化钠、氯化亚铁的废水）中，由于废水中含有部分酸性介质，普通材质难以承受，因此在这些多效蒸发工艺中多用到石墨设备。

多效蒸发的基本原理是利用二次蒸汽作为热源继续给后续加热器供热。为了节约能耗，多效蒸发一般在负压下操作。采用不同的效数蒸发 1t 水所需要的生蒸汽见表 10-19。

表 10-19　蒸发 1t 水所需的生蒸汽（t）

单效	双效	三效	四效	五效
1.1	0.57	0.4	0.3	0.27

根据物质的热敏性分情况选择是逆流蒸发还是顺流蒸发。典型的逆流蒸发及顺流蒸发流程见图 10-34 及图 10-35。

3. MVR 蒸发

图 10-36 为废水 MVR 蒸发流程。

4. 应用实例

废酸通过真空系统进入蒸发器，达到一定的容量后，利用加热器加热的作用，在蒸发器内进行气液分离，由于真空作用，可以避免物料黏附到加热管的内壁上。蒸发达到过饱和，过饱和溶液直接进入结晶器，在结晶器内冷却结晶，结晶完成后进入真空抽滤装置进行固液分离，分离出氯化亚铁晶体，回收。固液分离后的溶液是 HCl 含量在 20%～25%的盐酸和少量氯化亚铁的混合液，可与新酸按比例调节好后直接投入生产使用（据相关科研机构的研究，这种混合酸的洗涤效果比新酸更理想）。蒸发出的水蒸气和 HCl 气体经过冷凝器进入液封槽，再通过酸泵排出，可以与新酸混合在一起使用。

钢厂盐酸废液中含有 HCl 和 $FeCl_2$，通过对废酸液加热蒸发、冷凝器冷凝形成稀盐酸，返回车间重新使用；通过蒸发浓缩、冷却浓缩液析出 $FeCl_2$ 结晶，得到固体产品。该技术能处理废酸液，回收 98%以上的盐酸，盐酸浓度比废液浓度下降 1%～4%；使 Fe^{2+} 全部以 $FeCl_2$ 固体形式排出；蒸汽消耗量≤0.4t/t 废液，实现废酸液零排放。

本装置对盐酸废液采用负压外循环蒸发浓缩结晶法。在负压条件下，蒸发温度低，对设备管道的材质要求降低，能够保证连续稳定生产。采用外循环加热是

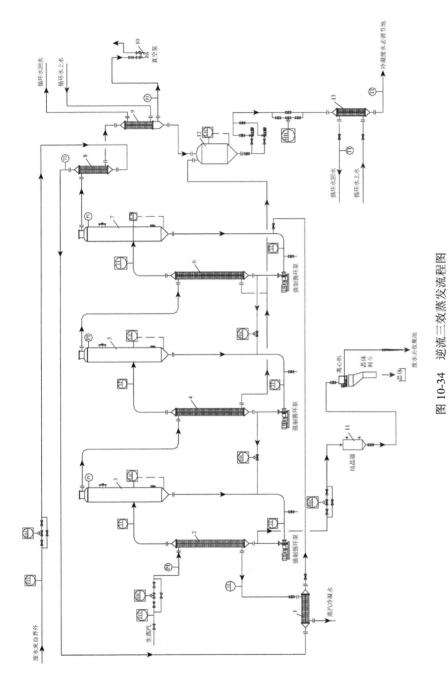

图 10-34　逆流三效蒸发流程图

1. 预热器；2. 一效蒸发器；3. 一效加热器；4. 二效蒸发器；5. 二效加热器；6. 三效蒸发器；7. 三效加热器；8. 冷凝预热器；9. 废水预热器；10. 真空泵；11. 结晶器；12. 冷凝废水收集罐；13. 冷凝废水冷却器

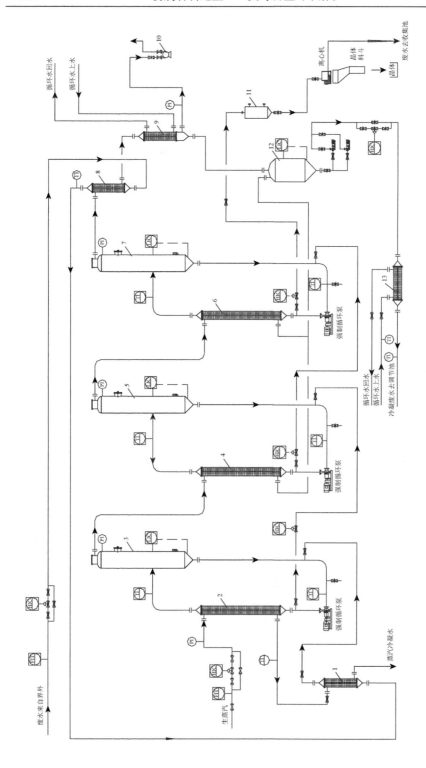

图 10-35　顺流三效蒸发流程图

1. 预热器；2. 一效蒸发器；3. 一效加热器；4. 二效蒸发器；5. 二效蒸发器；6. 三效加热器；7. 三效蒸发器；
8. 冷凝预热器；9. 废水冷凝器；10. 真空泵；11. 结晶器；12. 冷凝废水收集罐；13. 冷凝废水冷却器

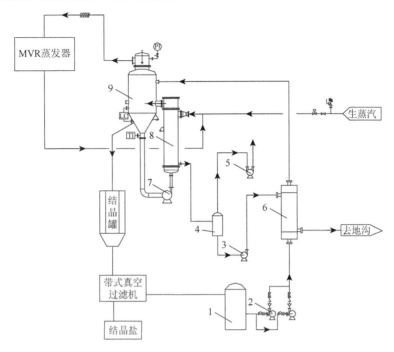

图 10-36　MVR 蒸发流程图

1. 原料罐；2. 原料输送泵；3. 水泵；4. 汽水分离罐；5. 真空泵；6. 预热器；
7. 循环泵；8. 一效蒸发器；9. 一效蒸发釜

因为 $FeCl_2$ 在蒸发过程中容易析出，极易堵塞设备，使蒸发器不能正常生产。本法具有蒸发效率高、能连续稳定生产、操作简单、治理过程不需加新酸、设备防腐耐用、操作运转费用低，实现完全零排放。工艺特点如下：①采用蒸发工艺进行废盐酸再生处理，投资低；②该工艺流程简洁、节能，操作方便，占地面积小；③该工艺系统消耗少，运行费用相对较低；④该工艺得到的盐酸，可以直接进入生产线使用；⑤该工艺同时得到副产品氯化铁，呈半干状，可以桶装出售。

　　该技术不但用于废盐酸的回收处理，而且可用于稀硫酸、磷酸的浓缩处理。装置中的设备、管线、阀门等均采用特殊的防腐材料与技术。因此，装置使用寿命长，无泄漏，布置紧凑，占地面积少，流程简图见图 10-37。

10.5.3　含氯化氢气体的烟气处理

　　在烟气量极大的情况下，回收烟气中的氯化氢气体经常采用循环吸收的工艺，流程见图 10-38。其中激冷器、冷却器都是采用不透性石墨制作。

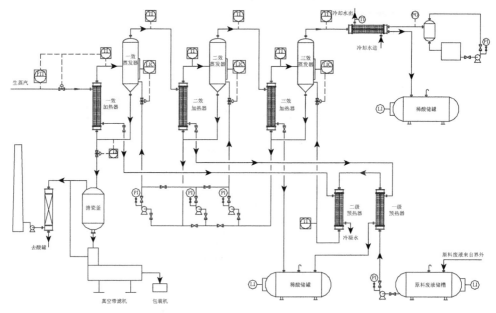

图 10-37　氯化亚铁蒸发结晶流程简图

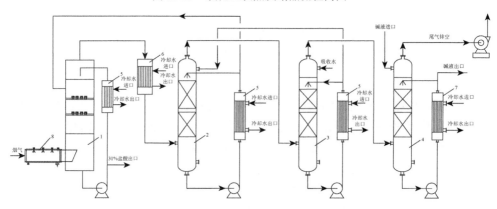

图 10-38　烟气处理流程图

1. 洗涤塔；2. 一级吸收塔；3. 二级吸收塔；4. 尾气碱洗塔；5. 酸循环冷却器；
6. 气体冷却器；7. 碱液冷却器；8. 激冷器

10.6　无水氯化镁的制备[25]

在工业生产中，由六水氯化镁制备无水氯化镁存在多种制备方法，但是有的能耗高，有的工艺流程复杂，有的效率低下，缺乏规模化生产需要的高效率、低能耗的成熟方法。申请号为 201110180588.X 的专利公开了一种"无水氯化镁的制备工艺及其制备装置"。该工艺将氯化氢通入装载六水氯化镁的复合结构回转窑中，分三级、四级、五级或六级加温脱水；分三级时，三级加温范围分别为 160～220℃、180～380℃和

330～450℃，分别对应三个分解脱水过程：由六水氯化镁变成四水氯化镁的过程、由四水氯化镁变成二水氯化镁的过程、由二水氯化镁变成最终需要的无水氯化镁成品的过程，从而实现由六水氯化镁变成无水氯化镁的制备过程。该工艺流程见图10-39，该工艺涉及的主要设备回转窑、激冷器等都采用钢衬石墨材质。

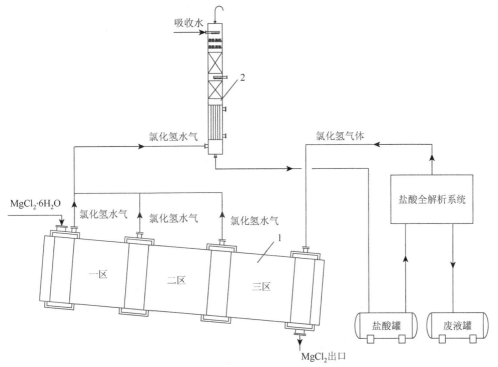

图 10-39　无水氯化镁生产工艺

1. 回转窑；2. 激冷器和组合吸收塔

10.7　使用实例

10.7.1　列管式及块孔式石墨换热器的应用

列管式石墨换热器的应用实例见表 10-20，块孔式石墨换热器的应用实例见表 10-21。

10.7.2　在氯系统中的应用

石墨设备在氯系统中的应用实例见表 10-22。

10.7.3　我国石墨设备的使用实例

我国石墨设备的使用实例见表 10-23[26]。

表10-20　列管式石墨换热器应用实例

序号	生产实例	设备名称	换热面积/m²	台数	介质		操作条件				使用效果	使用寿命（已用时间）
							温度/℃		压力/(kgf/cm²①)			
					管程	壳程	管程	壳程	管程	壳程		
1	合成盐酸	氯化氢冷却器	30	6	HCl气体	冷却水	入口：<200 出口：60	20~30	-0.04~0.01	2~3	接触氯化氢气体的上管板和换热管黏接处易容易腐损坏；封头外面有冷却水套，使用情况良好	2~3
2	合成盐酸	氯化氢冷却器	90	2	HCl气体	冷却水	120~140	15~40	0.5	2~4	上封头和上管板黏接缝接触高温气体，易损坏老化；石棉橡胶板衬垫易老化	（已用2年）
3	合成盐酸	氯化氢冷却器	35 / 50	2 / 5	HCl气体	冷却水	150~200	20~30	-0.3~-0.2	2~3	最初使用时，上管板中部被高温气体烧蚀，中央烧成50~60mm的凹坑后在上封头四周装设冷却水槽，浸入冷却水中，且在管板上增设一块防高温气体冲蚀的孔板，取得良好效果	2年左右
4	盐酸脱吸	氯化氢干燥器	105	2	HCl气体含少量H_2O	冷冻盐水	-16~-12	-32	0.5	1.5	使用四年多，只有个别换热管损坏	（已用4年）
5	盐酸脱吸	再沸器	30	2	浓盐酸	水蒸气	120	130	0.5	2	其中一台使用8个月后，停车时间较长，再次开车时，没有检修更换浮头填料，开车后，浮头卡死，管子断裂，另一台良好	（已用1年）
6	盐酸脱吸	再沸器	50 / 47	2 / 1	36%盐酸	水蒸气	120	150	0.5	3	封头及换热管较易损坏	（已用1年）
7	盐酸脱吸	再沸器	30	1	25%盐酸	水蒸气	120	130	0.5	2	石棉橡胶板衬垫在高温介质中易老化，需定期更换；使用情况良好	7年

续表

序号	生产实例	设备名称	换热面积/m²	台数	介质 管程	介质 壳程	操作条件 温度/℃ 管程	操作条件 温度/℃ 壳程	压力/(kgf/cm²) 管程	压力/(kgf/cm²) 壳程	使用效果	使用寿命(已用时间)
8	盐酸脱吸	氯化氢干燥器	35	4	HCl气体 少量H_2O	冷冻盐水	入口:40~50 出口:-20	-30~-25	0.45	3	上管板拼接缝出现开裂，个别换热管与管板的黏接缝出现泄漏；设备定期更换检修	2年多
9	盐酸脱吸	再沸器	30	1	浓盐酸	水蒸气	120	130	0.55	2	使用10年后，只在蒸汽进口管附近的换热管和管板的黏接缝出现渗漏，其余部分完好	10年
10	盐酸脱吸	再沸器	30	1	浓盐酸	水蒸气	120	130	0.55	2	制造质量较差，先后因加热管与管板黏接缝渗漏逐渐堵管处理，使用仅1年多，设备更新	1年多
11	盐酸脱吸	氯化氢二冷器	20	1	HCl气体	冷冻盐水	-15	-35	0.48	2	良好	2年多
12	盐酸脱吸	稀酸二冷器	25	1	21%盐酸	冷却水	35	25	0.13	2	良好	2年多
13	聚氯乙烯	冷却器	50	2	粗氯乙烯 少量HCl、C_2H_2	冷冻盐水	入口:90 出口:30~40	0	0.8	2	使用2年多，设备尚完好	(已用2年多)
14	聚氯乙烯	冷却器	100	2	HCl和C_2H_2混合气体	冷冻盐水	入口:30~40 出口:-14	-30~-25	0.5	2	良好	2~3年
15	三氯乙醛	冷凝器	10	10	HCl、C_2H_3Cl、CCl_3CHO	冷却水	<120	<60	<1	2	良好	4年
16	三氯乙醛	粗醛冷凝器	10	2	HCl、C_2H_3Cl、CCl_3CHO	冷却水	95	28	0.3	1	良好，后因换热管被腐蚀串漏，钢制外壳也因大气腐蚀泄漏而更新设备	6年

续表

序号	生产实例	设备名称	换热面积/m²	台数	介质 管程	介质 壳程	温度/℃ 管程	温度/℃ 壳程	压力/(kgf/cm²) 管程	压力/(kgf/cm²) 壳程	使用效果	使用寿命（已用时间）
17	三氯乙醛	尾气冷凝器	8 / 10	1 / 1	HCl, C₂HCl, CCl₃CHO	冷冻盐水	60	−5	0.3	1	已使用2年，设备尚完好	（已用2年）
18	三氯乙醛	蒸馏冷凝器	10	4	精馏少量HCl	循环水	100	30	1	2	换热管及上、下封头先后损坏	1年
19	敌百虫	醋化冷凝器	10	2	HCl CH₃Cl CH₃OH PCl₃ CCl₃CHO	冷冻盐水	40	−5	真空约0.133	1.4	一台已用8年，除钢外壳大修时更换外，其他部件完好；另一台已用3年，设备完好	8年
20	敌百虫	脱酸冷凝器	10	2	HCl CH₃Cl CH₃OH CCl₃CHO	冷冻盐水	40	−5	真空约0.133	1.4	已用6年，其中一台外壳穿蚀更新，其他部分完好	（已用6年）
21	敌百虫	缩合冷凝器	15	1	HCl CH₃OH CCl₃CHO	冷冻盐水	70	−5	真空约0.133	1.4	已用6年，发现2根换热管腐蚀穿孔，其他部分完好，堵管后仍在使用	（已用6年）
22	敌百虫	升膜脱醛器冷凝器	10 / 20	2 / 1	HCl CH₃OH CCl₃CHO	冷冻盐水	100	−5	真空约0.133	1.4	已用6年，发现个别换热管腐蚀穿，堵管后继续使用	（已用6年）
23	敌百虫	冷凝器	10	9	HCl CH₃OH CCl₃CHO 敌百虫液	冷冻盐水	125	−14	真空约0.067	3	衬垫用石棉橡胶板老化，因外壳被腐蚀，设备更新	5年
24	六六六	合成尾气冷却器	11	2	HCl, Cl₂ 苯蒸汽	冷却水	50	20	0.067	3	上、下封头接缝易损坏，开裂。修补后继续使用	（已用4年）
25	六六六	废气冷却器	10 / 20	1 / 1	苯、盐酸、苯的氯化物	冷却水	50~60	30~40	±0.1	2~2.5	已使用3年，设备尚完好	（已用3年）

续表

序号	生产实例	设备名称	换热面积/m²	台数	介质		操作条件				使用效果	使用寿命（已用时间）
					管程	壳程	温度/℃		压力/（kgf/cm²）			
							管程	壳程	管程	壳程		
26	染料（氯乙烷）	冷凝器	5	2	乙酸 环氧乙烷	冷却水	100~125	20~50	真空（-0.8~-0.33）	2~3	良好	（已用1年半）
27	染料（氯乙烷）	氯乙烷冷凝器	30	4	盐酸 乙醇 氯乙烷	冷却水	入口:150 出口:60~70	20~30	0.5	2	上管板与管子黏接缝易损坏	3年
28	染料（氯乙烷）	氯乙烷冷凝器	10 15	4 1	盐酸 乙醇 氯乙烷	冷却水	入口:60~70 出口:常温	20~30	0.5	2	良好	5~6年
29	染料（氯乙烷）	氯乙烷冷凝器	6	1	盐酸 乙醇 氯乙烷	海水	入口:70~80 出口:25	20	常压	3	使用2年后，先后部分换热管与管子黏接缝渗漏，经堵管检修后，继续使用3年，设备更换	5年
30	染料（氯乙烷）	氯乙烷冷凝器	18	2	盐酸 乙醇 氯乙烷	海水	入口:110 出口:80	20	常压	0.5	良好	5~7年
31	染料（萘酚As）	缩合冷凝器	15	1	盐酸 氯苯 三氯化磷	冷却水	入口:130 出口:30~60	20	1.5	2	良好	4~5年
32	染料（二氯蒽醌）	冷凝器	30	2	盐酸 氯苯	冷冻水	入口:150 出口:40~50	20	常压	2	良好 衬垫采用石棉板外缠聚四氟乙烯薄膜，效果较好	2~3年
33	氯乙醇	冷凝器	80	1	氯乙醇 少量氯气及二氯乙烷	冷却水	入口:98 出口:20	20~30	常压	2~3	对着气体介质入口的管板中部，管子与管板的黏接缝及管子本身较易损坏	（已用3年）
34	氯化苯	冷却器	5	4	粗氯苯	冷却水	50	-15	2	3	良好	5年

续表

序号	生产实例	设备名称	换热面积/m²	台数	介质		操作条件				使用效果	使用寿命（已用时间）
					管程	壳程	温度/℃		压力/（kgf/cm²）			
							管程	壳程	管程	壳程		
35	苯酚	冷凝器	20	2	SO_2 苯磺酸 水蒸气	冷却水	100	18	0.27~0.53	常压	已使用 3 年，衬石墨板的封头易发现过渗漏，经检修后继续使用；物料易堵塞管子	3~5 年
36	硫胺	二氧化硫冷却器	100	1	SO_2、SO_3	海水	入口：70 出口：30~40	20~25	0.1~0.2	2	使用 4 年后，设备尚完好；因化工工艺条件更改而停止使用	（已用 4 年）
37	硫胺	二氧化硫冷却器	200	3	SO_2、SO_3	海水	50~60	20~25	0.1~0.2	2	使用 2 年后，除钢制壳体被海水腐蚀外，其他部件尚可继续使用	（已用 2 年）
38	硫胺	二氧化硫冷却器	400	1	SO_2、SO_3	海水	60~70	20~25	0.1~0.2	2	使用 3 年后，外壳被海水腐蚀外，其他部件完好，经补焊检修后，继续使用	（已用 3 年）
39	炼油	加热器	25	2	HCl 精制油 抗凝剂	过热水蒸气	入口：20 出口：130	150	0.78	2	设备操作温度高，管子与管板的粘结处先后发生渗漏，经堵塞处理继续使用，两台分别用 2 年及 4 年	2~4 年
40	味精	蒸发外加热器	18	2	HCl 含氨气	水蒸气	70~80	120	0.80~0.87	1.5	其中一台使用 2 年后，封头与管板的拼接接缝裂开，部分管子渗漏。另一台使用 3 年后共有十几根管子渗漏	2~3 年
41	氯碱	氯气冷凝干燥器	100	6	湿氯气	冷却水	入口：80~90 出口：40	25~30	0.80~0.87	1.5~2.5	介质中有次氯酸（湿氯气产生的），是强氧化剂，酚醛树脂被腐蚀，管子被腐蚀出穿孔，塔孔后继续使用。1 年后更换	1 年
42	顺丁橡胶	加热器	20	1	50% H_2SO_4	水蒸气	60	150	2	4	使用 1 年后，经小修已继续使用 3 年，效果较好	已用 3 年
43	顺丁橡胶	再沸器	20	2	50% H_2SO_4	水蒸气	130	150	1	4	效果很好，使用 2 年（实际运行一年多）小修两次；在 130 根管子中，只发现 7 根管子渗漏，堵管后继续使用	5 年

续表

序号	生产实例	设备名称	换热面积/m²	台数	介质 管程	介质 壳程	操作条件 温度/°C 管程	温度/°C 壳程	压力/(kgf/cm²) 管程	压力 壳程	使用效果	使用寿命（已用时间）
44	乙酸回收	苯冷凝器	20	1	苯>94% 乙酸<6%	冷却水	80~85	20~30	0.53	2	良好；冷却水为河水，壳程中出现浮游生物影响传热效果而更换设备	1~2年
45	乙酸回收	苯冷凝器	15	1	苯>94% 乙酸<6%	冷却水	40	20~30	<0.4	2	良好；使用3年多，只有2根换热管发生断裂	(已用3年多)
46	乙酸回收	苯冷凝器	2	1	苯>94% 乙酸<6%	冷却水	50	20	常压	2	良好	7年
47	乙酸回收	苯冷凝器	25	1	苯>94% 乙酸<6%	冷却水	80~85	20~30	<0.5	2	累计运行1500h，两次发现封头与接口管黏结处渗漏	13年
48	乙酸回收	乙酸冷凝器	20	1	苯<5% 乙酸酐<4% 乙酸>90%	冷却水	120~125	20~30	0.53	2	使用几个月后，封头上的接口管及热管与管板黏结缝被腐蚀	6~9个月
49	乙酸回收	乙酸冷凝器	15	1	苯<5% 乙酸酐<4% 乙酸>90%	冷却水	50	20~30	<0.4	2	良好，除检修更换衬垫外，设备长期使用，保持完好	13年
50	乙酸回收	乙酸冷凝器	2	1	苯<5% 乙酸酐<4% 乙酸>90%	冷却水	50	20	常压	2	良好	5年
51	氯乙酸	冷凝器	5 / 10	4 / 2	氯乙酸 Cl₂、HCl	冷却水	80~100	20~30	0.1~0.5	1.5	分别使用8~15个月后，换管先后出现渗漏，堵管继续使用，或更换新设备	1.5年
52	己内酰胺	冷却器	30	6	环己烷，盐酸，环己酮肟	冷冻盐水	20	-19	2	3	良好	6年
53	氯苯-50	冷却器	20	5	Cl₂ 精制蜡	冷却水	120	10~30	0.53	2	管板黏结缝和换热管先后出现裂纹，堵管后继续使用	4年
54	轧钢厂酸洗	冷凝器	18	1	HF HNO₃	冷却水	60	10	4	4	作为实验设备，采用聚四氟乙烯分散液作浸质剂，氟橡胶作衬垫	1年

注：$1kgf/cm^2 \approx 0.1MPa$。

表 10-21　块孔式石墨换热器应用实例

序号	生产实例	设备名称	结构型式	换热面积/m²	合数	介质		温度/℃		压力/(kgf/cm²)		衬垫材料	使用效果	使用寿命（已用时间）
						管程	壳程	管程	壳程	管程	壳程			
1	合成盐酸	氯化氢冷却器	方块孔	18	12	HCl气体	冷却水	<180	20~30	0.4	2~3	高压石棉橡胶	高温气体的进口接管与管封头的黏接缝易损坏，水相孔易堵塞	3年
2	合成盐酸	氯化氢冷却器	方块孔	12	1	HCl气体	冷却水	85	20~40	微负压	3	普通橡胶	使用3年后，密封衬垫处发生渗漏，金属盖板及底板被腐蚀，五件石墨块体中有四件产生裂缝	3年
3	合成盐酸	氯化氢冷却器	方块孔	15	2	HCl气体	冷却水	85	20~40	微负压	3	普通橡胶	使用1年后，因密封处渗漏、腐蚀底盖板，停车检修，更换设备	1年多
4	合成盐酸	氯化氢冷却器	圆块孔	20	2	HCl气体	冷却水	120~140	14~40	0.5	2~4	耐酸橡胶	已使用1.5年，设备尚完好。耐酸橡胶衬垫可用半年左右	（已用1.5年）
5	顺丁橡胶	再沸器	圆块孔	20	2	50% H₂SO₄	水蒸气	130	150	1	4	耐酸橡胶	良好	4年
6	氯化橡胶	冷凝器	方块孔	10 / 5	2 / 1	CCl₄ HCl	冷冻盐水	60~70	−15~−10	0~0.5	2	普通橡胶	使用一年多，设备完好	（已用1年）
7	三氯乙醛	冷凝器	方块孔	15	4	CCl₃CHO C₂H₅OH HCl	冷冻盐水	60~85	−15	0~0.3	2	氟橡胶	接口管与封头黏接缝易损坏；使用半年至一年，块体的浸渍剂被腐蚀，进行检修，重新浸渍后再使用	0.5~1年
8	三氯乙醛	冷凝器	圆块孔	20	4	CCl₃CHO C₂H₅OH HCl	冷却水	95~100	常温	常压	2	聚四氟乙烯O形圈	石墨块体的浸渍剂被腐蚀，部分孔道被腐蚀，密封圈使用效果良好	1年
9	三氯乙醛	冷凝器	圆块孔	16	2	CCl₃CHO C₂H₅OH HCl	冷却水	95~100	常温	常压	2	氟橡胶	石墨块体浸渍剂被腐蚀，孔道穿透；密封圈溶胀后引起渗漏	1年

续表

序号	生产实例	设备名称	结构型式	换热面积/m²	台数	介质		操作条件				衬垫材料	使用效果	使用寿命(已用时间)
								温度/℃		压力/(kgf/cm²)				
						管程	壳程	管程	壳程	管程	壳程			
10	三氯乙醛	冷凝器	方块孔	12	4	CCl₃CHO C₂H₅OH HCl	冷却水	105	10~30	0.67	2	普通橡胶	橡胶衬垫易老化或溶胀引起物料泄漏；石墨块体的浸渍剂也出现被腐蚀现象，检修频繁	2~5个月
11	三氯乙醛	冷凝器	方块孔	12	4	CCl₃CHO C₂H₅OH HCl	冷冻盐水	80	-14	0.16	2	普通橡胶	尚可，使用1年半后，4台中有1台损坏更新	(已用1年半)
12	三氯乙醛	冷凝器	方块孔	12	4	CCl₃CHO C₂H₅OH HCl	冷却水	120	10~30	0.27	2	普通橡胶	石墨块体的浸渍剂被腐蚀；块体之间的密封衬垫被浸渍剂腐蚀，其中3台使用4~5个月；另一台只使用半年，全部更换	4~6个月
13	三氯乙醛	冷凝器	方块孔	10	5	HCl、Cl₂ C₂H₅Cl	冷却水或冷冻盐水	<120	20~30或-10	<1	1~2	耐酸橡胶或石棉橡胶板	接口管与壳体及块体之间的密封垫易引起泄漏，检修频繁	—
14	三氯乙醛	氯化冷凝器	方块孔	10	1	CCl₃CHO HCl、Cl₂ C₂H₅OH	冷却水	80	20~30	0.5	1	中压石棉橡胶板	封头易损坏，尤其是新接口处易渗漏	1~2年
15	三氯乙醛	氯化冷凝器	方块孔	18	1	CCl₃CHO HCl、Cl₂ C₂H₅OH	冷却水	100	20~30	1	1.5	中压石棉橡胶板	封头易损坏，尤其是新接口处易渗漏	1~2年
16	三氯乙醛	氯化冷凝器	圆块孔	16	1	CCl₃CHO HCl、Cl₂ C₂H₅OH	冷却水	100	20~30	1	1.5	普通橡胶	密封圈易损坏，更换频繁	1年
17	三氯乙醛	尾气冷凝器	方块孔	10.5 / 17	4 / 4	CCl₃CHO HCl、Cl₂ C₂H₅OH	冷冻盐水	入口：62 出口：30~40	-15	0.2~0.8	2	石棉橡胶板	石墨块体浸渍剂易被腐蚀，密封衬垫溶胀引起泄漏	1~2年
18	三氯乙醛	蒸馏回流冷凝器	808型方块孔	8.5	7	CCl₃CHO 少量 HCl	河水	入口：100 出口：50~60	12~28	0.067~0.080	1.5	石棉橡胶板	衬垫易损坏引起渗漏，块体浸渍剂被腐蚀，使用1年多，须重新浸渍；河水结垢，须堵塞孔道	1~2年

续表

序号	生产实例	设备名称	结构型式	换热面积/m²	台数	介质 管程	介质 壳程	操作条件 温度/℃ 管程	温度/℃ 壳程	压力/(kgf/cm²) 管程	压力/(kgf/cm²) 壳程	衬垫材料	使用效果	使用寿命（已用时间）
19	三氯乙醛	氯化冷凝器	方块孔	14.5 / 8.8	1 / 2	CCl_3CHO HCl, Cl_2 C_2H_5OH C_2H_5Cl	冷却水	65~95	常温	0.27~0.80	2~2.5	橡胶胶板	衬垫易损环，块体浸渍剂被腐蚀，一般不到半年，须重新浸渍	0.5~1年
20	三氯乙醛	尾气冷凝器	方块孔	12	1	HCl 少量 C_2H_5Cl CCl_3CHO	冷冻盐水	65~95	-15	0.13	2.5	石棉橡胶板	衬垫用普通橡胶时易损环，改用石棉橡胶板后，有所改善	2年
21	三氯乙醛	氯化冷凝器	方块孔	11	15	CCl_3CHO HCl, Cl_2 C_2H_5OH C_2H_5Cl	循环水	65~100	30	1	2	石棉橡胶板	物料进出口接管与衬垫接处易损环，衬垫易损环，检修频繁	1年
22	苯酚	尾气冷凝器	方块孔	10 / 20	2	苯 苯磺酸	冷却水	50~60	常温	0.1	1	石棉橡胶板缠绕聚四氟乙烯生料带	良好，使用8年后，其中一台，接口管损环更换新设备，其他2台仍在使用	（已用8年）
23	氯化苯	蒸馏全凝器	方块孔	11 / 20	7 / 2	HCl 苯 水蒸气	循环水	70	25	0.2	3	石棉橡胶板+胶结剂	封头上的物料接口管接处易损环	4年
24	氯化苯	氯化冷凝器	方块孔	24	7	HCl 苯蒸气	冷却水	60~70	25	1.5	2~3	石棉橡胶胶板	使用1年后，密封衬垫先后冲失效，块体浸渍剂被腐蚀穿透，2年左右堵孔处理，重新浸渍	2年
25	氯化苯	初馏冷凝器	方块孔	17	3	HCl 苯 氯化苯	河水	入口:108 出口:50~60	10~30	0.4	2~3	石棉橡胶胶板	使用不到1年，衬垫损环，进行检修，发现块体已严重腐蚀而重新浸渍	小于1年
26	氯化苯	氯化塔冷凝器	方块孔	10.5	4	HCl 氯化苯	河水	入口:80 出口:45	10~30	常压	2~3	石棉橡胶胶板	已用2年，设备尚完好	（已用2年）
27	氯化苯	尾气冷凝器	方块孔	10.5	6	HCl 氯化苯	冷冻盐水	40	-15~-12	常压	4	石棉橡胶胶板	使用3年后，块体浸渍剂被腐蚀，重新浸渍后，继续使用	3年

续表

序号	生产实例	设备名称	结构型式	换热面积/m²	台数	介质		操作条件				衬垫材料	使用效果	使用寿命(已用时间)
						管程	壳程	温度/℃		压力/(kgf/cm²)				
								管程	壳程	管程	壳程			
28	氯乙酸	冷凝器	圆块孔	10	4	氯乙酸乙酸Cl₂、HCl	冷却水	80~100	10~30	0.1~0.5	0.5~1.5	聚四氟乙烯	使用1年后，其中有两台发现水相渗漏	(已用1年)
29	氯乙酸	冷凝器	方块孔	5	2	冰醋酸氯乙酸Cl₂	冷却水	100	15	微负压	1		已用1年，设备尚完好	(已用1年)
30	氯乙酸	氯乙酸甲酯冷却器	方块孔	10	1	氯乙酸氯乙酸甲酯	冷却水	110	15	微负压	1		使用1年，衬垫处泄漏，拆开检修，发现块体浸渍剂有溶胀现象	1年
31	氯甲烷	冷却器	圆块孔	5	4	HCl 氯甲烷	冷却水	145	30	常压	3	石棉橡胶板	仅使用半年多，个别密封垫处出现渗漏	(已用半年多)
32	制药	蒸发器	圆块孔	12	2	HCl 氯甲醇	水蒸气	120	150	2	4	块体间胶结剂黏接	使用2年多，在靠近蒸汽出口管的块体间黏接处出现开裂泄漏，重新浸渍后使用	2年
33	农药	盐酸冷却器	方块孔	10	2	HCl、Cl₂ 二氯甲烷	冷却水	>40	15	0~1	1	石棉橡胶板	衬垫易被物料泡涨引起渗漏，1~2个月更换衬垫一次，两台交替使用	1年
34	盐酸脱吸	稀盐酸冷却器	方块孔	8.4	2	稀盐酸	河水	入口:118 出口:70~80	20~30	0.73	2	氯丁橡胶	使用10年后，设备基本完好，只更换过衬垫	(已用10年)
35	盐酸脱吸	稀盐酸冷却器	方块孔	4.2	1	稀盐酸	河水	入口:118 出口:70~80	20~30	0.73	2	氯丁橡胶	使用4年后，铸铁盖板因密封垫处渗漏而被腐蚀，更换盖板后，石墨零件尚好，继续使用	(已用4年)
36	盐酸脱吸	稀盐酸预热器	方块孔	8.4	1	浓盐酸	稀盐酸	120	70~80	0.5	0.67	氯丁橡胶	使用5年后，设备完好无损	(已用5年)
37	盐酸脱吸	稀盐酸冷却器	方块孔	4.2	1	稀盐酸	河水	入口:118 出口:70~80	20~30	0.73	2	氯丁橡胶	刚试车时，就发现二十几个料孔中漏，经堵孔后继续使用4年半后，有半数以上的料孔破坏腐蚀穿透而更换设备	小于4年

续表

序号	生产实例	设备名称	结构型式	换热面积/m²	台数	介质（管程）	介质（壳程）	温度/℃（管程）	温度/℃（壳程）	压力/(kgf/cm²)（管程）	压力/(kgf/cm²)（壳程）	衬套材料	使用效果	使用寿命（已用时间）
38	盐酸脱吸	稀盐酸冷却器	方块孔	20	1	稀盐酸	河水	入口：100 出口：40	20~30	0.73	2	氯丁橡胶	石墨块体的浸渍剂被腐蚀，在使用的5年中，更换过三台	1~2年
39	盐酸脱吸	氯化氢第一冷却器	圆块孔	20	1	HCl气体	冷却水	40	25	0.48	2	普通橡胶	孔道太小（ø8mm及ø10mm），容易被水垢或机械杂质堵塞，清理困难	1年
40	盐酸脱吸	稀盐酸第二冷却器	圆块孔	20	1	21%盐酸	冷却水	70	35	0.133	2	普通橡胶	孔道太小（ø8mm及ø10mm），容易被水垢或机械杂质堵塞，清理困难	1年
41	盐酸脱吸	稀盐酸冷却器	方块孔	10	2	23%盐酸	冷却水	100	20	0.5	2	普通橡胶	使用1年后因橡胶衬垫老化，严重渗漏设备更新	1年
42	染料	冷却器	块孔	10.5	1	NaCN HCl, Cl₂ HOCl	循环水	95	15~30	0.3~0.5	2		采用聚四氟乙烯悬浮液作浸渍剂	（已用6个月）
43	合成纤维	乙酸尾气冷凝器	方块孔	11.7	3	乙酸蒸汽	河水	118	20~30	常压	4		使用7年后，其中一台因温度刷变，振动使体新接缝出现裂纹，其他尚完好。小（ø9mm）易被水垢、杂物堵塞	（已用7年）
44	轧钢厂酸洗	加热器	圆块孔	3	9	H₂SO₄ HF HNO₃	水蒸气	40~60	130	<1	2	聚四氟乙烯或耐温橡胶	采用聚四氟乙烯悬浮液浸渍，设备尚完好，物料孔 ø8mm 易被硫酸亚铁结晶堵塞	（已用半年）
45	废酸回收	加热器	圆块孔	3	1	5%HF 50%H₂SO₄ 15%HNO₃	水蒸气	80~90	130	2~3	2	氟橡胶	采用聚四氟乙烯悬浮液浸渍，断断续续使用3年累计运行时间约1年，设备尚完好	（已用1年）
46	硫酸铝	蒸发器外加热器	圆块孔	21	2	H₂SO₄ Al₂O₃ Al₂(SO₄)₃	水蒸气	120	147		3.5	氟橡胶	纵向物料孔（ø18mm）易被外品中的结晶物堵塞，每个月清洗一次	（已用2年多）

表 10-22　石墨设备在氯系统中的应用实例

序号	产品	用途	工艺	设备	使用工艺温度/℃	工艺压力/(kgf/cm²)	总传热系数/[kcal/(m²·h·℃)]	年数	合数
1	合成盐酸	制造35%盐酸	氯氢合成	水冷式燃烧室	300~1500	常压	15~60	A	A
			冷却合成HCl气体	冷却器	150~400	常压		A	A
			吸收HCl气体	吸收装置	30~150	常压	500~1000	A	A
	副产盐酸	同序号4、5、6	排气抽气	喷射器	30~50	-0.02~0.01		A	A
			参照序号2、12等	离心泵	20~50	0.5~2.0		A	A
2	氯乙烯 二氯化乙烯	制造无水HCl气体（乙炔法）	共沸热盐酸的热回收	热交换器	70~130	0.2~2.0	300~500	A	A
			蒸馏盐酸	放散器	70~130	0.1~1.0		A	A
			蒸发共沸盐酸	重沸器	110~130	0.1~1.5	1500~3000	A	A
			控制沸腾液面	液面调整槽	110~130	0.1~1.0			
3	氯乙烯 二氯化乙烯	合成EDC精制（EDC法）	馏出气体的冷却脱湿	冷凝器	-15~70	0.1~1.0	30~150	A	A
			冷却反应气体	冷却器	150~250	5.0~6.0	50~100	B	C
			反应气体急冷液循环酸冷却	冷却器	50~90	2.0~4.0	600~800	A	E
			反应气体的冷凝、冷却	冷凝器	-25~150	2.0~6.0	100~300	A	A
			未反应气体的循环加热	加热器	40~120	5.0~6.0		B	B
4		高挥发处理（以氧用HCl气体或副产盐酸回收）	急冷燃烧高温气体	急冷塔	80~1200	常压		B	C
			循环冷却燃烧高温气体（内容以序号1、2为基础）	冷却器	40~80	2.0~3.0	500~800	B	C
5	一氯代苯 二氯苯	精制反应生成物和回收副产盐酸	精制反应气体	冷凝器	10~60	常压	300~500	A	B
			吸收HCl气体	吸收装置	10~40	常压	500~800	A	C
			冷凝精馏塔馏分	冷凝器	70~80	常压	500~800	A	B
			排出副产盐酸	离心泵	30~40	1.0~2.0	—	A	B
6	一氯乙酸 氯化烷烃	氯化反应 回收副产盐酸	向反应槽精吸入氯气	吸入喷嘴	80~100	0.2~0.5		A	B
			吸收HCl气体	吸收装置	30~60	常压		A	C
			加热蒸馏塔	重沸器	110~130	60		A	C
			冷凝蒸馏塔馏分	冷凝器	40~60	100		A	B

续表

序号	产品	用途	工艺	设备	使用工艺温度/°C	工艺压力/(kgf/cm²)	总传热系数/[kcal/(m²·h·°C)]	年数	合数
7	氧氯化磷 磷酸三甲酚	(内容以序号5、6为基础)						A	B
8	BHC	苯-氯反应	用苯吸收氯气	吸收装置	0~10	常压~0.3		A	B
			光化学反应	多管式反应装置	30~50	常压~0.1		A	B
9		回收苯	用水蒸气作热源蒸馏	带夹套蒸馏器	30~120	常压~0.2	300~700	A	B
			冷凝出苯	冷凝器	40~120	常压		A	B
			输送回收苯	离心泵	30~40			A	B
10	DDT	泡水氯醛制造	向乙醇吸入氯气	扩散器	40~70	0.1~0.5		A	A
11	PCP, CPA	回收副产盐酸	吸收HCl气体	吸收装置	40~70	常压	500~800	A	C
12	二氯二氟甲烷	回收反应副产盐酸	吸收HCl气体	吸收装置	40~70	1.0~3.0	500~800	A	B
			精制HCl气体	解析塔	60~115	常压~0.3		C	C
			精制HCl气体	多层蒸馏塔	-5~80	0.2~0.5		C	C
			精制HCl气体	重沸器	110~120	常压~0.3	1000~2000	C	C
			精制HCl气体	冷凝器	10~80	常压~0.3	30~150	C	C
13		工艺冷却器	冷却含HCl的半成品	冷却器	40~70	1.0~2.0	400~700	B	B
14	金属硅	回收副产盐酸	蒸馏甲醇盐酸	重沸器	80~140	30~3.5	700~1000	C	C
				冷凝器	40~120	50~3.5	200~500	C	C
				冷凝器	40~140	0.2~4.0		C	C
			抽出缸缸出液	离心泵	40~100	2.0~3.0		C	C
15		反应工艺	冷凝氯硅烷	冷凝器	40~120	10~常压	50~500	B	C
			真空发生装置	喷射器	40~60	10~40		B	C
16	氯丁二烯	向一乙烯基乙炔补充无水HCl气体处理高沸高废液	(内容以序号2为基础)					B	C
			急冷高温气体	急冷装置	80~1100	常压	500~800	B	C
			循环盐酸,副产盐酸制造	冷却器	40~80	1.0~2.0		B	C
				离心泵	30~50	2.0~3.0		B	C

续表

序号	产品	用途	工艺	设备	使用工艺温度/℃	工艺压力/(kgf/cm²)	总传热系数/[kcal/(m²·h·℃)]	年数	台数
17	烷基苯	反应物精制	冷却含 HCl 反应物	预冷器	40~160	2.0~3.0	200~300	A	C
			冷却烷烃塔工艺液	冷却器	70~100	2.0~3.0	200~300	A	C
			冷凝塔顶馏分	冷凝器	40~100	1.5~2.5	50~300	A	C
18	烷基苯	回收副产盐酸	吸收 HCl 气体	吸收装置	40~50	常压~1.0	500~800	A	C
			循环、输送盐酸	离心泵	20~50	2.0~3.0		A	C
19	丙烯氯化物 2-环氧丙烷（AC 工艺）	回收副产盐酸	冷却吸收 HCl 气体	吸收装置	40~50	常压~0.3	500~800	A	C
			断热吸收 HCl 气体	吸收装置	-5~50	常压~0.3		A	C
			冷却循环盐酸	冷却器	40~50	1.0~2.0	500~700	A	C
				离心泵					
20		精制副产盐酸，回收 HCl 气体	（内容以序号 1、2 为基础）						
21	双酚 A	对反应液进行脱盐酸	以减压蒸馏来脱 HCl	脱盐酸塔	60~130	Torr		A	C
			回收馏分（HCl）	冷凝器	30~60	Torr -0.1~0.85		A	C
				吸收装置	30~60	-0.1~0.85		A	C
						-0.1~0.85			
22	异丙苯	蒸馏精制副产盐酸	（内容以序号 1、2 为基础）						
23	异丙苯	补充制造催化剂（AlCl₃）用无水 HCl 气体	（内容以序号 2 为基础）						
24	苯乙烯单体	反应工艺	冷却反应生成溶剂（异丙苯-苯）	冷却器	50~100	3.0~4.0	200~300	B	C
25	苯乙烯单体	反应工艺	冷却反应溶塔液	冷却器	40~100	0.3~1.0		C	C
			冷凝馏出气体	冷凝器	40~100	常压~1.0		C	C
		催化剂的再生（AlCl₃）	再生酸性液的调温	加热器（冷却器）	40~120	常压~0.02		C	C
		处理高沸废液	急冷燃烧高温气体	喷射洗涤器	80~1000	常压		C	C
26	三氯乙烯 四氯乙烯 四氯化碳	反应工艺	冷却反应生成气体	冷却器，急冷管	450~900	常压~0.1		A	C
			冷却循环盐酸	冷凝器	40~70	1.0~3.0	500~800	A	B
			冷却脱酸塔顶气体	冷却器	50~80	常压~1.0	50~150	A	B
27		精制反应液	蒸发含 HCl 有机物	蒸发器	110~120	常压~0.2		A	C
			冷凝馏分	冷凝器	50~80	常压~1.0		A	B

续表

序号	产品	用途	工艺	设备	使用工艺温度/℃	工艺压力/(kgf/cm²)	总传热系数/[kcal/(m²·h·℃)]	年数	台数
28		回收副产盐酸	冷却吸收HCl	吸收装置	40~50	常压	500~800	A	B
			断热吸收	吸收装置	50~90	常压		A	C
			酸类循环	离心泵	40~70	2.0~3.0		A	A
29		精制副产盐酸、回收HCl气体	（内容以序号2为基础）						
30	二异氰酸甲苯酯	分解，反应工艺	碳酰氯分解	断热塔内衬里	30~120	常压~0.3		A	C
			吸收发生的HCl	吸收塔	40~90	常压~0.1		A	C
			冷却循环酸	冷却器	40~80	1.0~2.0		A	C
31	二异氰酸甲苯酯	精制副产盐酸、回收HCl气体	（内容以序号2为基础）						
32	MSD	蛋白质的盐酸分解	加热分解液	加热器	80~110	常压		A	B
			冷却分解液	冷却器	30~110	常压		A	B
33		回收盐酸	浓缩生成液	加热器（框篮式）	60~100	1.0~常压		A	B
			冷凝蒸发气体	冷凝器	60~100	1.0~常压		A	A

注：
(1) 1kcal/(m²·h·℃)=1.163W/(m²·℃)。
(2) 本表中石墨设备除离心泵外，均由浸渍石墨制造。
(3) 年数：A. 10年以上；B. 5年以上；C. 未满5年；台数：A. 使用50台以上；B. 使用10台以上；C. 使用未满10台。

表 10-23　我国部分石墨设备的使用情况

序号	设备	换热面积/m²	介质		载热体		使用年限	使用情况	调查时间(年份)
			成分	温度/℃	成分	温度/℃			
1	管壳式冷却器	30	盐酸、氯苯	入口温度115	水	20	已8年	石墨接管修补过(天原化工厂)	1980
2		10	盐酸、氯苯	入口温度110	水	20	已8年	(天原化工厂)	1980
3		10	盐酸、乙醇、氯乙烷等	入口温度70	水	20	6年		1980
4		15	盐酸、氯苯、三氯化磷	入口温度130	水	20	5年	管子与管板黏接处有时需漏补	1980
5		30	HCl	50~200	水	常温	5年		1980
6		21	HCl	入口温度250	水	20	8月		1980
7		20	浓盐酸	入口温度110	水	20	3年		1980
8		80	HCl、C_2H_2	入口温度100	水	常温	已2年		1976
9		400	SO_2气	40~80	海水	常温	多年		1976
10		100	SO_2气、7%酸雾	40~80	海水	15	1965年起		1976
11		35、50	HCl气	50~280	水	20	1年	上封头及管板均浸泡于水中	1980
12		20	HCl气	-15	$CaCl_2$	-35	2年		1980
13		80	HCl气、C_2H_2	<10	$CaCl_2$	-30	5.5年	(福州化工二厂)	1980
14		35	HCl气、少量H_2O	-20~50	$CaCl_2$	-25	2~3年	管与管板黏接处曾漏过	1980
15		100	HCl、C_2H_2	-14~40	$CaCl_2$	-26	2~3年		1980
16		15	HCl	<40	$CaCl_2$	-30	已3年		1980
17		11	HCl、Cl_2、C_6H_6	50	井水	20	已4年	(大沽化工厂)	1980
18		105	HCl、C_2H_2	-16	$CaCl_2$	-32	已4年		1980

续表

序号	设备	换热面积/m²	介质成分	介质温度/℃	载热体成分	载热体温度/℃	使用年限	使用情况	调查时间（年份）
19	管壳式冷却器	15	苯>94%、乙酸<6%	<85	水	<40	已13年	管程压力<300mmHg（第一胶片厂）	1980
20		15	乙酸>90%、乙酸酐<4%、苯<5%	<50	水	20	已6年	使用良好	1980
21		30	环己烷、盐酸、环己酮肟	20	$CaCl_2$	-19	已6年	（上海电化厂）	1980
22	管壳式冷凝器	10	HCl、Cl_2、氯乙烷	<120	水	<60	已4年	高温部分树脂被腐蚀	1980
23		15, 20	HCl、Cl_2、氯乙烷、三氯乙醛	<100	$CaCl_2$	-5	6年	高温部分树脂被腐蚀	1980
24		10	HCl、Cl_2、氯乙烷、三氯乙醛	40	$CaCl_2$	-5	已8年	（江门农药厂）	1980
25		20	乙酸>90%、乙酸酐<4%、苯<5%	125	水	30		胶泥受腐蚀（普通酚醛石墨胶泥）	1980
26		30	苯、氯、HCl		$CaCl_2$	-15	2年		1976
27	管壳式加热再沸器	30	盐酸再沸（20%HCl）	108	水蒸气	130	13年多	1974年起用，1987年误操作损坏（南通树脂厂）	1987
28		20	50% H_2SO_4	124	水蒸气	150	5年	（锦州石油六厂）	1980
29		30	20%盐酸	108	水蒸气	130	半年		1980
30		18	谷氨酸钠、盐酸		水蒸气	125	1966年始	真空度650~680mmHg	1967
31		6	谷氨酸钠、盐酸（12%）		水蒸气	125	已2年		1967
32	块式加热再沸器	20	50% H_2SO_4	124	水蒸气	150	4年	矩形块（锦州石油六厂）	1980
33		3	谷氨酸、15%~18%盐酸	92	水蒸气		已4年		1976
34		14, 20	50% H_2SO_4	25~124	水蒸气	130		良好	1976

续表

序号	设备	换热面积/m²	介质		载热体		使用年限	使用情况	调查时间(年份)
			成分	温度/℃	成分	温度/℃			
35	块式加热再沸器	30	盐酸再沸（20%）	110	水蒸气	130	1966 年	良好，真空浓缩，650mmHg，圆块	1976
36		10，20	柠檬酸	65	水蒸气	120～150	已 3 年	良好，圆块，真空蒸发	1981
37		10，15，20	草酸浓缩	100	水蒸气	130～150	已 2 年	良好，圆块，真空蒸发	1981
38		3	HF，HNO₃	>80	水蒸气	>80	已 3 年	继续使用，聚四氟乙烯浸渍圆块	1980
39		16	HCl	150～200	井水	20～30	1979 年始	矩形块式，垫片板腐蚀	1980
40		18	HCl	60～200	水	20～30	3 年	三台串联	1980
41		11	苯、水蒸气	70	水	25	已 4 年	矩形块式	1980
42		11	苯、HCl、Cl₂	<80	水	常温	已 8 年	矩形块式	1980
43		10	苯、25%～30%氯苯、60%盐酸等	80	水	20		良好	1979
44	块式冷却器冷凝器	5，10	HCl（含 H₂O）	105	水	15～30	已 8 年	YKA 型圆块式	1982
45		5，10	HCl（含 H₂O）	105，80	CaCl₂	-10	已 8 年	YKA 型圆块式	1982
46		17	HCl 盐酸	40～110	水	常温	1968 年起	可用水或冷冻盐水冷却	1976
47		17	盐酸、苯、氯化苯	60	水	20（-15）	1968 年起	可用水或冷冻盐水冷却	1976
48		10.5	氯气、乙醇、氯醛、HCl	止 34	水	20（-15）	1965 年起	可用水或冷冻盐水冷却	1976
49		8.5	三氯乙醛、少量盐酸	110	水	5～30	2～4 年	四流冷凝器	1980
50		10	CCl₄、HCl	60～80	水	20（-15）		可用水或冷冻盐水冷却，圆块	1980 1982

续表

序号	设备	换热面积/m²	介质 成分	介质 温度/℃	载热体 成分	载热体 温度/℃	使用年限	使用情况	调查时间（年份）
51	板槽式冷却器	12	HCl	10~100	水	常温	1961年起	（锦州石油六厂）	1976
52	板槽式	8	HCl	30~100	水	常温	已8年	（北京化工二厂）	1976
53	冷却器	6.5	苯、氯化苯、盐酸	40~60	水	常温	1966年起	用水或冷冻盐水冷却	1976
54		11、12	三氯乙醛	96~120	水 $CaCl_2$	常温	良好		1976
55		10	三氯化磷	30~80	水	常温		酚醛浸渍管	1976
56	喷淋式冷却器	φ150mm.总长 25m	HCl		水	常温	1965年起	酚醛浸渍管	1976
57		22.4	HCl、少量苯	45~80	水	常温	已4年	125根石墨管 $K=250$kcal/(m²·h·℃)	1976
58		9	烷基磺酸氯	30~80	水	常温	已1年	弯头用PVC制	1976
59		10	HCl+H_2O（含 C_2H_5Cl、C_2H_5OH）	15	水	常温	已2年	30t/d 31% HCl（上海电化厂）	1980
60	管壳式降膜吸收器	25	HCl+稀盐酸酸吸收	<60	水	常温	已5年	（上海电化厂）	1980
61		5	HCl+稀盐酸酸吸收	≤120	水	<60	已5年		1980
62	管壳式降膜吸收器	10	HCl+稀盐酸酸吸收	<120	水		已4年	−10mm H_2O	1980
63		40	HCl+稀盐酸酸吸收	120~140	水	14~55	已2~5年		1980
64		60	HCl+稀盐酸酸吸收	40~120	水	10~25	3~8年	150mmHg（沈阳化工厂）	1980
65		25	HCl+稀盐酸酸吸收	<80	水	常温	5年	50t/(d·台)31% HCl（上海电化厂）	1980
66		21	HCl+稀盐酸酸吸收	80	水	20~25	2年	50t/(d·台)31% HCl（天原化工厂）	1980

续表

序号	设备	换热面积/m²	介质		载热体		使用年限	使用情况	调查时间（年份）
			成分	温度/℃	成分	温度/℃			
67	管壳式降膜吸收器	20	HCl+稀盐酸吸收	30~70	水	20	已8年	31%~32% HCl（天津染化五厂）	1980
68		13	HCl+稀盐酸吸收	60~110	水	0~30	1年	最高50t/(d·台)31% HCl（天津化工厂）	1980
69	圆块式降膜吸收器	15	HCl+稀盐酸吸收	<80	水	20	已4年	50t/(d·台)31% HCl（上海电化厂）	1980
70		15	HCl+稀盐酸吸收	60	水	0~30	已2年	50t/(d·台)31% HCl（天津化工厂）	1980
71		15	HCl、Cl₂、C₂H₅Cl、稀酸	40~110	水	0~30	已2年	最高68t/(d·台)31% HCl（天津化工厂）	1980
72		5	$F_{12}(F_{22})$50%、HCl 48%	60	水	<40	已2年		1980
73	板槽式吸收器	12	HCl+H₂O	35~90	水	常温	1959年起		1976
74		11	HCl+H₂O	40~150	水	常温	1966年起		1976
75	圆块式硫酸稀释冷却器	15	60%~98% H₂SO₄(+H₂O)	88~142	水	<60	已5年	产能98% H₂SO₄ 6~8t/d	1986
76	HCl合成炉	DN850mm×5000mm	$H_2+Cl_2 \longrightarrow 2HCl$	>1500	水	常温	已6年	50t/(d·台)35% HCl、水套式、6台	1980
77		DN400mm×4600mm	$H_2+Cl_2 \longrightarrow 2HCl$	>1500	水	>50	已15年	40t/(d·台)33%HCl、2台（成都二化）	1980
78	圆块"三合一"炉	DN400mm	$H_2+Cl_2 \longrightarrow 2HCl$（盐酸）	>1500	水		已13年	两炉共点火600余次，均正常（宜昌树脂厂）	1986
79	列管同心式	DN400mm	$H_2+Cl_2 \longrightarrow 2HCl$（盐酸）	>1500	水		1970年始	40t/d、31% HCl	1976

参 考 文 献

[1]　李士贤，姚建，林定浩. 防腐蚀与防护全书. 石墨. 北京：化学工业出版社，1991：327-329.

[2]　仇晓丰，吴春森. 新型 ZSH 正压式二合一石墨合成炉生产氯化氢和盐酸. 中国氯碱，2001，（12）：26.

[3]　王自升. 高纯盐酸生产方法浅谈. 中国氯碱，1994，（2）：20-24.

[4]　徐志锋，赵桂花. 副产蒸汽氯化氢合成炉的改进与应用. 广州化工，2013，41（6）：161-162.

[5]　王俊飞，黄国民，何志锋. 一种氯化氢合成系统. 中国专利，ZL201410519600.9，2015-03-11.

[6]　仇晓丰，吴春森，伍明霞. 浅谈氯化氢吸收与盐酸脱吸技术. 氯碱工业，2004，（1）：32-36.

[7]　张永健. 镁电解生产工艺学. 长沙：中南大学出版社，2006：144-146.

[8]　仇晓丰. 节能型氯化氢生产系统. 中国专利，ZL200920233184.0，2010-09-01.

[9]　仇晓丰，黄奕平，童新洋. VCM 中 HCl 全回收、全解吸、零排放技术及装备. 氯碱工业，2008，44（3）：28-30.

[10]　刘炳敏，程继增，渠国忠，等. 一种从含醇盐酸中刚收甲醇的方法及装置. 中国专利，201410334249.6，2014-10-08.

[11]　李士贤，姚建，林定浩. 防腐蚀与防护全书·石墨. 北京：化学工业出版社，1991：333-336.

[12]　仇晓丰，徐志锋. 废酸的处理利用技术介绍. 中国氯碱，2014，（6）：39-43.

[13]　吴佩芝. 湿法磷酸. 北京：化学工业出版社，1991：6-7.

[14]　化学工业出版社. 化工生产流程图解上、下册. 3 版. 北京：化学工业出版社，1997：123-125.

[15]　衬善继. 中国热法磷酸生产现状概述. 磷肥与氮肥，2004，19（5）：49-51.

[16]　熊家林，刘钊杰，贡长生. 磷化工概论. 北京：化学工业出版社，1994：50.

[17]　吴佩芝. 湿法磷酸. 北京：化学工业出版社，1991：317-338.

[18]　陈汉明，陈汉军. 大型列管石墨换热器. 中国专利，ZL200920041672.1，2010-01-13.

[19]　吴佩芝. 湿法磷酸. 北京：化学工业出版社，1991：349-350.

[20]　化学工业部建设协调司. 磷酸、磷铵、重钙技术与设计手册. 北京：化学工业出版社，1997：437.

[21]　杨克俭，赵敏伟，李荣，等. 一种生产环氧氯丙烷的方法. 中国专利，ZL201310665129.X，2014-04-09.

[22]　侯凤云，安兵涛，郑全军，等. 一种含氯废液废气焚烧烟气的急冷工艺及装置. 中国专利，ZL200910169767.2，2010-01-27.

[23]　仇晓丰. 浅谈钢表面防腐处理酸洗工序循环经济与环境保护. 第五届中国国际腐蚀控制大会论文集，2013：11.

[24]　柴诚敬，刘国维，李阿娜. 化工原理课程设计. 天津：天津科学技术出版社，1994：53-73.

[25]　仇晓丰. 无水氯化镁的制备工艺及其制备装置. 中国专利，ZL201110180588.X，2011-12-14.

[26]　许志远，等. 化工设备设计全书·石墨制化工设备. 北京：化学工业出版社，2005：177-185.